CPC Creates Knowledge and Value for you.

知識管理領航・價值創新推手

CPC Creates Knowledge and Value for you.

知識管理領航‧價值創新推手

超級決策者

AI時代的決策科學與實踐

麥肯錫資深顧問攜手知名學者團隊，經歷多年實務研究，淬鍊出一套系統化決策架構。
這本實戰手冊，專為經營者和所有肩負關鍵決策的人士量身打造。

作者

克勞迪奧・費瑟
Claudio Feser

丹妮拉・勞雷羅・馬丁內斯
Daniella Laureiro-Martinez

凱洛琳・弗朗根柏格
Karolin Frankenberger

斯特法諾・布魯索尼
Stefano Brusoni

譯者

顏敏竹、張家寧

Super
Deciders
The Science and Practice of
Making Decisions in Dynamic
and Uncertain Times

出版緣起

中國生產力中心總經理 張寶誠

當今,企業管理的論述與實踐案例非常之多,想在管理叢林中找到一套放諸四海皆準的標竿,並不容易。因為不同國家有不同的習慣,不同的公司有不同的文化,再加上全球環境的變遷,甚至大自然生態的改變,都使我們原本認定的管理工具或模式出現捉襟見肘的窘迫。

尤其,我們正處身在以「改變」為常態的世界裡,企業組織要如何持續保有競爭優勢,穩居領先的地位?知識,是重要的關鍵。知識決定競爭力,競爭力決定一個產業甚至一個國家經濟的興盛。管理大師艾倫・衛伯(Alan M. Webber)就曾經說過:「新經濟版圖不在科技裡,亦非在晶片,或是全球電信網路,而是在人的思想領域。」由此可見,21世紀是一個以知識為版圖、學習的新世紀。

在這個知識經濟時代裡,「知識」和「創新」是企業的致勝之道,而這兩者都與學習息息相關。學習,能夠開啟新觀念、新思維,學習能夠提升視野和專業能力,學習更可以帶領我們開創新局。特別是在急遽變動的今天,企業的唯一競爭優勢,將是擁有比競爭對手更快的學習能力。

中國生產力中心向來以致力成為「經營管理的人才庫」以及「企業最具信賴價值的經營管理顧問機構」為職志。自1955年成立以來,不僅培植無數優秀的輔導顧問,深入各家廠商,親自以專業來引領企

業成長。同時，也推出豐富的出版品，以組織領導、策略思維、經營管理、市場行銷，以及心靈成長等各個層面，來厚植企業組織及個人的成長實力。

中國生產力中心的叢書出版，一方面精選國際知名著作、最新管理議題，汲取先進國家的智慧作為他山之石；另一方面，我們也邀請國內知名作者，以其學理及實務經驗，挹注成為國內企業因應產業環境變化最大的後盾，也成為個人學習成長的莫大助力。

值得一提的是，台灣的眾多企業，歷經各種挑戰，始終能夠突破變局努力不懈，就像是堆起當年成為全球經濟奇蹟的一塊塊磚頭。我們也把重心放在講述與發揚這些活用環境，勇闖天下的故事，替他們留下紀錄，為經濟發展作見證。

我們相信，透過閱讀來吸收新知，可以啟動知識能量，激發個人無窮的創意與活力，充實專業技能。如此，不論是個人或是組織，在面對新的環境、新的挑戰時，自然能以堅定的信心來跨越，進而提升競爭力，創造出最大的效益。

中國生產力中心也就是以上述的觀點作為編輯、出版經營管理叢書的理念，冀望藉此協助各位在學習過程中有所助益。

推薦序

　　我擔任保險公司的執行長已有十多年之久。在我的職業生涯中，做出因地制宜的決策是日常工作中的重要環節，這也是與我共事的團隊夥伴們對我抱有高度期待的部分。我從過往的工作經驗中累積了許多技能，包含如何規劃產品布局、量身打造精確的市場定位，並將不同消費族群的主觀偏好納入考量等。特別值得一提的是，我學到如何在充滿變化的情勢下做出決策，從容面對各種突發情況。

　　我認為因為擁有這些累積而來的知識和經驗，我才能在目前的產業生態中持續做出明智的決策。但是，和許多行業正在面臨時代快速變遷的挑戰一樣，保險業的生態也因為時代的影響而劇烈轉變中。曾經被視為高度成熟、法規制度完整且相對穩定的保險業，現在也因為科技發展、市場需求及利害關係人的期望等因素，不得不積極尋找轉型出路。

　　隨著時代的進步，數位資料串連、大數據應用和人工智慧等新興技術逐漸普及。雖然市場上因此出現了更多型態的競爭者，但同時也為各公司創造了前所未有的機會。舉例來說，有了數位資料串連技術的發展，我們就能建立強大的資訊蒐集網，幫助我們提供符合顧客需求的服務，讓獲得承保案件變得簡單而快速。而大數據則能幫助我們精準掌握各項因素所帶來的風險，除了能保障公司資本安全，還能規劃適當的優惠吸引低潛在風險保戶持續投保。最後，我們也不能忽視人工智慧在提升服務品質上的巨大潛力，它還能被用於開發更準確的

風險評估模型等高附加價值的應用。

再來談到近年消費者偏好及期望的迅速變化。這不僅僅是科技進步的結果，也深受人口結構變化的影響。在1990年代中期至2010年代初出生（於本書出版時約略為10～30歲區間的青年人口）的Z世代年輕人們，有著有別以往的新時代思維，為世界帶來了一股新的浪潮。Z世代的特徵在於他們對數位應用相當嫺熟、渴望凸顯個人特質、且十分注重使用上的便利性。更重要的是，他們具有強烈的環保意識。如今的消費者們對於符合永續目標的保險產品越來越感興趣，像是能支持相關環保倡議、綠色科技、或降低氣候變遷風險等，都是越來越受到重視的方案內容。

永續發展的概念不僅影響消費者的偏好，也改變了許多利害關係人的期望。保險行業的利害關係人涵蓋廣泛，包括投資者、監理機關、倡議組織以及社會大眾。近年來，利害關係人逐漸開始要求保險公司積極參與環境和社會議題，其中也包含了展現其對永續實踐的承諾。例如，減少碳足跡、支持可再生能源。同時，他們也期許保險公司能提供促進永續發展的產品，比如為綠色企業或可再生能源項目提供保險等。

市場對企業資訊透明度與道德責任的要求也日益提升。利害關係人期望保險公司能全面揭露其環境、社會與治理（ESG）績效，包括碳排放、多元與包容性，以及負責任的投資實踐等內容。在這些利害關係人當中，又以投資者對這些企業價值尤為關注。因為以永續為發展導向的企業，通常在面對環境與社會變遷時能展現出更強的適應能力，這對於追求長期穩定回報的投資者來說極具吸引力，使得越來越多投資者以保險公司在永續發展上的態度，作為投資評估的重要依據。市場上的這些改變，都再次強調了靈活的組織結構和具備應變能力的領

導者,將會是企業能否生存的關鍵。

不過,靈活度不只是為了幫助組織適應市場變化,還涉及如何面對充斥著高度不確定性因素的環境。這種難以提前部署的情況,不僅僅是由上述新科技的出現、消費者行為的變化以及利害關係人的期望轉變等因素所引起;近年來,地緣政治發展和傳染病等新型態的危機,也加劇了市場上的不可預測性。在充滿戰爭、地緣政治危機以及新型健康危機的動盪環境中,保險業與許多行業一樣,面臨著諸多不確定性和風險的挑戰。

其中,地緣政治的攻防可能引發經濟不穩定、監管政策變動以及民生安全等問題,牽動著所有局勢變化。但是,沒有人能準確預測這些變化將如何發展、這一切將帶我們走向何方,抑或十年之後,保險業將會是什麼模樣。

雖然我們的知識和經驗,曾經為我們累積了不少成就。但我們需要認知到,這些知識與經驗也許無法再像十年前一樣,足以讓我們在競爭激烈的市場中脫穎而出。知識和經驗固然是決策的基石,但在如今這個快速變化且充滿不確定性的世界中,它們也可能會使我們忽視新的挑戰與機遇,在無意間成為組織成長的阻礙。

由於上述種種因素,我在此誠心推薦這本書。**本書提供的決策方法強調了團隊協作、批判性思維、解讀數據與事實、保持謙遜的心學習以及價值觀等等要素,讓我們能在充滿不確定性的環境中,快速擴展認知的深度與廣度,這是單憑實戰累積而來的知識與經驗力所不能及之處。**其中「團隊協作」,意味著組織應該要充分利用旗下不同團隊的專業及力量,鼓勵多元觀點的互相激盪、創意發想,從而形成更豐富且有所依據的決策體系。

「批判性思維」鼓勵盡可能地提出疑問,而非一味尋求正確答案。

這相當需要花費時間與精力,才能深入探究問題是如何形塑而成的。例如:「我對這個我所相信的事情深信不移的原因是什麼?我是否帶入了任何預設立場(假設)?」又或者是「為什麼你對這件事情深信不移?這件事的合理性是否建立在某些附加條件(前提)之上?」

「解讀數據與事實」則是要轉換我們的思維模式。我們需要從依據個人主觀信念來做出判斷的模式,轉為更加依賴數據與事實的驗證,承認所有的假設都需要經過測試才足以採信。因為信念往往帶有很強的個人主觀,人們對它的感受是僵化且難以撼動的,因此人們通常難以接受自身的信念被他人挑戰。人們甚至會認為他人挑戰自身信念的行為,涉及了對個人身份或性格的質疑。相反的,「假設」與「前提」則不帶有個人色彩,它們是客觀的、靈活的,可以經過反覆測試和驗證、也可能隨著新事證的出現而改變。這種靈活性允許我們在新的證據出現時虛心學習,避免養成僵化的思維與決策模式。因此,正視「假設」與「前提」所扮演的角色,我們才能改變思考和表達的方式,將敘事方式從「我相信這是⋯⋯」改為「我的假設是⋯⋯」或「我的推測是⋯⋯」。

再來是「保持謙遜的心學習」,這裡特別指涉組織中的領導階層。身而為人一定會有自身視角的侷限性,承認我們不可能擁有所有事物的答案、保持向他人學習的開放心態,這樣的領導者才能以更全面的視角解決問題。

最後,「價值觀」則是我們在做決定時的定心針。在充滿動態變化的現實世界中做決策時,我們總是會面臨到左右為難的處境,亦即手上可供選擇的選項都不夠理想。這時,我們常常沒有時間去找、甚至也找不到理想中的「最佳」選擇,只能在可能出錯的情況下慌忙地做出決定。在這種情況下,價值觀就會成為我們內心的指南,指引我

們找到行動的方向。即使我們最終選擇的選項可能是錯誤的，但至少我們做出了基於價值觀的「正確」決策。優良的價值體系本身就能激勵團隊並贏得認同者的追隨，進而幫助領導者在未來的決策中更加堅定和從容。事實上，偉大領袖與平庸領袖之間的差別，往往就在於領導者是否能理性的依據價值觀做出決策、不被眼前的混亂而動搖。

綜觀以上所提及的所有決策要素，主旨都在於鼓勵所有人持續學習。一個組織若能從實驗中學習、汲取經驗並適應變化，就能達到持續成長的境界。然而，這樣的學習模式不僅關乎如何被動地在環境的波動中適應，更在於主動塑造組織立足於市場的優勢。常有人將企業比喻為「有機生命體」，因為它和生物一樣，會對外界環境變化做出反應。然而，企業並非被動適應環境的生物，它們的形態其實是由領導者的決策和行動所塑造而成的。

最後，「超級決策」是本書的核心概念，它指出好的決策模式將會是組織成長的有力工具。期望讀者們都能透過這種有效的決策方法，在組織的進化過程中發揮影響力。而這股影響力也不僅侷限於組織本身，還會藉由參與其中的個人，將影響力拓展到所處的環境中，讓組織的成長帶動整體社會的進步。

我深信，做出「超級決策」將能幫助我們形塑引頸期盼的未來。

蘇黎世保險集團（Zurich Insurance Group）執行長
馬里奧・格雷科（Mario Greco）

決策力即競爭力：
在不確定時代打造企業永續的關鍵思維

　　長期從事商業決策分析的觀察、諮詢、研究與教學工作，發現有些企業即使在面對重要議題時，決策者仍常依靠經驗法則與直覺判斷模式進行決策，在經營環境相對有利且穩定的年代，依賴直覺、過往經驗與簡化思維，企業尚有機會存活和獲利。

　　傳統決策模式是否能因應目前劇烈變動的年代？當前瞬息萬變的環境變遷下，經營企業面臨前所未有的挑戰，決策者可能須面對重要議題，如地緣政治風險、全球化／去全球化、AI科技發展與應用、供應鏈風險與企業韌性，以及ESG成為企業發展遵循的標準等等。企業若具備卓越的商業決策分析程序、系統分析架構、決策方法和數據品質，企業所面臨能否制定優質決策的疑慮將會大幅降低。透過閱讀一些案例研究報告，企業的商業決策品質將可提升企業短中期營運的競爭力和績效，並協助企業建立永續發展的優質策略與靈活的營運模式發展基礎。

　　本書結合作者數十年顧問領域的實戰經驗，提出「優秀的決策不宜僅依賴單一領導者的睿智和洞見，而需透過制度化、可複製的團隊機制來產生」。這個觀點對企業管理階層尤具啟發性，從個人領導到組織能力的躍升都有所助益。書名雖為《超級決策者》，但主旨並非塑造少數菁英領導者，而是幫助管理者建立能持續制定正確決策的系

統與文化，協助企業建立「結構性競爭優勢」。

　　本人在商業決策分析領域教學與企業顧問諮詢中，經常強調「決策力即競爭力」。若企業希望在不確定和快速變遷的時代中看得遠、走得快、走得穩並達成企業目標，則必須投入相當資源以強化組織的商業決策品質。而這本書，正是協助企業管理者完成這一轉型的實用指南與管理思維發展地圖。

國立政治大學企業管理學系兼任副教授

李易諭

洞見變局：
在不確定中做出關鍵選擇

　　成就我們的，往往不是我們的聰明才智，而是我們順勢而為的抉擇。真正的競爭力，來自於在瞬息萬變的時代裡做出正確決策；擁有資訊不代表知識的提升，更不保證判斷的正確性。

　　誰能在不確定中做出最有利的選擇，誰就能在變局中站穩腳步，甚至領先群雄。這正是《超級決策者》帶來的核心價值。

　　本書由四位不同領域的全球知名決策專家共同撰寫，他們結合心理學、行為經濟學與實務經驗，帶領讀者拆解一個好決策的條件：**不是直覺越快越準，而是思考越冷靜越開放；不是資源越多越好，而是方法是否精準可靠。**

　　書中不僅探討「各種情境案例」的思維模式，更以大量實驗與數據為基礎，說明為何謙遜、求證、持續修正比自信與權威更接近真實。它挑戰我們對專家、經驗與直覺的迷思，也提供一套人人可學、可練習、可驗證的決策技術。

　　對企業領袖而言，《超級決策者》是做戰略規劃與風險管理的指南；對政府決策者，它是施政與預判未來趨勢的重要工具；對一般讀者，它則是一堂打開視野、強化思辨的啟蒙課。

　　若想在關鍵時刻做出高品質的選擇，書中「決策導航器」也引導大家如何做出抉擇；這本書不只是一本工具書，更是一面鏡子，映照出你思考的盲點與潛力。

誠摯推薦每一位渴望提升決策能力的讀者，細讀此書並實踐其中的智慧。

台灣區電機電子工業同業公會副理事長
森崴能源股份有限公司總經理
友崴超級運算股份有限公司董事長
胡惠森

變動情境，有效決策

《超級決策者》一書，企圖解決許多決策過程的難題。本書的四位作者在管理的學術及實務上擁有深厚基礎，也深知管理者常面臨的決策難處。管理是透過分析、規劃、組織、用人、領導與控制的過程，並善用企業資源，進行正確決策，有效達成組織的目標。做決策是管理者的核心工作，管理的每一過程皆須做決策，而且須做正確的決策。作者將顧問實務案例整合成企業小說，用說故事的方式結合許多理論，深入淺出地解說決策者面臨的困難及如何做出決策。

本書首先將決策分成三種決策：一是確定條件下的決策；二是有風險的決策；三是處於變動環境下的決策（此種是決策者面臨最大的挑戰）。作者認為利用現有資源或是探索新機會，常是決策者的兩難。書中提到的七種捷思法：「對目標的野心、能創新的機會、可以運用的時間、利害關係人與競爭者動向、企業的價值觀與文化、企業的優勢與信心、團隊的工作氛圍」，用以尋求決策最佳化，個人認為是不錯的方法。

第二部分是在未知中做決策。作者為提升決策品質，提出了「決策導航器」DOCTOR 六步驟（Dilemma 利用與探索之決策困境、Options 在利用與探索之間發展潛在方案選項、Conditions 辨認假設條件、Tests 用事實驗證假設條件、Optimization 優化選擇方案及 Resolution 最終選擇方案），並結合歸納法與演繹法，個人認為相當符合科學方法。作者並用實例操作練習此方法，設法讓讀者學以致用。

第三部分則是如何管理決策後的執行面。企業要因應變動環境，除了高階管理團隊要做出改變，組織內部也要改變。作者指出常見的問題是員工缺乏創新動能，原因常是員工老化，不願變革；但是，更多是因為高層關心績效指標而忽略了各部門並未取得共識，每位主管因專業訓練與部門職責，各有立場。因此，組織變革是有其必要，一方面從組織結構調整，另一方面從部門溝通、互相理解著手，建立正向的組織文化，達成共識。

　　第四部份闡述要成為超級決策者，不是那麼容易，本書描述著企業執行長面臨著多方壓力。首先是基層員工無法感受公司新的使命、願景與目標，需要結合員工個人的願景與工作價值觀及有效員工教育訓練。第二，公司績效不好執行長煩惱，公司績效好也要煩惱。媒體爭相報導公司在不景氣卻績效佳，引來大企業集團的惡意併購。第三則是來自家庭的煩惱。當高階主管全力為公司拼命，往往忽略了夫妻及兒女關係。由於壓力大，也考驗抗壓性與決策能力。

　　最後，如何提升個人決策能力？本書建議從三方面著手。首先是展現最佳認知能力之狀態，包含良好作息、健康、飲食、人際關係、明確目標等；其次，認知轉換能力，包含注意力控制、認知彈性與同理心；第三，認知行為傾向，包含人格特質、價值觀與慣性行為反應。認知能力狀態可以短期調整，認知轉換能力則是長期累積，而認知行為傾向則是隱而不現潛移默化。作者認為認知行為傾向是決策者最難改變的部分，只能透過自我認識、自我了解。價值觀則是長期透過學習建立，也可以經由體驗式學習而調整。慣性情緒反應有控制、保護、順從三種反應，對決策品質有好有壞，惟過猶不及，適可而止。唯有認識自己、善用自己優點，回歸正確的價值觀來做決策，不管結果如何，總是對得起自己良心。

本書作者群理論與實務兼備，對於整體論述很完整，書寫的內容除了理性的步驟外，也考慮外在情境、企業內部結構、員工個人因素及決策者主觀因素。提供了許多思考架構與實際操作工具，加上完整的個案描述，讓閱讀者可以深度理解與運用，是一本可以改變觀念、增進知識及強化技能的書籍。

輔仁大學企業管理學系副教授
高義芳

智慧決策，共創未來

　　五十年來，凌羣電腦深耕台灣產業界，伴隨著資訊科技從萌芽走向蓬勃，從大型主機時代，到今日雲端與人工智慧的浪潮，我們見證了技術如何重塑企業運作、生產流程與全球商業秩序。回首來時路，每一個關鍵轉折點，無不仰賴當時領導團隊所做出的關鍵決策；而面對未來，更需要更科學、更系統化的決策方法，引領我們在變局中穩健前行。

　　《超級決策者》這本書的出版，正逢其時。今日的全球環境充滿高度的不確定性。地緣政治局勢多變、科技更新日新月異，市場需求不斷碎片化，傳統產業模式面臨劇烈顛覆。凌羣電腦身為科技與產業服務的推動者，我們深知，領導者已無法單靠經驗與直覺做出判斷。決策，必須是一場嚴謹的系統工程：需要結合數據分析、跨界思維、團隊協作與價值堅持，更需要在未知與變動中保持靈活與學習的能力。

　　本書提出的「超級決策」理念，讓我深有共鳴。它打破了過去僅以直覺、經驗為基礎的傳統決策模式，強調以假設驗證、團隊共創、批判思維與數據導向，來逐步釐清問題的本質、探索更多元的可能性，並且在快速變化的環境中不斷修正航道。尤其是書中提到，真正優秀的領導者，必須時時警覺於自己過去成功經驗的「路徑依賴性」，並且有勇氣挑戰自身信念，從不同角度重新審視局勢。這樣的精神，正是凌羣電腦一路走來，在每一次轉型升級過程中所堅持的核心價值。

　　在閱讀《超級決策者》的過程中，我特別感受到幾個關鍵啟示：**首先，「團隊的集體智慧」勝過個人的單打獨鬥**。當今的問題日益複雜，

任何單一領域的知識都無法全面掌握局勢。有效的領導，不是自己解答所有問題，也不需要自己非常聰明，而是要打造一支多元背景且互動良好的隊伍、多和聰明的人交流、照顧好自己並培養成長型思維，皆能減少認知偏差，匯聚成最佳方案。推動決策的進展，「決策導航器」（決策制定模擬作戰表）是很好的輔助工具。

其次，「以實驗精神面對決策」。即便擁有最完整的數據與分析，未來仍充滿不可預測的變數。領導者必須勇於嘗試、小步快跑、持續修正，正如書中所使用的「軸轉」（Pivot）概念，而非追求一蹴可幾的完美答案。將每一個決策視為一次有目的、有學習曲線的實驗，才是因應變局最有效的方法。

第三，「價值觀是最重要的指南針」。在動盪不安的世界中，利益與選項往往錯綜複雜，最佳選擇未必總是存在。唯有堅持組織核心價值，才能在困難時刻做出對的決定，即使過程艱辛，最終仍能贏得長遠的信任與支持。

凌羣電腦正走在轉型升級的重要關鍵期，我們從「資訊服務提供者」，走向「以人工智慧協助產業數位轉型的共創夥伴」。未來，我們更將以超級決策的精神，結合前瞻科技、跨界思維與永續理念，協助各行各業在不確定性中尋找確定性，並且持續為社會創造更大價值。

最後，我要特別感謝本書的出版單位——財團法人中國生產力中心。在全球環境急遽變化的此刻，貴中心引進這部前瞻性的作品，為台灣企業界提供了一套科學性與實務性的決策方法論。我相信，這本書將成為領導者航向未來的導航工具。讓我們一起，以更智慧的決策，迎接下一個更加精彩的時代。

凌羣電腦股份有限公司總經理
劉瑞隆

本書介紹

「我們應該改良汽車原有的內燃機引擎、還是直接轉向開發電動車？」「我們應該在現有的組織結構上進行調整、還是打掉重來？」「我們應該繼續拓展實體通路、還是改為發展電商平台？」「我們應該從零開始開發新的市場區塊、還是透過收購競爭對手來快速擴張事業版圖呢？」

這些「非此即彼」的難題，是高階管理者每天都要面對的問題。要如何在兩相權衡中找出最佳解法，就是管理階層最重要的工作任務。根據麥肯錫顧問公司（McKinsey & Company）的最新研究顯示，管理層有將近 40% 的工作時間都花在做決策上（De Smet et al., 2019）。管理大師彼得‧杜拉克（Peter Drucker）也曾寫道，無論管理者想要做什麼，他們都是透過決策來達成的（Drucker, 1967）。

管理者的工作表現有很大一部分取決於他們做決策的品質（Harrison, 1996）。研究顯示，在所有領導者應備的技能中，決策能力是與領導績效最為相關的技能（Hoffman et al, 2011）。

在商業領域中，正確的決策能為組織奠定長遠的優勢地位。同樣的，不合時宜的決策也可能會讓人悔不當初。

我們可以從商用汽車的版圖變化來得到印證。傳統大廠一直以來都低估了市場對全電動汽車的需求，直到 2000 年代末期都不願意積極投資於電動車技術。而作為產業新秀的特斯拉則抓住這個商機，成功顛覆了傳統汽車行業的局勢，並於 2020 年 7 月成為全球最有價值的汽

車公司。

讓我們將目光轉向數位平台的發展。2008年，雅虎（Yahoo!）拒絕了微軟近450億美元（約為當時1.45兆新臺幣）的收購提案，從此錯失了高價套現的良機（譯註：爾後，威訊通信於2016年，以44.8億美元，約為當時1,360億新臺幣的金額收購雅虎。2021年，威訊再以50億美元，約為當時1,400億新臺幣的金額，將雅虎90%股權售給阿波羅全球管理公司）。此外，Instagram的創辦人在2012年同意以10億美元將公司出售給Facebook。這個決定讓原本的經營團隊感到扼腕，因為Instagram現已擠身全球最受歡迎的社群軟體之一。光是2023年，Instagram就為母公司Meta（前身為Facebook）創造了超過500億美元（約為1.65兆新臺幣）的收入，分析師估計其市值已超過1,000億美元（約為3.3兆新臺幣）。

最後，讓我們再看看生成式人工智慧（Generative AI）的例子。雲端運算龍頭Google遲遲未推出大型語言模型（LLM）（譯註：大型語言模型Large Language Model，常簡稱為LLM，是利用大量文本資料進行訓練的深度學習模型，具備理解及生成人類語言的能力），使得OpenAI得以占得先機，旗下研發的ChatGPT在2022年底首度公開亮相後，就迅速搶占生成式AI服務市場的主導地位。

決策的重要性並不僅限於錙銖必較的商業領域，它同樣適用於生活中的各個方面。像是：我應該選擇怎麼樣的人作為我的人生伴侶？現在的伴侶是個適合結婚的對象嗎？還是我應該繼續尋找更理想的另一半？我和現在的伴侶應該保持現狀，還是開始計畫生育呢？我的職業生涯下一步該怎麼走？我應該留在目前的公司繼續發展，還是要換一家公司、甚至換個職業？

要做出正確的決策並不容易，尤其大多數決策都是在充滿未知的情況下完成的。**這些未知可以從兩個面向來理解：從外部來看，決策**

往往面臨資訊不足的挑戰，然而時間緊迫、未來趨勢難以預期、外在環境還會不停變化，處處都在動搖著我們的決策意志；從內部來看，我們的目標、喜好和動機也並非一成不變，而是會隨著具體情境不斷演變和調整。

雖然這個世界並沒有通用的公式能告訴我們如何準確無誤地做出決定，但是，如果我們能充分理解哪些因素會影響動態的決策過程、深入分析這些因素如何在不同情境中發揮作用，我們就能更好地掌握決策背後的邏輯和機制，進而提升決策的品質。

透過這本書，我們會討論如何完成這些決策步驟，達到「超級決策」的最終目標。本書會根據腦神經科學、心理學和管理學的研究成果，帶領讀者深入探討會影響決策的關鍵因素，並解釋如何將這些理論知識應用到實際情境中。特別是在動盪不安的環境中，我們要如何找到合適的方式來應對各種挑戰。

本書提出了一個名為「決策導航器」的決策方法，這個方法強調的實驗精神，就算是在充滿不確定性和動態變化的環境下，也能維持決策的良好表現。「決策導航器」希望人們能將決策看作一場實驗，目的是要營造學習的風氣。我們不應該對失敗的嘗試貼上汙名化的標籤；相反的，我們應該鼓勵人們將失敗視為進步過程中的必經之路，讓一次次的嘗試帶領我們開啟新知識與新視角的大門。

一個好的決策，不僅取決於我們遇到什麼樣的環境條件，也是我們內在的目標、喜好和動機所催生的結果。因此，我們希望透過這本書所提出的決策方法，能真正幫助讀者進行反思，更清楚地了解自身的價值觀及行動背後的驅動力量，進而找到適合自己的解決方案。

本書結構

本書的組成分為五個部分，我們將會帶領你逐步拆解如何做出「超級決策」。

在第一部分「理解決策背後需要考慮的未知性」中，我們會討論在未知情況下如何面對「非此即彼」的決策困境。具體來說，這種困境強調了「利用現有資源」與「開發全新商機」的抉擇，因為這兩者往往互相制約，難以同時兼顧。我們的大腦在面對複雜的情境時，通常會傾向將其視為穩定性（利用現有資源）與變化性（開發全新商機）之間的取捨。要從中做出選擇並不容易。相對來說，穩定性有許多優勢，因為過往的經驗能讓我們對局勢更有把握；然而，當環境快速變化時，僅憑過往經驗已無法應對挑戰，此時勇敢求變也許才是更實際的做法。

第二部分「在未知中做出決策」會以腦神經科學、管理學和心理學的研究為基礎，並介紹「決策導航器」這個決策工具。這個工具能將「非此即彼」的難題，轉化為一個逐步調整、磨合的過程。我們可以透過探索更多可能的選項、建立假設、進行實驗、並持續改進決策內容，最終降低做出錯誤決策的風險。這個方法結合了「歸納法」和「演繹法」的優勢，創造出新穎且不受個人認知偏差影響的決策。值得注意的是，這個特殊的決策架構傳達了一個概念：大腦裡「理性的認知」與「感性的情緒」並非兩個獨立的存在，兩者始終會相互影響、也必須保持互動，才能促成優質的決策。（譯註：「歸納法」以觀察形成理論、由未知導向已知、由具體累積抽象。藉由對一系列具體事實或現象的觀察，推導出一個普遍性的結論或規律。適用於發現新規律和理論，是透過具體實例推導出廣泛的結論。舉例來說，我們連續觀察一個禮拜，都能看到太陽從東邊升起，因此，我們可以推論

太陽每天都會從東邊升起。「演繹法」以理論指導觀察、由已知導向未知、由抽象邁向具體。藉由已知的普遍原則或規律，推導出具體的結論。適用於驗證理論和應用已有的規律，透過普遍原理得出具體結論。舉例來說，我們知道太陽固定從東邊升起，而這是由地球自轉方向決定的。因此，我們可以推論地球上的所有地點應該都會看到太陽從東邊升起。）

在日常的決策中，我們大多會憑藉直覺和經驗、用最有效率的方式迅速做出判斷。然而，若要在陌生的環境下做出帶有風險的決策時，單靠直覺和經驗可能不足以有效降低出錯的風險。這時，「決策導航器」就派上用場了。這個決策方法的步調相對緩慢、不過更為適用於做出重大決策的過程。透過這個方法，決策者將以實驗為基礎、以學習為導向、並積極培養適應變化的彈性，以應對現實世界中的不同挑戰。

第三部分「在不確定情境下，管理決策所帶來的張力」探討了如何化解組織內的對立與緊張。這些挑戰通常來自於組織在「利用現有資源」與「開發全新商機」之間產生了矛盾；或者組織內部不同單位的出發點不同，因而同時推行了相互對立的策略。對此，本書提出了應對此類難題的基礎處理步驟，除了可以審視企業是否具備消化內部矛盾的能力、也能強化企業在面對環境變化時的韌性。

第四部分「成為超級決策者」說明了領導者如何採用更聰明的方法，讓自己成為優秀的決策者。有些領導者先天就具有決策的天賦，但是撇除這些人，每個人都還是可以透過自身的努力來提升這項技能。這部分會探討領導者如何提升自我價值，透過維持良好的認知狀態、提升認知能力、清楚地了解自己的立場與動機，從而在充滿未知的情境下依舊確保決策的品質，成為真正的「超級決策者」。

本書最後在「總結」的部分中，對書中提出的核心概念進行了全

面回顧，並延伸探討了這些理念在個人決策者與組織實踐中的應用價值。

儘管本書的出發點是為各類組織中的領導者及潛在領導者而設計，也就是需要在動態環境中做出重大決策的高階主管，然而，我們的期望並不僅限於此。我們希望這本書的理念能啟發更廣泛的讀者群體，無論是希望提升決策能力的專業人士，還是對決策過程感興趣的一般讀者，都能從中獲益。

自從 ChatGPT 推出以來，人工智慧所帶來的機會與危險就開始頻繁出現在大眾的討論當中。歷史學家尤瓦爾·哈拉瑞（Yuval Noah Harari）指出，AI 或將對民主制度構成嚴重威脅（The Economist, 2023）。他認為，民主的基礎在於深入的對話，而對話則依賴語言。一旦 AI 可以操控語言，它或將摧毀我們進行獨立思考及交流的能力，進而威脅民主的存續。目前人工智慧的發展日新月異，無論是透過文字、語音還是影像，都已經發展出能操控或生成現實的能力。舉例來說，2022 年 6 月，多位歐洲國家的首都市長都曾被一個由 AI 生成的影像所欺騙。這個偽造的影像運用了深度偽造（譯註：「深度偽造」原文 Deepfake，源自於英文「deep learning」（深度學習）和「fake」（偽造）。指應用人工智慧深度學習的技術，合成某個人的虛擬圖像、影片、甚至是聲音。）的技術，以基輔市長維塔利·克里契科（Vitali Klitschko）的形象，向收聽者傳達了反對各國向烏克蘭軍隊提供武器的意見，同時警告烏克蘭戰爭的延長可能會加劇歐洲的移民問題。

決策的力量不僅僅體現在高階主管的運籌帷幄上，也對每個人都產生了實際的影響力。尤其在這個時代，AI 已經能捕捉人類依據刻板印象所採取的行為模式，也就擁有了扭曲人類感知、並影響其思考方式的能力。在這樣的背景下，透過運用本書的「科學實驗」方法，我

們能培養批判性思維、突破認知的侷限，進一步深化直覺與經驗的運用能力。這種方法不僅能幫助我們訓練面對複雜情境時的判斷力，也能讓我們在快速變化的現實生活中做出更明智、更自信的決策。

有別於以往將個別決策視為不連續的獨立事件，本書將決策描述為在不斷變化的環境中持續探索與前行的旅程。因為決策具有路徑依賴性（譯註：「路徑依賴性（path-dependent）」是社會科學、經濟學及政治學中的概念，指的是一個系統或過程的未來發展往往受到其過去發展路徑的深刻影響，甚至某些決策或選擇會受到過去歷史的鎖定效應，導致未來的發展具有某種程度的固定性或依賴性。）──我們所做的每一個決定都是相互關連的，目前的決策會受制於過去的選擇，而這些選擇又會影響未來的行動方向；決策也從來不是孤立進行的──在做決策時，我們很難將自己完全與外界隔離。我們需要透過人際之間的互動來反思問題，定義出問題的處理範圍。

為了讓「超級決策者」的概念更加具體且易於實踐，本書透過說故事的方式帶領讀者展開探索的旅程，尤其是在充滿未知的動態情境下進行決策的科學方法。藉由觀察書中主角如何與他人互動、這些互動如何幫助他理解自己所處的情境、並且最終做出最佳的選擇，我們希望能激發你對自身的反思，幫助你了解實作上的技巧，並對決策的科學有更深一層的認識。

本書的故事由六個相互銜接的案例構成，逐步探討不同情境中的決策挑戰。這些案例模擬了真實世界中需要做出困難決策的典型場景，帶領讀者深入體驗當中可能面臨的挑戰。內容涵蓋了人事決策、戰略發展與企業成長、組織變革管理，以及工作與生活之間取得平衡等議題。此外，我們還會探討「選擇困境」（tough decisions），也就是那些看似不存在最佳解的兩難問題。目前，這六個案例已被應用於瑞士聯邦理工學院（ETH Zurich）和聖加侖大學（University of St. Gallen）

的高階 MBA 課程中，作為實務上的教學案例。

故事的主軸，是由一家旅行公司的執行長與年輕學者之間的對話，逐步鋪墊而成。我們期望透過這些對話，讓讀者感受到實際的決策過程會如何與相關科學研究結合，從而縮短實務與理論之間的距離。同時，本書也為那些希望進一步探索的讀者提供了額外的參考資料。

需要特別提醒的是，本書中的案例以及相關敘述純屬虛構。這些案例是基於我們在輔導與研究中多次遇到的典型情境創作而成，若有雷同，實屬巧合。雖然是虛構情節，但我們相信這些案例真實地呈現了現實世界中，在不確定性環境裡做決策時的特徵，因此具備相當的參考價值。

現在，讓我們跟著故事中的主角——阿爾卑斯旅遊集團（ATG 集團）的執行長伊貝爾·杜波瓦（Isabelle Dubois），共同踏上探索決策科學的旅程。

序幕

克勞迪奧・費瑟（Claudio Feser）、大衛・雷達斯基（David Redaschi）和凱洛琳・弗朗根柏格（Karolin Frankenberger）

　　那是個十一月的蘇黎世難得一見的晴天，陽光中帶著一絲清冷。法蘭緊張地站在執行長辦公室門口不斷探頭觀望，等待著與ATG集團新任執行長的首次會面。法蘭之所以如此緊張，是因為前任執行長梅爾博士的工作風格極為嚴苛，也總是與下屬保持距離、不苟言笑。辦公室的氣氛時常籠罩著高氣壓。身為執行長助理，對於即將迎來的新上司，法蘭的內心充滿了不安。

　　很快地，一位女士迎面走來，看他的裝扮，很顯然就是ATG集團的新任執行長。但令人意外的是，這位女士帶著和藹的笑容，絲毫沒有一絲高層管理者的架子。法蘭咽了咽口水，向迎面走來的伊貝爾打招呼：「杜波瓦夫人，早安。我是您的助理，我的名字是法蘭茲卡・克內希特。」

　　伊貝爾伸出手來，向法蘭握手致意：「很高興認識你。放輕鬆，叫我伊貝爾就可以了。」法蘭下意識地伸手想幫伊貝爾拿隨身物品，不過卻被伊貝爾搶先一步，拿起自己那有點年代卻不失典雅的手提包。「謝謝你，我自己拿就可以了。」他語氣堅定但友善地說道。「這是我的辦公室嗎？」伊貝爾問道。法蘭點了點頭回應，不過此時他的內

心充滿了對伊貝爾的困惑。因為伊貝爾那自信又親民的舉動,與前任執行長形成了相當鮮明的對比。

「謝謝你來迎接我。」伊貝爾微笑著說道,「你在ATG集團待了很久嗎?」「報告杜波瓦夫人,我在公司服務大約三年了。」法蘭一邊回答,一邊帶領伊貝爾走進執行長辦公室,「之前和我一起工作的執行長是梅爾博士。」

「請叫我伊貝爾。」這位新任執行長再次以冷靜而堅定的語氣說道。「好的,杜波瓦夫人。啊……抱歉,伊貝爾女士。呃……我想說的是,伊貝爾。」「沒事,放輕鬆點。」伊貝爾微微一笑,「那我可以直接稱呼你法蘭嗎?」「當然可以!太謝謝你了!」法蘭有些慌亂但雀躍地回應。

「你認為ATG集團目前的狀態如何?你喜歡在這家公司工作嗎?」伊貝爾繼續問道。法蘭一方面對伊貝爾的親切感到驚訝,另一方面,過去幾週的緊張與期待彷彿找到了出口,於是情不自禁地絮叨起來:「在ATG集團工作對我來說是莫大的榮幸,我也十分享受工作中所帶來的樂趣。我本身就很熱愛旅遊,因為它能開拓視野,帶來新觀點。透過旅行業務的推廣,我們能帶領人們更加理解和同理彼此的文化、拉近彼此的距離,這也正是我的熱忱所在。」

「很高興聽到你這麼說。為ATG集團工作對我來說也是一種榮幸。」伊貝爾認真說道,「能麻煩你問一下GET成員(譯註:GET是ATG集團裡特別編制的決策團體。第二章將會進一步介紹GET團隊性質與成立緣起。)是否有空與我單獨會面嗎?我想逐一見見他們。」

「沒問題,我立刻就去打電話安排時程!」法蘭一邊說著,一邊用向後倒退的方式離開執行長辦公室。

伊貝爾莞爾一笑,放鬆地靠在辦公椅上,目光轉向窗外。這間辦

公室位於較高的樓層，寬敞的落地窗讓整座蘇黎世的天際線一覽無遺，遠方的阿爾卑斯山脈也清晰可見。儘管已是十一月底，山巔的積雪仍然稀少，讓整片景色顯得格外開闊。他凝視著這片熟悉的土地，心中湧起一股自豪感。能夠回到家鄉、在這裡管理一家旅遊公司，這一切既令人欣慰，也讓他不禁回想起過去幾個月所經歷的變化。

自從已故的阿爾卑斯探險家曼弗雷德・羅納在八十多年前創立了阿爾卑斯旅遊集團（Alpina Travel Group），該公司就持續深耕於旅遊市場。ATG 集團專精於規劃、設計與協調不同規模與需求的行程，並且不斷優化自身的產品與服務，因此積累了豐富的市場經驗。這些優勢都造就了 ATG 集團現有的龐大客戶基礎，在市場上有著難以撼動的地位。整體來說，ATG 集團一直保持著穩定且可觀的盈利成長。

然而，近年來由於顧客需求的變化，再加上 Booken.com（譯註：本書虛構）等線上媒合業者的崛起，ATG 集團的客群規模大幅縮減。為了緩解日益加劇的市場壓力，董事會當時決定推舉新任執行長，梅爾博士走馬上任。這位新任執行長喜歡別人稱呼他為梅爾博士，他在旅遊業有著豐富的經驗，也締造過不少亮眼的成就。可惜的是，梅爾博士過於強烈的個人觀點，加上極度強勢的領導風格，最終成為他的致命弱點。他來到 ATG 集團的初衷是要協助公司適應數位化浪潮下的旅遊模式變化，讓公司重新奪回品牌影響力。但是他的自負、傲慢，以及「我永遠是對的」的態度，不僅沒幫上忙，反倒削弱了內部士氣。市場對 ATG 集團的反應也持續冷淡，銷售業績不升反降。

儘管 ATG 集團目前依然是業界的領導者，但已不復當年的輝煌。遙想八年前，當伊貝爾還在 ATG 集團就職時，當時的 ATG 集團正處於巔峰，當時的他也是前途看好的重要人才。伊貝爾的旅遊職涯始於 ATG 集團，一路平步青雲，前景看好。隨後，他又轉戰另一家位於丹

麥的旅行集團 The Travel Group，並且升格為管理責任更大的行銷主管。歷經兩年的歷練，他再度升任銷售與行銷部門的副總裁，成為備受業界關注的人才。

　　The Travel Group 是一家總部位於哥本哈根的旅遊集團，背後主要由一家歐洲的私募股權公司提供發展資金。憑藉該控股公司對歐洲市場的深入掌握，他們將 The Travel Group 打造為一家提供精緻旅行體驗的客製化旅遊公司，其業務範圍遍布歐洲各地，深受高消費能力客戶的青睞。正因為 The Travel Group 的市場定位明確且策略精準，因此才得以迅速擴張商業版圖。在公司成長的過程中，業界人士都看得出來，伊貝爾正是推動 The Travel Group 成長的關鍵人物。他的影響力遠遠超越了銷售與行銷部門副總裁職責所及之處。

　　相較於 The Travel Group 的成長，ATG 集團則是逐年失去市場競爭力。然而，梅爾博士始終未能察覺到危機，以至於他最後只能措手不及地收到解僱通知。儘管董事會在解僱梅爾博士之前，就已經花費將近一年的時間在公司內外部物色繼任者，卻始終沒有找到一個滿意的人選。在梅爾博士仍在任的最後一個春天，ATG 集團的董事長卡洛‧普羅科尼主動聯繫了伊貝爾，希望在他走訪丹麥的期間，順道與伊貝爾見上一面。不過，此時的伊貝爾已是另一家旅行集團的執行董事，亦從未想過離開現職。因此，ATG 集團董事長卡洛只能藉著「研討產業動向、相互切磋學習」的說詞，作為與伊貝爾會面的理由。

　　卡洛年逾六十，是一位身材高挑的男士。他與伊貝爾同為瑞士公民，不過他來自瑞士的義大利語區，而伊貝爾則來自德語區的蘇黎世。卡洛為人守時且謙遜，同時也是一位思慮周全的企業家。他憑藉獨到的眼光、精準的判斷力與誠信的行事風格，在金融業累積了輝煌的成就，在瑞士商界備受景仰。當卡洛如願與伊貝爾共進晚餐時，他並沒有急

於談論商業話題，反而花了更多時間在交流彼此的家庭、生活習慣和興趣愛好。這讓伊貝爾感到有些意外，畢竟這是他與卡洛的初次會面。與他想像中的嚴肅交談不同，卡洛的談吐讓他不自覺地放鬆下來。

直到晚餐接近尾聲，卡洛準備搭機返回蘇黎世前，他才看似不經意地問道：「伊貝爾，你有想過要回到瑞士、或是回到ATG集團工作嗎？」卡洛接著向伊貝爾透露道：「ATG集團目前正計畫成立一個新部門，這個部門將著重於經營商務旅遊與B2B市場的新業務，這可能會是你回到家鄉大展長才的好機會。」

聽到這裡，一向充滿企圖心的伊貝爾立刻產生了興趣。畢竟ATG集團的規模是The Travel Group的五倍之大。他沉思片刻後，回應道：「我很榮幸能獲得貴公司的賞識，若有幸能進入ATG集團的核心決策團隊，對我來說也是個不可多得的人生經驗。不過，這樣的變動不僅影響我往後的職涯走向，對我的家庭來說也影響重大。我需要先與家人們討論後，再做下一步的打算。」

伊貝爾誠懇地說道：「我會認真考慮您的提案，也請您接下來不吝與我分享更多ATG集團的發展動向。」在那次談話之後，數個月來，伊貝爾都沒有從卡洛那裡收到任何消息。他猜想卡洛可能改變主意了，因此也沒有太放在心上。

一直到六個月後，當伊貝爾幾乎要忘了那場對話時，卡洛卻突然來電：「伊貝爾，實話跟你說，董事會正在商討聘任你作為ATG集團執行長的可能性。你願意安排時間到蘇黎世與董事會成員面談嗎？越快越好。」「哇……」伊貝爾驚訝地脫口而出。他萬萬沒想到，自己竟然會被列為執行長候選人。各種思緒在他腦海中翻湧，他努力穩住情緒，冷靜地回答道：「這是一件大事，我需要時間慎重思考，也得和家人好好商量。你們可以給我多少時間？」

「24 小時內給我答覆，可以嗎？」卡洛問道。於是，接下來的幾個小時，伊貝爾向公司請了假，到平常晨跑的公園裡走走。他需要好好理清思緒，思考是否該接受這個挑戰。當晚，他也和丈夫馬可慎重地商量是否該重返 ATG 集團。

八年前，當伊貝爾還是 ATG 集團中萬眾矚目的新星時，The Travel Group 向他拋來了橄欖枝。當時的伊貝爾也在經歷了一番掙扎後，選擇接受不同的挑戰。這個決定看似冒險，但他卻將其視為職涯上的一大機遇。當時的馬可雖然勉強接受了這個決定，但他內心其實並不想搬去丹麥。畢竟他早已在蘇黎世的出版社之間建立了良好的人脈基礎，而且搬到丹麥對於他發展小說家的事業而言，也不是特別理想的選擇。

彼時，馬可正嘗試從早期較為嚴肅的創作風格，轉向歷史推理小說相關的新興題材。他早期推出的作品曾獲得小說界的高度肯定，其中的《曼恩與人類》一書甚至入圍了備受推崇的布克文學獎（Booker Prize）。延續著之前火熱的態勢，馬可與出版商都期望這次的轉型也能大獲成功，乘勝推出了轉型大作《查理曼大帝的秘密》。事實證明，這確實是一個成功的決定。這一套全新的歷史系列小說因為考據嚴謹、風格機智，擄獲了一眾讀者的喜愛，在市場上的熱度久久未退。

將時間拉回伊貝爾正在考慮是否要回到蘇黎世的當下。八年過去了，馬可已經在哥本哈根扎根，並建立起一套獨特的生活節奏，讓他能夠在享受創作機智推理小說的同時，也兼顧家庭生活。在這裡，他和伊貝爾擁有一群好友，而他們的兩個女兒——瑪麗和安娜莉絲，也早已適應丹麥的環境，並樂在其中。他們在學校的表現不僅出色，甚至是同齡孩子中特別亮眼的一群。這一切恰到好處，沒有人想輕易地改變它。

因此，馬可與伊貝爾需要考慮到這件事對女兒們產生的影響。他

們的大女兒瑪麗目前 15 歲，熱衷於環保議題，並積極參與以環境保護為核心的學生組織，尤為推崇瑞典環保少女格蕾塔·通貝里的永續理念。而小女兒安娜莉絲目前 12 歲，是學校網球隊的明日之星。馬可與伊貝爾都期望他們的女兒能夠繼續培養他們的興趣與才華，因此也需要確認蘇黎世在這些領域上有足夠的發展空間。因此，當馬可得知伊貝爾收到擔任 ATG 集團執行長的邀約時，他無法打從心底為此感到開心。但是他也清楚知道能夠成為 ATG 集團的執行長，對伊貝爾來說意義有多麼重大。因此，馬可還是做好了準備，願意陪著伊貝爾回到蘇黎世重新安頓。

講到擔任執行長對伊貝爾來說的意義，就要從伊貝爾的原生家庭開始說起。他成長在一個貧困的家庭中，父親大部分的時間都處於失業狀態，只偶爾做做木工賺取微薄的收入，經濟來源並不穩定。更糟的是，父親酗酒成性，一旦他喝醉，他的暴力傾向就會變得難以控制，伊貝爾的媽媽和兄弟姊妹都是他拳頭下的受害者。因此，一直以來都是由母親勉強維持家裡的生計，確保孩子們的溫飽。但是除此之外，母親無力再給予孩子們更多成長的養份——無論是陪伴的時間，還是溫暖的關愛。

儘管他與三個兄弟姊妹有著相同的童年經歷，他們卻從未成為彼此的依靠。童年時期的他們爭奪著母親有限的關注，在他們的潛意識裡並無法真心信任彼此。作為家中的老么，伊貝爾打從有記憶以來，就一直為了能被看見而努力，甚至可以說是拼盡全力。如今，他們都長大了，但這種競爭卻已內化成一種慣性。現在他們不再爭奪母親的愛，而是競逐這個世界上任何能透過競爭獲得的東西。

原生家庭帶來的陰影，讓伊貝爾留下了難以抹滅的童年創傷。他經常感到悲傷和煩躁，內心也一直渴望得到認可，卻始終說不清他為

何有這份執著。他總覺得自己背負著無形的壓力，迫使他向這個世界證明：只要他下定決心，就不存在他做不到的事情。然而，他真正想證明的，或許是自己並非過去那個無助又渴望關愛的小女孩。

伊貝爾總是刻意維持自己的外在形象，讓自己看起來充滿自信、完美無瑕。沒有人能從外表看出他內心的不安與脆弱。伊貝爾就像一匹孤狼，早已習慣獨自消化壓抑著的情緒，也學會將真正的自己隱藏起來。在遇到丈夫馬可之前，幾乎沒有人能真正理解他所承受的傷痛和掙扎。因此，伊貝爾始終難以對人產生信任感。除了丈夫與女兒們，他幾乎沒有可以傾訴心事的朋友。

儘管童年經歷充滿傷痛，伊貝爾仍然想方設法創造出自己的優勢。他堅毅的人格特質為自己累積了最寶貴的資本——勇於挑戰的野心、奮鬥精神，以及無懈可擊的工作態度。現在的他勇於正面迎敵，從不輕易對困難妥協。他總是為自己設定遠大的目標，並且比任何人都更努力地去實現。正是這些特質，讓他得到蘇黎世大學的全額獎學金，完成了高階 MBA 學程，最終成為足以問鼎 ATG 集團執行長的優秀經理人。

對伊貝爾來說，能夠被任命為 ATG 集團的執行長，是職涯表現卓越的象徵，也是對他能力最大的肯定。對於一位需要從外界尋求認可與賞識的女性來說，這就是夢寐以求的成功。他抑制不住自己心底的想法：「經過這麼多年的努力和犧牲，我現在終於有機會成為 ATG 集團的 CEO，這真是太不可思議了。」他清楚知道，自己一生都在追求這樣的機會。

經過一番理想與現實的拉扯後，伊貝爾最終決定遵從內心的聲音，接受這個全新的挑戰。隔天一早，伊貝爾撥通了卡洛的電話，向他明確表示了自己的意願：「非常感謝您對我能力的肯定，若有幸能擔任

執行長的角色，將是我莫大的殊榮。我非常樂意向董事會正式提交申請。請問您希望我何時過去蘇黎世拜訪您及ATG董事會？」

「你下週方便過來嗎？」卡洛問道。這次，伊貝爾毫不猶豫的回答：「沒問題。」於是，兩個月後，董事會正式宣布任命伊貝爾·杜波瓦為ATG集團的執行長。

儘管伊貝爾先前在The Travel Group達成了許多傲人的成就，但他被任命為ATG集團執行長的消息仍然令所有人大感意外。雖然伊貝爾曾在ATG集團和The Travel Group擔任過財務和行銷等重要職位，但他從未真正承擔過最高決策者的責任。況且，在ATG集團一眾五十多歲的經理人之中，年僅四十多歲的伊貝爾顯得格外年輕。因此，任命消息一出，很快就掀起熱議。

瑞士的商業媒體對此大肆報導，部分評論更是直指ATG董事會的決策過於冒險。這些報導毫不客氣的抨擊此次人事任命，彷彿ATG集團的董事會成員全是糊塗的莽夫，竟然將這家瑞士首屈一指的知名企業，交到了一位年輕且缺乏資歷的女性手中。

頂著輿論風波的壓力，伊貝爾在ATG集團的開局不僅顛簸不平，上任初期也面臨了諸多挑戰。在蘇黎世總部上任的第一天，伊貝爾先與ATG集團的高階管理團隊一一進行簡短的寒暄，緊接著又趕到大禮堂主持全體員工大會。一天忙碌的行程結束後，伊貝爾才有機會與ATG集團的財務長好好的坐下來，討論即將公布的第三季度財報。

財務長雨果·韋爾納來自德國，出生於慕尼黑郊區，因此帶有南方的巴伐利亞口音。他那總是筆挺的西裝不僅襯托出他的嚴謹與專業，也體現了他對工作的態度——嚴肅、細緻、不容妥協，是個典型的巴伐利亞人。雨果的行事風格乾淨俐落、待人直率，且從不多說一句廢話。即使要為自己的觀點或決策辯護時，他也絕不過度陳述，總是能

用最精確的語言傳達核心要點。雖然雨果對於創新的態度相對保守，但無可否認，雨果是一位果斷而幹練的管理菁英。

　　雨果的名號在投資界十分響亮，因此，他也曾是 ATG 集團執行長的有力候選人之一。事實上，董事會最後就是在雨果和伊貝爾之間做選擇。儘管雨果最終未能獲選，但他似乎沒有因此感到不滿，還是盡力做好份內之事。

　　「第三季度獲利跟去年同期相比預計會下降 38%。」伊貝爾甫上任，雨果就向他報告這一棘手的消息。不過，雨果卻氣定神閒地繼續說道：「這主要是受到匯率變動所產生的負面影響。不過，這並不影響我們的基本盤，公司的成長動能依然強勁。我相信投資人能夠理解這一點並且繼續持有股票，我們不必過度擔心。」然而，投資者並不買帳。同年 11 月中旬，第三季財報公布後，ATG 集團股價應聲下跌了 11%。

　　但是財報表現不佳僅僅是問題的冰山一角。隨著對 ATG 集團的深入了解，伊貝爾很快就發現了問題的根源。ATG 集團之所以在他離職後不久，就失去業界龍頭的寶座，主因就是 ATG 集團未能在數位化浪潮席捲旅遊業的關鍵時刻，及時調整業務模式，從而失去主導市場的能力。

　　這些新興的數位化旅遊趨勢，從線上旅遊市集、數位賦能（譯註：「數位賦能（digital enablement）」提供不具備專業知識的客戶特殊的數位化工具，幫助他們做到過往需要專人代為執行才能達到的事情。賦予民眾自由決定使用範疇的自主性。）的旅行體驗，到遊戲化的沉浸式旅遊等，無時無刻都在重塑市場版圖。這使得 ATG 集團增加了許多競爭對手，不僅大型公司來勢洶洶，小眾市場的崛起也在蠶食著旅遊市占率。因此，就算 ATG 集團再怎麼努力追趕對手，也只能眼看著客源逐漸流失，獲利能力也逐年下降。

然而，數位化程度不足與獲利能力低迷並不是伊貝爾唯一的擔憂。除了數位轉型之外，市場上還出現了一系列的創新旅遊模式，包括生態旅遊、客製化行程、勞逸結合的商務旅行等。這些趨勢將如何影響旅遊業的短期營運績效及長遠發展策略，目前尚不明朗。再者，全球經濟成長已大不如前，所有旅遊業者都感受到了消費需求下跌所帶來的壓力。如今，旅遊產業的前景難以預測，對 ATG 集團來說更是前路渺茫。

投資者們急於瞭解公司接下來將會如何發展，這些躁動的情緒也如實反映在股價的波動上。早在財報公布之前的數個月間，ATG 集團的股價就一直處於異常劇烈的震盪行情，跌宕起伏的幅度前所未聞。財報發布的隔天早晨，伊貝爾便飛往倫敦，準備與 ATG 集團的投資人會面。其中，最重要的一場會談對象就是 ATG 集團的最大投資方——LHF 金控（譯註：「大型對沖基金」（Large Hedge Fund）首字母組成的虛構公司），一家專營大型對沖基金的金控集團。

儘管此行的目的是為了安撫市場的不安情緒，但是此刻伊貝爾自己也感到心煩意亂、孤立無援。ATG 集團目前業績表現不佳、公司的戰略前景充滿變數，他甚至無法指望處於公司核心地位的 GET 決策小組能提供什麼實質幫助。事實上，GET 決策小組裡的高階主管們對待這位新任 CEO 的態度冷淡至極，雖然沒有人當面質疑他的能力，私底下卻語帶嘲諷地戲稱伊貝爾為「神童」。

過往的經驗教會了伊貝爾，做決策時除了要保有獨立判斷的能力，兼容並蓄的處事態度通常也對事情很有幫助。然而，現在他卻開始動搖了。他不禁思索，自己是否應該對 GET 團隊採取更強勢的領導方式，提供明確的指引與執行細節，確保團隊朝著他所認為正確的方向前進。

隔天一早，伊貝爾收拾好心情，踏上旅程。當他登機時，機組人

員立刻認出了他的身份,並親切地向他問候。他這才體會到,身為知名旅遊集團的執行長,是如此受到矚目,而他也十分享受這份與眾不同的尊榮感。

當飛機起飛後,伊貝爾的思緒又再度回到ATG集團的情況上。他太過沉浸在自己的思緒裡了,以至於沒有注意到他身旁坐著一位年約三十多歲的年輕女子。這位女子手握一疊文件,專注地修訂著內容。當伊貝爾的目光無意間落在對方手中的文件時,文件的標題《應對變局的決策之道》吸引了他的注意。他忍不住開口說道:「這篇論文的主題是個很值得探討的領域呢!」

對方抬起頭,微笑著回答:「謝謝,這是我寫的論文,是我博士後研究的一部分。我現在正在進行提交前的最後一次校對。」「希望我沒有打擾到您,主要是這個主題對我的工作來說太重要了。」伊貝爾自我介紹道:「我是伊貝爾·杜波瓦,目前在ATG集團擔任執行長。在我的日常工作中,如何因應環境的變化做出決策是很重要的一部分。」

「很高興認識到你。我是伊芙·雷多尼博士,叫我伊芙就可以了。」伊芙微笑著說。「伊芙,你是大學教授嗎?」伊貝爾問道。「你說大學教授?雖然我也很想跟你說我是,」伊芙笑著說,「我也一直盼望自己能為人授業解惑,也寫好了我的教授資格論文,也就是我的博士後論文。不過目前還沒完成所有正式教授的資格要求,因此我還在為此努力。」

伊芙推了推眼鏡,繼續說起自己的職涯歷程:「我起初從事管理顧問工作,但後來發現,比起為企業提供服務,我更熱愛研究及教學工作。因此,我轉戰學術圈,全心全意研究決策形塑的過程。特別是在環境充滿變動的情況下,人們該如何做出決策、是否有特定的模式

或工具能提升決策的品質。」

伊芙個子嬌小，身形瘦弱，鼻梁上還架著一副厚重的眼鏡。笨重的眼鏡幾乎遮住了他小巧的鼻子，讓他看起來就像剛從滿是灰塵的圖書館裡鑽出來的書呆子。然而，他的聲音卻不像他的外表那般單薄。他說話的語速輕快、聲音充滿能量、臉上始終掛著燦爛的笑容，讓人很難不被他的活力所感染。

「我對這個主題非常感興趣，我很好奇你為什麼決定研究這個？」伊貝爾問道。「做決策一直是我的熱情所在，也可以說我總是在面對它的挑戰。」伊芙笑了笑，接著說：「老實說，我其實並不樂於做決定，也不擅長面對抉擇。不管是多麼無關痛癢的事情，我都會困在自己的選擇障礙之中，久久無法做出決定。像是決定晚餐在哪裡吃這種小事，我也能糾結半天。我的男朋友都快被我搞瘋了。」他攤了攤手，語氣裡帶著幾分無奈和自嘲。「我想著，既然我這麼不會做決定，倒不如深入研究它，看看能不能幫助自己克服障礙。」伊芙的坦率與幽默讓伊貝爾不禁莞爾一笑，原本還帶著幾分拘謹的他，也因為伊芙的親和力而逐漸放鬆下來。

「我真心希望你的研究能讓你如願以償！」伊貝爾說道，「我之所以對這個主題感興趣，是因為我每天的工作就是要做出大量的決策。但是在目前的市場環境下，做出好的決策並不是一件容易的事。」「那麼，」伊芙調整了一下坐姿，語氣中帶有一絲興奮地說道：「你有沒有興趣聽聽我的研究成果？」

就這樣，伊貝爾在因緣際會下，與一位從顧問界轉戰學術界的專家展開了對話，而這位專家正是研究決策行為的知名學者。一場精彩而發人深省的對話就此展開。

目次

出版緣起　003
推薦序　005
本書介紹　019
序幕　027

第一部分　理解決策背後需要考慮的未知性　043

第 1 章　如何做出精準預測　044
第 2 章　情境一：人事決策　063
第 3 章　探索潛在機會，從中找到最佳決策　074

第二部分　在未知中做出決策　105

第 4 章　情境二：戰略發展　106
第 5 章　列出選項的背景條件並進行驗證　119
第 6 章　情境三：企業成長　147
第 7 章　發想出更好的選項　160

第三部分　在不確定情境下，管理決策所帶來的張力　185

第 8 章　情境四：實施計畫　186
第 9 章　推動組織改革　194

第四部分 成為超級決策者 221

　　第 10 章　情境五：在工作與生活之間取得平衡　222
　　第 11 章　提升決策能力　233
　　第 12 章　情境六：「不得不」做出的決定　257
　　第 13 章　做好「犯錯」的準備　269

第五部分 總結 283

　　第 14 章　故事的尾聲　284
　　第 15 章　全書回顧　289

附錄 301

參考文獻 323

第一部分

理解決策背後
需要考慮的未知性

第1章
如何做出精準預測

克勞迪奧・費瑟（Claudio Feser）、丹妮拉・勞雷羅-馬丁內斯（Daniella Laureiro-Martinez）和斯特法諾・布魯索尼（Stefano Brusoni）

「光是擁有一顆優秀的頭腦是不夠的，更重要的是如何正確地運用它。」

——法國哲學家勒內・笛卡爾（René Descartes）
《談談方法》（Discourse on the Method）

在飛往倫敦的航班上，伊貝爾向伊芙訴說著他現在正面臨的關卡。不過，基於保密原則，伊貝爾只能描述部分細節：「目前ATG集團所面臨的問題相當棘手，這也是為什麼我現在需要飛往倫敦，前去安撫投資者的情緒。」

他接著說道：「我原本以為自己將接手一家被視為業界標竿的優良企業，然而現實卻讓我大感意外。ATG集團不僅要面對本身業績下滑的壓力，不明朗的旅遊市場前景也讓ATG集團的現狀雪上加霜。這是所有傳統旅遊業者都要面對的選擇題：公司是否應該更積極地推動數位化？我們該開發較小眾的利基市場，抑或與競爭對手合併以取得更高的市占率？除此之外，我也在思考，公司內部需要進行什麼樣的調整，才能對現況最有幫助。」

「你似乎正在面臨變化多端且充滿未知的局勢。我猜你現在最好

奇的，就是如何做出正確的決策。」伊芙試圖總結伊貝爾目前所遇到的困境。「是的，正是如此。投資者和董事會選擇讓我在這種危機四伏的情況下接手公司，就是期待我能夠正確掌握市場動向、做出足以力挽狂瀾的決策，繼而解決公司的困境。」伊貝爾回答。

「了解。你需要在市場中各項因素不斷變動的情況下，做出許多攸關公司成敗的決策。」伊芙表示理解並試圖釐清狀況。「是的，所以我想學習如何在充滿變動的狀況下做決策。這也剛好是你的專業，對吧？能跟我分享你是怎麼看待決策的嗎？」伊貝爾問道。

「當然。決策大致可以分為三種類型，」伊芙開始解釋，「首先，**第一種是既定條件下的決策**。這時所做的決策，所有可能的選擇與對應結果都是已知的，結果不會有任何差錯；即便有風險，也只會造成微不足道的影響。例如，簽署公寓的租賃合約就是一種在既定條件下進行的決定，你只有兩個選擇：簽或者不簽。簽署後的結果很清楚，你將擁有使用這間公寓的權利，同時也必須遵守合約中的條款、按時支付租金。一切權利與義務都被條列於合約中，幾乎不會有例外發生。」

「這個很好理解。那麼另外兩個類型是什麼？」伊貝爾問道。「**第二類是帶有風險的決策**。這類決策與既定條件下的決策很像，我們知道有什麼選項、也知道各個選項可能帶來什麼結果。他們的不同之處在於，這種決策的背後帶有機率性，我們無法百分之百確定會得到什麼結果。在這類情境中做決策時，你可以先計算出不同結果發生的機率，並據此進行選擇。這種決策方法也被稱作「機率決策理論」或「貝氏決策理論」（譯註：貝氏決策理論是一種利用抽樣方法估計資訊價值的統計判定方法。其特點是利用不斷取得的新資訊進行分析，修正從前的估計或判斷，以得出更切合實際的估計或判斷。資料來源：國家教育研究院《資訊與通訊術語大辭典》）。運用機率進行決策的概念最初是由美國統計學家薩維奇（Leonard Savage）

所提出,他將這種可以列出所有可能結果的情境稱為『小世界』(small worlds)(Savage, 1954)。」

「有具體的例子嗎?」伊貝爾問道。「撲克牌或二十一點(blackjack)這類遊戲就是個很好的例子。參與遊戲的玩家完全知道所有可能的牌組與對應的賠率。而且,在遊戲進行過程中,雖然牌組的排列會不斷變化,但玩家可以根據已知的牌組資訊來評估自己獲勝的機率,進而做出最佳決策。」

「我懂了。那第三種類型呢?」伊貝爾迫不及待地問道。「**第三類是處於變動情況下的決策**。在這個情境下,所有可能的選項、結果和機率都是未知的。因此,相對於剛剛提到的『小世界』,薩維奇將這種無法窮舉出所有結果的情況定義為『大世界』(large worlds)(Savage, 1954)。『大世界』的例子包括何時舉辦野餐活動、該去哪裡度假、今晚去哪裡吃飯,甚至是選擇與誰結婚等(Volz and Gigerenzer, 2012)。」

「這樣聽來,大多數決策不都是在變動情況下做出的嗎?」伊貝爾問道。「沒錯。在變動狀況下做決策是生活中的常態:從生活中的小決定(今晚該去哪裡吃飯——我們要去熟悉的餐廳點喜歡且常吃的食物、還是要換個口味、甚至嘗試其他餐廳?),到可能改變人生的重大決策(職業生涯該如何發展——我要留在現有的公司繼續發展、還是換一份工作、甚至轉換跑道?),這些都是在變動狀況下所做出的決策。」伊芙回答道。

「我們大多時候都是在變動且不確定的情況下做出決定,能在確定或已知風險下做的決定反而相對較少。然而,傳統的決策理論並不足以幫助我們在這種情境下做決策。像是我們所熟知的情境規劃、決策樹以及統計學上的分析方法等等,通常都有既定的背景假設,並且

需要依賴過去的數據進行分析。但隨著市場和環境的快速變化，這些傳統方法已經難以應對市場上的不確定性和動態變化，無法有效支持決策者做出最佳選擇。」（譯註：荷蘭皇家殼牌公司曾運用「情境規劃」，成功因應 1970 年代的油價衝擊。當時的成功經驗，使得情境規劃開始被企業經理人視為重要的策略工具。情境規劃包含以下六個步驟：一、邀請合適的人參與情境規劃；二、找出假設、驅動力量，與不確定因素；三、想像可能出現哪些截然不同的未來；四、思考有哪些不同情境都能適用的策略；五、實施策略；六、流程制度化。資料來源：哈佛商業評論）

「以決策樹為例，因為環境的動態變化，樹狀結構會不斷出現新的分支，每個分支的預期回報也不是固定的，機率持續變動且難以量化。在這種情況下，我們需要一個比貝氏法則更能適應變化的策略來應對現實。」

「那是什麼呢？」伊貝爾問道。伊芙繼續說道：「在變動且不確定的情況下做決策時，我們常常會有意識或無意識地對未來進行預測。例如，預測投資的潛在報酬率、預估罕見手術的成功機率、或者推測競爭對手會採取什麼行動（Satopää et al., 2021）。有了初步的預測之後，我們就能運用捷思法（heuristics）或其他常見的判斷方式來做出決策（Volz and Gigerenzer, 2012）。」

「先進行預測、再運用捷思法？聽起來很有趣，能告訴我更詳細的內容嗎？」伊貝爾誠懇地請教道。

> 在不確定的情況下做決策時，我們很容易有意識或無意識地，對未來進行預測，再運用捷思法或其他常見的判斷原則來做出決策。

你腦中的水晶球：大腦內建的預測能力

　　人類大腦的預測能力，可能就是這個物種得以發展至今的其中一個關鍵因素。在人類演化的漫長歷程中，能夠預測未來並且提前做好準備，為我們的祖先提供了極大的生存優勢。在原始的自然環境中，能夠預測獵物的行蹤或預見掠食者的威脅，是關乎生死存亡的重要技能。那些能夠準確預測並採取相應行動的個體，無疑更容易避開危險，獲取食物，進而繁衍後代。因此，這些具有預測能力的個體，也就更有機會將基因傳遞下去。經過多代的演化，這種預測能力逐漸在人類的大腦結構中紮根，成為我們神經系統的核心特徵之一。現今人類所展現的高度預測能力，正是這些原始神經長時間演化後的結果。

　　大腦的預測機制，能幫助我們用最有效率的方式處理外界刺激，減少不必要的資訊處理過程，從而提升決策與反應的速度。大腦之所以需要有效率地運用自身的認知功能，是因為大腦精密運作背後所需的「能量成本」相當高（本書後續將會深入探討這個機制）。為了有效降低這些成本的消耗，大腦會透過不斷預測即將出現的刺激，減少需要即時處理的資訊量。換句話說，大腦並不會將每一個刺激視為獨立的新事件，而是依據過去的經驗來建立預期，快速對類似的刺激做出反應。這樣一來，大腦不僅能減輕認知負擔，避免決策疲勞，還能幫助我們在充滿變數的環境中迅速做出合理的判斷、在多變的環境中生存下來。因此，大腦的預測能力不僅是人類演化過程中的寶貴產物，更是維持認知效率的核心機制之一。

「當然沒問題，」伊芙爽快地答道：「讓我從預測開始談起。美國的賓夕法尼亞大學（University of Pennsylvania）曾在2011年進行了一項非常有趣的實驗。菲利普・泰特洛克（Philip Tetlock）和芭芭拉・梅勒絲（Barbara Mellers）這兩位心理學家發起了「精準判斷力觀察計畫」（Good Judgment Project）。這項計畫是由一系列的預測比賽組成，目標是要了解是否有些人的判斷能力優於他人，並觀察其他參與者是否能從表現優異的參與者身上學到經驗，進而提高自己的預測準確度。這項計畫從2011年一直持續進行到2015年。在這期間，參與者被要求預測一系列與全球政治和經濟未來趨勢相關的問題，類似於美國情報機構可能會要求分析師進行預測的情境。例如，希臘會不會退出歐元區？俄羅斯的領導階層可能會發生變動嗎？中國將會面臨多大程度的金融危機（Schoemaker and Tetlock, 2016）？因為比賽的進行期間很長，因此參與者可以在過程中不斷汲取最新資訊，並根據新的情勢持續修正自己的預測。這種動態調整的方式，不僅能提升預測的準確度，也能讓參與者隨著事件的發展不斷精進自己的判斷能力。」

　　「哇，竟然有這麼有趣的實驗！」伊貝爾說。伊芙繼續說明：「這個實驗的確非常有趣。這場競賽也開啟了一連串的後續研究。在最近的一項研究中，研究人員探討了不同策略，也就是實驗中所謂的『干預』，對於提升預測準確度會帶來哪些影響（Satopää et al., 2021）。在這項實驗中，參與者被隨機分配接受三種不同的干預方法。第一組參與者必須學習一門機率推理的課程。這個課程不僅涵蓋基礎統計學，還教導參與者如何避免各種常見的偏見，例如過度自信或認知偏差，讓參與者能學會如何使用數據提升分析的精確度。第二組參與者則被要求以團隊形式對預測結果進行討論。在這個小組中，無論參與者是否接受過第一組的訓練，他們都需要互相辯論、挑戰彼此的預測結果。」

「那第三組呢？」伊貝爾問道。伊芙接著說：「第三組受到的干預則是『追蹤表現』。研究人員會長期追蹤參與者的預測表現，定期篩選出表現最佳的前 2% 參與者，給予『超級預測者』的頭銜，並且為他們創造合作的機會。」

「所以，第三種干預方式，就是讓表現最優異的預測者們組隊合作嗎？」伊貝爾確認道。「沒錯，正是如此。」伊芙繼續說道：「研究人員在有受到干預和未受干預的這兩個群體之間進行分析與比較，計算他們個人和群體表現的差異。他們使用了布萊爾分數（Brier scores）（譯註：「布萊爾分數」是一種用來評估預測準確性的指標，常用於預測發生機率的任務中。該分數是以預測值和實際結果之間的平方誤差來衡量預測的準確性。資料來源：Brier, G. W., 1950）來衡量參與者的預測準確性。這個分數雖然涉及較為技術性的運算邏輯，不過判讀結果的方法其實很簡單。布萊爾分數的範圍只會介於 0 到 1 之間，分數為 0 意味著參與者總是能準確預測未來，而分數為 1 則表示參與者從未正確命中結果（Schoemaker and Tetlock, 2016）。」

「既然這個分數有一個既定的範圍，那麼參與者得到的分數越接近 0，代表預測的準確度越高，對嗎？」伊貝爾問道。「是的，完全正確。一般來說，普通人通常會得到介於 0.2 到 0.25 之間的分數。」語畢，伊芙開始翻找著資料夾中的文件，似乎在尋找某個特定的資料。「太好了！我找到了！」伊芙一邊興奮地說道，一邊舉起一張紙，讓伊貝爾可以看到紙上的表格（圖 1.1）。

伊芙解釋道：「這份資料顯示了參與者可能接受的不同干預方法或干預組合，後續研究也據此分析了各自所能獲得的布萊爾分數（Satopää et al., 2021）。結果顯示，參加了機率推理課程的參與者，其布萊爾分數可以從 0.21 降低到 0.19，也就是說，這樣的訓練能將個別

參與者的準確率提高約 10%。」「10%？這個成長幅度看似不小，但是訓練的影響力也沒有想像中的大呢。」伊貝爾回應道。

伊芙接著解釋：「當這些受過訓練的參與者進入到下一個團隊討論的階段時，提升的效果就不只是 10% 了。這種團體討論的預測方式，能讓預測準確度再提高 26%。相較於未經任何訓練的個人，整體提升幅度可達 33%。」

```
未經訓練的個人
   +
機率推理課程
   =
受過訓練的個人
   +
團隊合作
   =
受過訓練的團隊
   +
篩選超級預測者
   =
超級預測團隊（Super-forecasters, SF）
```

圖 1.1　不同干預措施的組合示意圖
資料來源：改編自 Satopää 等人的研究（2021）

「這提升幅度很驚人呢。看來，團隊的預測表現與進步幅度都會高於個人。所以，理想上我們應該要以團隊的形式來進行所有決策嗎？」伊貝爾詢問。

「這個結論並不全然正確，團隊並不總是最佳解方。」伊芙回答，「雖然在面對充滿變動的環境時，團隊的預測表現通常會優於個人，但團隊行動也有其限制。如果一個團隊裡，有許多成員缺乏必要的專業能力、或是沒有為團隊貢獻的意願時，團隊就很難營造良好的協作

氛圍。這時團隊的運作就會變得困難且低效，決策的品質也就差強人意。」

「嗯……是我很熟悉的情況呢。」伊貝爾低聲地喃喃自語。伊芙繼續說：「團隊合作雖然能制定更周全的策略，但往往需要投入大量時間與精力來達成共識。這其中包括了確定目標、釐清問題所在、商討出解決方案等等過程。團隊必須在過程中經歷磨合，才能建立舒服的合作模式，共同完成任務。」

伊芙補充說道：「不過，團隊決策的效能有時也會取決於決策本身的難易度。例如，續簽短期辦公室的租約，或是對產品進行小幅改進等，對於這類過於簡單的議題而言，團隊合作的成本可能遠大於其帶來的效益。研究顯示，在這些簡單的任務上，團隊過度進行討論反而會徒增問題的複雜性，從而降低團隊的表現或效能。」

「那麼，什麼時候才適合與他人共同研擬預測內容、或透過團隊討論做出決策呢？」伊貝爾問。「讓我們來看看另一張圖表。」伊芙一邊翻找手中的文件，一邊回答道。「找到了。這是來自賓夕法尼亞大學、麻省理工學院（MIT）和普渡大學（Purdue University）的研究成果。他們比較了 1,200 名參與者，在不同複雜程度的任務中，團隊合作和獨立解決的表現有何差異（圖 1.2）。」

伊芙解釋道：「這張圖表顯示，團隊在處理簡單任務時並不具有優勢；但在面對複雜任務時，團隊的效能明顯優於個人（Almaatouq et al., 2021）。」

「我想，這就意味著，像是 ATG 集團如何進行商業布局這種重大決策，就應該要由團隊來共同討論與制定。」伊貝爾若有所思地說道，「但是我也需要確保所有團隊成員都有積極參與的向心力。也就是說，我們必須建立良好的團隊互動，才能進行有建設性的對話。」

個人 vs. 團隊：誰是最佳預測者

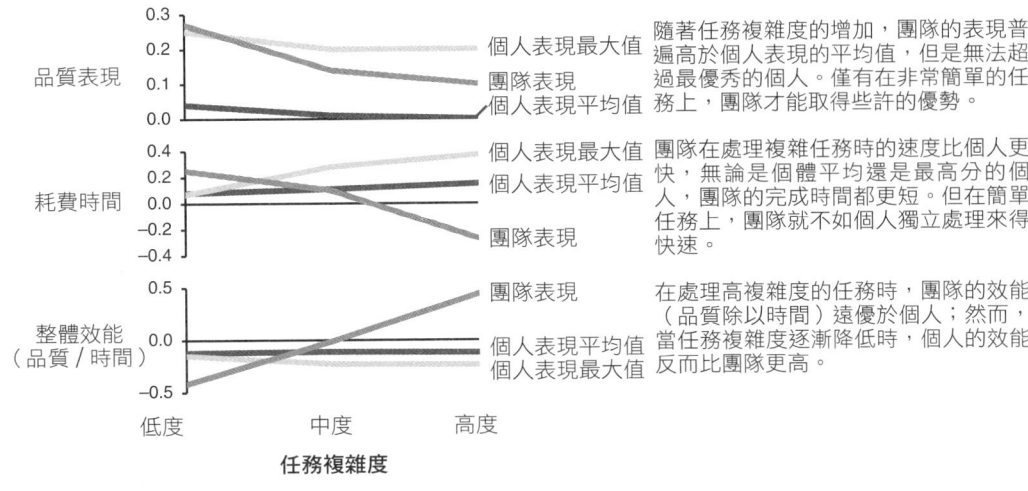

品質表現：
- 個人表現最大值
- 團隊表現
- 個人表現平均值

隨著任務複雜度的增加，團隊的表現普遍高於個人表現的平均值，但是無法超過最優秀的個人。僅僅在非常簡單的任務上，團隊才能取得些許的優勢。

耗費時間：
- 個人表現最大值
- 個人表現平均值
- 團隊表現

團隊在處理複雜任務時的速度比個人更快，無論是個體平均還是最高分的個人，團隊的完成時間都更短。但在簡單任務上，團隊就不如個人獨立處理來得快速。

整體效能（品質/時間）：
- 團隊表現
- 個人表現平均值
- 個人表現最大值

在處理高複雜度的任務時，團隊的效能（品質除以時間）遠優於個人；然而，當任務複雜度逐漸降低時，個人的效能反而比團隊更高。

任務複雜度：低度、中度、高度

圖 1.2　團隊何時表現得更出色？
資料來源：Almaatouq 等人的研究（2021）

> 團隊在完成複雜任務時的綜合表現優於個人。

「沒錯，就是這樣。」伊芙點頭回應。伊貝爾繼續興致盎然地追問道：「那麼第三種干預實驗是怎麼進行的呢？超級預測者團隊的布萊爾分數又更低了，達到近乎完美的 0.08！他們是怎麼做到如此精準的預測？」

「很神奇吧！實驗中將表現最好的前 2% 預測專家組成團隊，讓他們互相討論並為自己的論點辯護。僅僅是這樣，就顯著提高預測準確性了。剛才我們提到的第一種及第二種干預，已經能提升 10% 到 33%

不等的準確率。而第三種干預所組成的超級預測者團隊，還能在原先的基礎上再提升 43% 的準確度。我們可以從中發現，將頂尖預測者聚集在一起進行智慧的碰撞與交流，遠超過僅依賴基礎訓練和團隊合作所能達到的效果。」伊芙說道。

「哇，沒想到竟然能有這麼大的影響！那麼，是什麼因素導致一個人能成為優秀的預測者，甚至是超級預測者？」伊貝爾好奇地問道，「表現優異的預測者是天生就具備這種才能，還是透過學習來掌握預測的技巧呢？」

「基本上，兩者都有。但我敢肯定的說，大部分的預測能力都是可以透過後天學習而得來的。」伊芙回答道，「在 2015 年發表的兩項研究中，芭芭拉・梅勒絲（Barbara Mellers）和他的研究夥伴們試圖解答這個問題（Mel- lers et al., 2015a：Mellers et al., 2015b）。為了弄清楚是什麼決定了預測的準確性，他們研究了大約 15 種不同的變數，並將這些變數歸納為三大類。第一類：**個人特質**，也就是個體與生俱來而且較難改變的特性；第二類：**情境因素**，例如參與者是否被安排進團隊中進行預測討論；第三類：**行為模式**，也就是參與者在比賽期間所展現的推理能力（Mellers et al., 2015b）。」

「他們有從中發現什麼嗎？」伊貝爾問。「讓我們先從個人特質開始談起。個人特質包含了認知能力和人格特質。在這個類別中，與預測準確度最相關的變數是智力。智力還可以再初步分為流體智力和晶體智力。」

「流體智力和晶體智力？那是什麼？」「流體智力（Fluid Intelligence）指的是當我們面對完全陌生的挑戰，在沒有任何舊有知識的支持下，能否快速解決這個新問題。這與學習能力、問題解決能力以及思維的靈活性有關（Unsworth et al., 2014）。而晶體智力（Crystallized

Intelligence）則是指利用過去學過的知識來解決問題的能力。這需要對過去接觸過的知識有充分理解，我們才能透過吸取而來的經驗，將不同事物進行合理的連結，從中發展出創新的概念或理論（Cattell, 1987）。」伊芙回答道，「優秀的預測專家，例如剛才提到的超級預測者們，他們天生就非常聰明，在各項智力測驗中的得分通常遠高於一般人。他們在流體智力和晶體智力的測驗結果，通常比一般人高出一個標準差以上。」

「高出一個標準差以上？那不就表示超級預測者的智商是全體的前 15 至 20%？」伊貝爾問道。（譯註：標準差在統計學上是用來衡量數據的分散程度，尤其常用於常態分布資料的分析上。全體的智力通常會符合常態分布，也就是說，大部分人的智力分數會集中在平均值附近。依標準差的預估方式來計算，約 68% 的人會落在平均值 ±1 標準差的範圍內。剩下的 32% 個體，則各有 16% 落於一個標準差之下及一個標準差之上的範圍。因此，若有一群人的智力高出平均一個標準差以上，則代表他們的智力高於全體的 16% 以上，也就是文中所說的 15 至 20%。）

伊芙點點頭：「是的，很驚人吧。在個人特質這個類別中，智商的確是最重要的影響因素，不過其他人格特質也不容忽視。這些超級預測者們不僅具有強烈的求勝意識，還十分熱愛思考、心胸開放。他們認為事物的發展都有跡可循，不能一味以命運的安排來解釋（Tetlock and Gardner, 2016）。對這些超級預測者來說，比起全盤接受傳統信仰所構築的宇宙秩序，他們更傾向用科學方法來理解世界的運作（Mellers et al., 2015b）。」

「好，所以第一種類別基本上是與生俱來的。那麼第二類的情境因素呢？」伊貝爾好奇地問道。「情境因素指的是在預測開始前所進行的所有干預，包括我們剛才提到的機率推理訓練以及組成討論小組，都屬於這個類別。在這一類影響因素中，團隊合作被認為是攸關預測

準確性的最重要因素。」伊芙回答道。

「那第三類呢？」「第三類行為模式，是參與者在進行預測時所展現的綜合推理能力。」伊芙回答，「這個類別包含了參與者是否勤於蒐集資訊、更新預測的頻率高低，以及他們投入多少時間和精力來做出預測等。儘管這些行動都會影響預測的準確度，不過『更新預測的頻率』卻是其中影響最大的因素。」伊芙說道。

「事實上，就算將另外兩個類別考慮進來，更新預測的頻率也還是影響最大的關鍵因素。當有新資訊出現時，超級預測者通常會比其他人更有警覺地進行重新評估（Mellers et al., 2015b）。這些表現傑出的預測者，行為模式堪比科學家。他們總是會不斷檢視手上現有的數據，隨著資料的更新即時調整自己的預測，就像科學家在有新證據出現時就會隨之修正自己的假設一樣。」伊芙繼續說道。

「真有趣，超級預測者竟然和科學家有著相同的工作模式！」「是的，他們真的非常相像。」對此，伊芙做出簡短的結論，「在所有影響預測準確性的要素中，行為模式的影響力遠勝於個人特質或情境因素（Mellers et al., 2015a）。所以，預測的關鍵並不在於參與者是誰、有什麼樣的背景知識，更重要的是他們如何思考、如何採取行動。」

伊芙向伊貝爾展示了另一份資料（圖 1.3），說道：「這對我們來說是個好消息，因為行為模式是可以經由訓練強化的。」「嗯……這的確值得深思。」伊貝爾沉思片刻，接著說道：「讓我來總結一下我們剛才討論的內容。首先，我們每天面臨的絕大多數決策，都是在充滿變數的情境下進行的。因此，我們無法窮舉出所有可能的選項和結果，發生機率也是未知的。其次，在這種情況下做決策時，我們經常會有意識或無意識地對結果進行預測，再透過捷思法來幫助我們做出選擇。第三，透過與他人討論或組成團隊，有助於做出更準確的預測，

從而提高決策的品質。第四，預測能力因人而異，最頂尖的超級預測者通常具備更高的智商。但是，比智商更重要的是，他們會以科學的角度看待預測。當新的證據或資料出現時，超級預測者願意積極調整並更新自己的預測。」

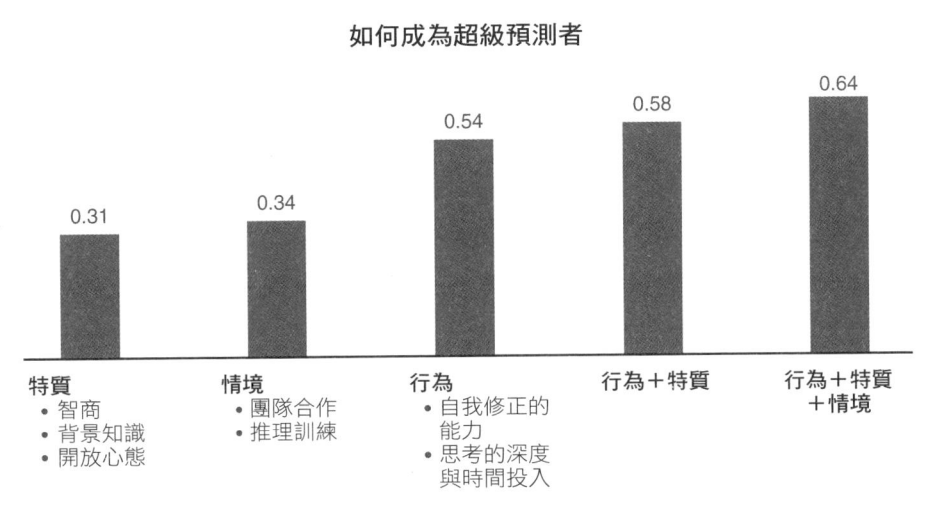

如何成為超級預測者

組合	Multiple R
特質（智商、背景知識、開放心態）	0.31
情境（團隊合作、推理訓練）	0.34
行為（自我修正的能力、思考的深度與時間投入）	0.54
行為＋特質	0.58
行為＋特質＋情境	0.64

圖 1.3　使用 Multiple R 方法預估不同組合對預測準確性的影響。

資料來源：Mellers 等人（2015a）。

（譯註：Multiple R 是統計學中用以衡量一組自變數或多個自變數，與一個應變數之間線性關聯的強度指標。它是多重迴歸分析中的一個關鍵值，用來描述多個自變數對應變數的解釋能力。其值範圍從 0 到 1，數值越接近 1，表示自變數組合與因變數之間的線性關聯越強。）

你需要非常聰明才能做出優秀的決定嗎?

人類的智力普遍被認為是固定不變的。那麼,身為一般人的我們,如果已經沒有機會改變智商,是否就註定無法做出更好的預測?其實我們不必過於擔心,因為智力只是眾多影響預測能力的其中一個因素而已。事實上,還有很多策略可以幫助我們提升預測的準確度。能大幅提升預測成效的策略包括以下幾種:

1. **打造一支互動良好的隊伍**:研究發現,當具有多元背景的成員能有效合作時,往往能發展出一種名為「集體智慧(collective intelligence)」的能力。這種集體智慧的表現,往往能超越個人智力的侷限,並能在多種任務中取得優異表現。我們可以從卡內基梅隆大學(Carnegie Mellon University)的心理學研究中得到印證。在安妮塔・伍利(Anita Wooley)研究團隊所進行的兩項研究中,他們將 699 名受試者分成 2 至 5 人的小組,並且從中觀察到集體智慧的產生現象。有趣的是,集體智慧的高低並不取決於團隊是否具有最聰明的成員,甚至與所有成員的平均智力也沒有強烈的相關性。相反地,集體智慧更依賴良好的互動關係,亦即:成員的社交敏感度(即同理心)、成員擁有平等的表達機會(即輪流發言)以及團隊組成的多樣性(例如,性別比例是否均衡)。以上這些因素都會同時對團隊合作帶來幫助,從而激發團隊中的所有人發揮更大的潛能(Wooley et al., 2010)。

2. **多和聰明的人交流**:與聰明的人相處並不會讓你自動變得更聰明,但這可以為你提供更多想法的刺激。多接觸不同的觀點與

思維模式，你就能學習從更多元的角度來剖析問題，進而做出更準確的預測。

3. **照顧好自己**：多項研究顯示，健康飲食、規律運動以及睡眠充足，都有助於提升人的認知能力。本書稍後還會進一步探討這些內容。

4. **培養成長型思維（growth mindset）**：成長型思維指的是相信能力可以透過學習和努力來提升的信念。這個觀點是由史丹佛大學（Stanford University）的心理學家卡蘿・杜維克（Carol Dweck）在他的代表作《心態致勝：全新成功心理學》（Mindset: The New Psychology of Success, 2006）中所提出。在另一項2019年的研究中也針對這一點進行了實驗。研究人員讓300名接受過成長型思維教育的學生與普通學生一起學習高階數學課程，結果顯示這些接受過訓練的學生成績明顯較為優異。然而，成長型思維是否真的具有足夠的影響力，至今仍然無法斷言。一項最新研究就指出，成長型思維對學術成就的正面影響可能被高估了，實際的效果可能相對有限（Macnamara and Burgoyne, 2023）。

在做決定時，我們可以使用以上的策略補足智力所不能及之處。但是，我們也需要清楚知道，高智商並非萬靈丹。較高的智商也許能做出更精準的預測，但是對於做決策而言，智力與領導能力之間的關聯性並不強（Hoffman et al., 2011），有時候甚至會成為潛在的阻礙。研究表明，聰明的人可能比普通人更容易受到認知偏差的影響。舉例來說，一項近期的研究就指出，智商較高的人更容易受到刻板印象的影響，而刻板印象就是一種常見

> 的認知偏差（Lick et al., 2018）。這類認知偏差往往會導致領導者做出過於偏執的決策，若是遇到複雜且陌生的情境，就更容易造成不理想的後果。本書稍後會另外探討認知偏差如何帶來影響。

「你總結得非常好！如果是由我來說，可能說不出如此完美的結論。」伊芙毫不掩飾地表達對於伊貝爾的讚賞。「謝謝你的稱讚。不過……等等，你剛才還有提到一個叫做捷思法的決策模式，你還沒告訴我這是什麼呢！」伊貝爾提出這個疑問的同時，飛機也已降落在倫敦。

因為伊貝爾對他研究主題的好奇，讓伊芙感到相當雀躍。同時，他也擔心自己來不及把所有研究成果都分享出去，因此語速不由自主地加快了起來：「做好預測固然重要，但僅靠預測是無法做出優秀決策的。做出錯誤的決策，並不等同於做出了錯誤的預測。你可以回想自己是否經歷過這樣的事情：當你建議朋友買房時，可能會給出非常明智的建議，但當自己需要做出同樣的決定時，你卻會開始猶豫不決，腦海中浮現各式各樣的掙扎。你可能會問自己：『如果我在這個地區買房，大家會怎麼看我？』、『如果賣家對我有所隱瞞的話怎麼辦？』、『如果我錯估了房子的價值怎麼辦？』、『我會不會買貴了？』……諸如此類這些問題，會讓你的困惑和焦慮永無止盡。」

伊芙眼神真摯地說道：「這時，情緒就會開始影響你的判斷。」

「這真的是我很常遇到的情況。」伊貝爾感同身受地回應道。

「是吧。」伊芙接著說明：「現實世界和預測比賽很不一樣的是，

在職場上、甚至是在人生的賽道上，做出錯誤的決定往往需要付出實際的代價。做錯預測不一定會造成實質影響，但是分析風險和真正承擔風險之間，還是存在著本質上的差異。就像優秀的財務分析師並不一定能成為精明的投資者；卓越的商業顧問並不一定能勝任執行長；同樣地，出色的管理學教授也不一定就能成為成功的企業家。透過這些例子，我們可以發現預測能力並不等同於實際的決策能力。」

「這就是我們可以運用捷思法的時機嗎？」在前排乘客開始起身離座時，伊貝爾抓緊時間詢問道。「是的，沒錯。在考慮變動的情況下做決策時，我們的大腦需要進行非常複雜的運算。但是要在資訊不完全的情況下，快速做出合理的判斷，大腦可能就會有意識或無意識地依賴某些內建的決策慣性。其中一種常被大腦採取的假設性思考策略，就是『如果……成立，就執行……。』的判斷方法。這讓決策可以建構在更直觀的條件上，讓結論能快速切中要點。因此，我稱這種決策模式為『捷思法』（heuristics）。」伊芙回答道。

「伊芙，我趕時間，現在必須先走了。」伊貝爾說道。他急著趕上他在倫敦的第一場會議。「這次的對話讓我獲益良多，給了我很多值得深思的觀點，也為我提供了更多的思考空間。我們有機會在接下來的幾週內見面或線上討論嗎？我很想繼續了解捷思法是什麼、以及它是如何運作的！」

「當然可以。我很樂於和別人分享及討論我的研究內容，因為這也能幫助我梳理知識，得到更精煉的成果。而且我也很欣賞你剛才即時做出總結的能力！」伊芙微笑著伸出手，於是伊貝爾也滿懷收穫地與他握手道別，心滿意足地離開了。

本章重點

- 無論是在工作中還是日常生活裡，你每天都花費大量時間在做決策。
- 你每天所做的大多數決策，都是在面臨變動與不確定性的情況下進行的。因此，你擁有的選擇、選擇導致的結果，以及結果發生的機率都是未知數。
- 在決策過程中，無論是有意識還是無意識的，大腦都會對結果進行預測，最後再運用「捷思法」（heuristics）來引導你完成決策。
- 當我們與他人討論我們的決定時，我們的預測能力通常都會有所提升。

　　預測能力因人而異，擅長預測的人雖然通常具備較高的智商，然而，真正能讓他們脫穎而出的，卻是他們的科學思維模式。超級預測者願意投入時間和精力自我提升，積極取得新資訊，並以開放的態度不斷修正自己的判斷。

第 2 章
情境一：人事決策

克勞迪奧・費瑟（Claudio Feser）、大衛・雷達斯基（David Redaschi）
和凱洛琳・弗朗根柏格（Karolin Frankenberger）

伊貝爾在這次的倫敦行中，成功安撫了 ATG 集團的主要投資者。儘管如此，投資者仍想知道 ATG 集團往後將如何進行調整，因此，他們提出了許多關於商業戰略、組織架構，以及高層管理團隊的問題。這些問題他當時回答不出來，他只能承諾在找到答案後，再回來與投資者們進一步討論。

回到蘇黎世之後的幾週內，伊貝爾花了很多時間熟悉 ATG 集團，並深入了解公司現狀。作為新任執行長，他最關心的就是如何從戰略層面推動公司的發展。為此，他前去請教 ATG 集團的戰略主管康斯坦丁。這位戰略主管是一位充滿創意的年輕希臘人，幾年前剛從聖加侖大學取得碩士學位。雖然在業界待的時間不長，但卻對 ATG 集團瞭若指掌。因此，伊貝爾特地請他協助，針對旅遊市場的趨勢和 ATG 集團的市場定位提出一份分析報告。

然而，就在他等待康斯坦丁完成報告及其他調查結果的同時，ATG 集團的整體情況卻還在持續惡化。由於經濟急劇衰退，休閒旅遊的需求大幅下降（詳見附錄 3 和 4）。伊貝爾意識到，他需要盡快掌握這些變化會對公司的財務狀況帶來哪些具體影響。他立刻要求財務長

雨果提交財務預測報告，預測公司直至今年年底的財務狀況，以及接下來 24 個月可能遭遇到的財務困境。他特別強調，這份報告需要著重於預估明年度在收入、利潤、股權以及現金流上的變化。

儘管在第三季財報事件發生後，伊貝爾學會了不完全依賴雨果的判斷，但他仍然信任雨果所提供的數據。雨果做事一絲不苟，只是他有時在估算上稍顯保守。但他總能及時完成任務，提供十分具有參考價值的資料（詳見附錄 5）。

雨果的分析顯示了相當令人震驚的情況。除了未來 12 個月內營收預計下滑 8% 之外（參考附錄 5.2），在 B2B 業務上的擴展計畫也嚴重超出預算。這項業務是在梅爾博士任內所提出的創新戰略，ATG 集團為此聘請了商務旅行專家作為顧問，並積極與企業買家建立關係，投注了大把的時間與金錢在這項新業務上。雖然當時看似是一個有勇有謀的嘗試，然而目前尚無法獲得合理的報酬。如果不立即做出合適的處置，ATG 集團很快就會因此出現虧損。

另一方面，集團的股東權益報酬率（ROE）在去年仍維持在 14%，但現在卻面臨著驟降至負 6% 的巨大風險。伊貝爾也曾在私募股權投資公司工作過，他深知這樣的數字意味著 ATG 集團很可能成為私募股權投資者或競爭對手的收購目標。他甚至開始擔心，自己可能會是 ATG 集團的最後一任執行長。

集團岌岌可危的處境，不僅讓伊貝爾在辦公室裡焦頭爛額，糟糕的情緒也延續到休息日，對他的家庭生活產生影響。他總是情緒緊繃、煩躁易怒。很快地，週六他就與女兒瑪麗發生了爭吵。瑪麗生氣地跑回房間哭泣，整個下午都關在房間內，沉溺於社群媒體之中。一旁的丈夫馬可很快就察覺到，伊貝爾現在根本沒有辦法將心思投入到家庭之上，他的腦海完全被工作上的困境所占據。而他現在最需要的，是

一個能讓他靜下心來思考的空間。於是，週日馬可就帶著兩個女兒去滑雪，讓伊貝爾有足夠的空間來整理自己的思緒。

經過了一個週末的沉澱，週一一早，伊貝爾就立刻採取行動，召集了一直處於集團核心地位的 GET 決策小組進行緊急會議。GET 決策小組內的成員，個個都具備豐富的產業經驗與傲人的專業成就，因此董事會一直以來對 GET 決策小組都抱持著高度信任。董事長卡洛更是明確要求伊貝爾必須與這支團隊好好合作，至少短期內不得做出人事調整。

GET 決策小組的成員中，除了財務長雨果以外，還有另外四名成員：法蘭克、康妮、亞歷山卓以及艾莉森。法蘭克是一位身材高大、性格開朗的荷蘭人，頂著一顆俐落的光頭，負責管理海外銷售的子公司。他擁有近三十年的旅行業從業經驗，大家都知道他對旅遊業有著深刻的見解和獨到的觀察，也被譽為旅行業中的活字典。法蘭克的職業生涯起步於郵輪運輸，曾擔任郵輪船長，以鹿特丹為基地四處航行。他後來又升遷為國際郵輪產業的高階主管，因此幾乎遊歷過世界上的每個角落，對於文化和人際上的交流有著豐富的見識。法蘭克個性直率，總是明確表達自己的立場。不過他很習慣按照自己的方式做事，這樣的強硬作風時常為團隊的合作帶來挑戰。

康妮是一名瑞士的經濟學家，負責 ATG 集團在瑞士境內的業務及行銷，同時也是 B2B 業務的主要推動者。康妮的風格與法蘭克截然不同，他性格內向低調、言辭簡潔，和一般業務主管的典型形象相去甚遠。儘管康妮的作風嚴謹、總是穿著枯燥的深色套裝，但他卻深受自己部門員工的愛戴，連工會和外部人士也對他保持高度尊重。伊貝爾相當尊重康妮的專業和作風，也希望進一步拉近與康妮的距離。但是伊貝爾很快就發現，他無法看出康妮隱藏在公事之下的情緒。康妮似

乎只會把心事保留給他年邁的母親、他的愛犬以及象棋俱樂部的夥伴們。伊貝爾不僅難以與康妮有更深入的交流，也無法看出他對公司事務的真實想法。

亞歷山卓則是負責確保 ATG 集團的基礎運作，也就是營運、IT 部門和後勤服務。他來自義大利的米蘭，1980 年代末才移居蘇黎世，並在蘇黎世聯邦理工學院（Eidgenössische Technische Hochschule Zürich）主修電腦科學。畢業後就先到顧問公司 ExecUnited 工作，隨後才加入 ATG 集團。亞歷山卓憑藉著伶俐的口條、得體的衣著、卓越的分析能力和強烈的企圖心，在進入公司後就一路晉升到公司高層。多年來，他一直被視為執行長的熱門人選。董事會也不是沒有考慮過要提拔他，但是董事會無法忽視亞歷山卓在全能的外表下，隱約浮現的管理缺陷。他總是以自我中心、無法帶動團隊的士氣、也不擅長以宏觀的角度看待局勢，以致於董事會無法放心將 CEO 的位置交給他。

伊貝爾很明顯可以感受到亞歷山卓對他的冷淡與敵意，他大概能猜想得到，亞歷山卓應該是對他被任命為執行長心生不滿，以此表達消極的抗議。儘管伊貝爾努力保持冷靜和專業，但兩人之間的緊張氣氛總是一觸即發。尤其是當伊貝爾試圖用更強勢的管理風格來鞏固自己的領導地位時，總是引來亞歷山卓的劇烈反彈。這讓伊貝爾心中產生懷疑：亞歷山卓有可能放下成見與他和平共事嗎？還是會選擇主動離職？

最後一位成員，是來自英國的移居者艾莉森，也是伊貝爾在 ATG 集團裡難得合拍的盟友。艾莉森負責的是人力資源部門的業務。在他加入 ATG 集團之前，曾在一家大型民生用品公司的人力資源部門工作，而且表現相當出色。讓人大感意外的是，身為英語母語者的艾莉森，竟然也能在以德語溝通為主的 ATG 集團從事人力資源的管理。不過，

儘管他的德語非常流利，他還是偏好在會議和其他專業場合中使用英語。

艾莉森總是將一頭銀髮俐落地束起，目光沉穩而堅定，給人一種牛津或劍橋學者的氣質。也許正是這份從容與專業，使伊貝爾對他產生了天然的信任感。此外，除了執行長助理法蘭之外，艾莉森也是唯一一個熱情歡迎伊貝爾、並對他敞開心扉的人。有了艾莉森的支持，伊貝爾至少不再感覺自己是在孤軍奮戰。

儘管 GET 成員都具備充分的專業能力和豐富的實戰經驗，但他們對 ATG 集團所面臨的挑戰以及應採取的策略卻存在明顯的分歧。

在這次的 GET 小組會議裡，伊貝爾先簡短地開場歡迎大家，隨後馬上請雨果向大家分享他應伊貝爾要求所做的財務預測。報告一結束，小組成員立刻展開熱烈的討論。法蘭克首先發言：「我早就說過，我們不應該投資於 B2B 業務的發展。雖然 ATG 集團在這方面的確擁有一些優勢，集團也需要調整戰略布局，但是這部分的市場競爭很激烈，我們已經錯過了最佳進場時機。我一直強調，我們在這上面花得太多了。現在你看，我們砸下了數百萬的資金，換來的是什麼？換來的是每一年將近 200 萬的虧損！這實在是個糟糕的決定。」

一聽到檢討 B2B 業務的意見，康妮似乎比平常更積極發表意見：「現在討論 B2B 業務的虧損只是在轉移焦點！我們更應該關注的，是整體獲利大幅下降了 2,900 萬瑞士法郎！關閉 B2B 業務的確可以省下數百萬的開支，但是卻對改善整體表現沒什麼幫助。況且，B2B 業務確實攸關集團的戰略布局。我們本來就應該根據我們的專長發展業務，而商務旅行正是我們既擅長又具有發展潛力的領域，我們沒有理由不做這樣的嘗試。話說回來，還有其他方式可以帶動公司的成長，比如以技術升級推動全新的商業模式，但這未必適合我們。我們連目前的

業務都做不到數位化了，還談什麼拓展全新的商業模式？」

負責 IT 業務的亞歷山卓聽到這番話，立刻站出來反駁道：「你要我將公司的業務數位化？」他顯然將康妮的話解讀為對他的批評，而這也並非毫無道理。「在進行數位化之前，我們是不是該重新評估在瑞士及歐洲各地的銷售網絡？你跟法蘭克擴展太快，我們的銷售據點實在太多了。原有的據點雖然仍帶來穩定的獲利，但是新據點帶來的收益根本不敷成本。反正其中一部分據點終究要關閉，那又何必進行數位化改革？」

法蘭克聽完明顯感到不悅，語氣強硬地回擊：「廣設據點可不是我的決定，那是梅爾博士的指示。而且，如果現在關閉才開設沒多久的據點，不僅會在顧客心中留下不可信賴的形象，還可能因此削弱未來的成長機會。」法蘭克看向伊貝爾，特意補充說明：「我們都清楚，一個新據點通常需要四到五年，才能達成當初設立的業績目標。」

亞歷山卓正準備反駁，伊貝爾卻伸出手掌，搖頭示意，阻止了逐漸升溫的爭論。「法蘭克，謝謝你的意見。」他的語氣平穩，但略帶壓制，「我認為我們的討論已經陷入了無止盡的循環。相互指責或過度聚焦於個別問題都不會幫助我們找到改善現況的方法。」伊貝爾感到有些沮喪。儘管他並不完全信任雨果的判斷，但眼下，他仍然想先尋求他的意見：「雨果，你最了解這些數據。你有什麼建議？」

雨果回答：「我無法評斷 B2B 業務是好是壞，但是我知道公司的當務之急是削減成本。因為銷售額正在急劇下滑，我們需要確保公司的財務有基本的穩定性。」這時，雨果向大家提供了一份報告，是他請長期擔任公司財務顧問的會計事務所編寫的評估結果。根據這份報告，雨果提議，公司應該進行人事精簡，裁減 25% 的員工以挽救公司財務狀況。為了避免公司需要和工會進行漫長的談判，他也提到需要

將裁員額度平均分配到所有部門,否則裁員恐怕會引發更多問題。「雖然這個方案有些激進,我們也可能因此損失更多收入。但是,我們至少能讓『股東權益報酬率』的數字好看一點。」

「精簡 25% 的員工?絕對不行!」艾莉森嚴正抗議道,「現在公司裡的氛圍已經很低迷了,你這麼做更會嚴重打擊內部士氣!我們將會因此失去寶貴的人才、長期累積的專業知識和營運優勢。況且,我也無法保證工會會有什麼反應,情況通常不如我們想得這麼簡單。」

這個艱難的決策讓伊貝爾頓時感到芒刺在背,他感到既矛盾又煎熬。他清楚,公司眼前的財務危機必須儘快解決,否則公司將面臨潛在的收購威脅。市場衰退的速度也像是在催促著他果斷採取行動。同時,他也不希望自己的執行長任期是以大幅裁員拉開序幕,這不僅會讓公司內部人心惶惶,也會引發工會、股東,甚至商業媒體的強烈反應。除此之外,董事會很可能也不會支持如此激進的方案,畢竟董事長卡洛一直以來都認為,做決策時不應該被市場的短期波動而影響,應該把目光放到更長遠的成長機會上。

在看待旅遊業的長期發展潛力上,卡洛和康妮有非常相似的看法。董事長卡洛對 B2B 事業抱持樂觀態度,看好科技可能帶來的機會,並對 ATG 集團的代理模式充滿信心。他認為 ATG 集團應該將自身的競爭優勢應用在對應的市場趨勢上。科技正在進步、顧客需求也在改變,現在正是新的商業模式上場的時機。因此,卡洛給了伊貝爾很明確的指導方向:不要只著眼於如何度過當前的危機,而是應該趁著科技型新創企業市值低迷的時候,積極進行併購,為未來布局。

伊貝爾冷靜地打量著 GET 團隊的成員,努力不讓自己的煩躁情緒顯露出來。他對於這場討論的混亂與團隊的優柔寡斷感到不耐,而當前擺在他面前的選項更是讓他一時無法理出頭緒:他是否該像財務長

所建議的那樣，啟動大規模的成本削減計畫、放棄 B2B 業務，以遏止現金流出並改善帳面收入？或者他應該繼續相信 B2B 的發展潛力，同時進一步投資在新興技術上，以搶占市場趨勢所帶來的成長機會？

　　伊貝爾認為戰略主管康斯坦丁的意見也相當重要，因此事前也特地邀請他一同參與此次的討論會議。讓伊貝爾沒想到的是，康斯坦丁不僅主動發言，還提出了一個充滿創意的替代方案：「我們為什麼不考慮籌募資金收購競爭對手？這樣不僅能擴大市占率，還能透過資源整合有效降低成本。我們可以將對方的數據整合到我們的系統中，這樣就只需要維護一個系統的經費。除了在我們尚未設立據點的城市，保留對方原有門市之外，將其他通路都予以合併，這樣就能解決彼此的成本問題。我相信，我們並不孤單，其他企業也在努力面對同樣的困境。Booken.com 和 TripAdmiror 這些數位業者的崛起，對我們的所有競爭對手都造成了衝擊，我相信他們的管理階層也正在討論類似的議題。」

　　這個想法似乎很值得納入考慮，但康妮馬上潑了冷水：「康斯坦丁，這確實是一個不錯的選項，但它目前只有理論上的可行性而已。我並沒有看到市場上有任何旅遊業者正在尋找買家的跡象。」團隊似乎再次陷入原地踏步的窘境，伊貝爾覺得自己的耐心已經快要耗盡。最終，他決定暫停會議，讓大家都冷靜一下。

　　伊貝爾一向習慣獨立做出決策，但是在得到伊芙的啟發後，他意識到在團隊中共同做出決策的重要性，他也希望能嘗試看看以這種方式領導團隊。然而，如何在 GET 決策小組內有效實行這個模式，卻成了難題。成員們對於戰略的選擇上，不僅始終無法達成共識，更糟糕的是，GET 成員之間的關係劍拔弩張，使得他在做出任何安排時都必須格外謹慎。尤其，亞歷山卓總是會讓局面變得更混亂。無論伊貝爾

最終選擇哪個方案，亞歷山卓恐怕都不會支持。更不要說現在檯面上的所有選項，都難以得到 GET 小組的半數支持。他感受到，每個議題背後都會形成不同的聯盟和反對勢力，做出決策也因此變得更加棘手。

那天晚上，伊貝爾像往常一樣很晚才到家，孩子們已經睡著了。他只能簡單地把全家吃剩的義大利麵拿去微波爐加熱，隨便應付一餐。馬可則坐在餐桌旁陪著他。伊貝爾藉此向馬可傾訴一天的疲憊：「公司的一切都令我感到無比挫折。公司現在正處在危急存亡之際，我需要所有人齊心協力度過難過，但是因為亞歷山卓的關係，高層根本無法有效運作。不只是我和他之間的氣氛很緊張，他和其他 GET 成員之間的相處也充滿摩擦。」他嘆了口氣，繼續說道：「我們現在面臨著這麼多困難的議題，團隊應該要積極合作想出對策才是。但是因為這些錯綜複雜的人際關係，使得我根本無法對任何人說出我的掙扎，只能回家跟你訴苦。」

「伊貝爾，讓我們一次分析一件事情就好，好嗎？」馬可輕聲建議道。「妳認為亞歷山卓為什麼總是在抵抗所有事？是因為他對於沒能成為繼任的執行長始終耿耿於懷嗎？」「我認為是這樣沒錯，但這並非唯一的原因。」伊貝爾皺了皺眉，說道：「亞歷山卓在技術方面確實具有充分的專業能力，因此將 IT 部門管理得井然有序。儘管他不太喜歡做出突破，但他總是能夠按時完成任務，這點值得肯定。然而，他對任何涉及他職責範圍的問題都過度敏感，總是下意識地採取防禦姿態，根本聽不進其他人的意見。更關鍵的是，亞歷山卓從未主動參與公司新戰略方向的討論，也缺乏變革的動力。說到底，亞歷山卓的問題並非能力不足，而是態度上的問題。」

伊貝爾若有所思地說道：「也許我應該對他施加更強勢的管理，甚至要求他嚴格按照指令行事，畢竟這是我的強項之一。但這無疑會

消耗我大量的時間和精力,對方也不一定受得了這樣的管理方式。」

「那你打算怎麼做?」馬可問道。「我知道這個主意聽起來很極端,但是我傾向讓亞歷山卓離開,另找一位能為團隊帶來凝聚力的人。畢竟執行長在上任初期對管理層進行人事異動,也不是什麼很少見的事情。這或許是我現在最應該做的事。」伊貝爾看著丈夫的眼睛,尋求他的意見:「你覺得呢?」

「嗯,這聽起來是個很不錯的選項。」馬可回應道。「是的,雖然這也會帶來一些負面影響。不過,我還得先找到能夠取代他的人選再說。」他說。「你有想到誰嗎?」馬可問。「我認為雅各是一個很好的人選。」伊貝爾回答道。「雅各?你是說你在 The Travel Group 共事過的數位總監嗎?」馬可問道。

「沒錯,就是他。他非常具有團隊合作的精神,我們在丹麥共事時默契絕佳。他的專長是資訊科技,也很熟悉數位轉型的流程。我認為他的專業知識對 ATG 集團將會是很大的助力。」伊貝爾說道,但語氣仍帶著些許遲疑。「聽起來不錯。但是你為什麼看起來有點猶豫?」

「雖然亞歷山卓的行為確實很惱人,我們目前也急需一切可用的資源,但我還是不確定,究竟該不該從 The Travel Group 挖角人才。坦白說,雅各能否順利融入 ATG 集團還是個未知數。他需要一些時間來熟悉公司的資訊系統,亞歷山卓的團隊也不見得願意支持這樣的變動,提供雅各必要的協助。另外,不只是董事長卡洛明確表示過,不希望我現在就對管理層開刀,我自己也不希望自己在 ATG 集團的第一個重大決策就是解雇亞歷山卓。畢竟這麼做很容易造成其他員工的誤解,徒增公司內部的不穩定。這是我覺得這麼做不太妥當的地方。」

「你有沒有想過,換一個方式思考,」馬可緩緩開口說道,「這反而是你向內傳遞訊息的機會。其他員工也能藉此瞭解,若是他們不

願意為了公司大局而合作，那麼 ATG 集團就沒有他們的立足之地。」伊貝爾吃完最後一口義大利麵，認真地看向馬可。他深吸了一口氣，茫然地問道：「你說的也有道理……那麼，我該怎麼做才好？」

問題反思

根據你目前對 ATG 集團情況的了解，伊貝爾應該怎麼做？你對以下這兩個選項有什麼看法？

- 他應該繼續和亞歷山卓共事，但是要採取更強勢的領導方式，必要時可以要求他嚴格按照指令行事。
- 他應該請亞歷山卓離開公司，以免他成為團隊發展的阻礙。

請先寫下你的答案，再繼續跟著故事的發展一探究竟。

第 3 章
探索潛在機會，從中找到最佳決策

克勞迪奧・費瑟（Claudio Feser）、丹妮拉・勞雷羅-馬丁內斯（Daniella Laureiro-Martinez）和斯特法諾・布魯索尼（Stefano Brusoni）

「萬物負陰而抱陽，沖氣以為和。」

——老子，《道德經》

（譯註：老子認為萬物的創生，皆來自陰氣與陽氣，相互沖激產生和諧。）

經過了昨夜與丈夫馬可的深入對談之後，伊貝爾更加期待今天早上與伊芙的視訊通話了。他希望能從中得到如何做出重要決策的靈感。視訊開通後，伊貝爾率先開啟對話：「嗨，伊芙，很高興再次見到你。謝謝你撥冗與我通話。上次在飛機上的談話對我幫助很大，讓我獲得了許多啟發。尤其讓我深刻認識到，擁有一個運作良好的高層團隊對 ATG 集團來說有多重要。除此之外，我們那天也還沒有深入討論到關於捷思法（heuristics）的內容，我想了解更多決策背後的運作機制，你願意跟我分享嗎？」

伊芙帶著他一貫的微笑說道：「謝謝你！上次的談話內容也讓我獲益良多，讓我可以將自己的研究成果統整得更清楚。其實我有時候也會在自己的研究中迷失方向，正所謂『見樹不見林』，如果太專注於觀察特定的樹木，反而會忽略整片森林的樣貌。和他人討論研究內

容，對於我整理思路也有很大的幫助。」

伊芙的謙遜讓人卸下心防，就像第一次在飛機上相遇時一樣，立刻讓伊貝爾感到輕鬆自在。伊貝爾雀躍地回應道：「很高興你也喜歡這樣的交流。我真的很想了解更多關於捷思法的具體內容。」話鋒一轉，伊貝爾眼神黯淡了下來：「其實我現在手上正有一個很棘手的問題，我真的不知道該如何做出決定。與其說是做出一個決定，不如說是陷在一個進退兩難的困境中，從中選擇任何一方都會發生我所不願看到的局面。你能給我一些建議嗎？」

「當然可以！」伊芙友善地回答。伊貝爾隨後向伊芙解釋了目前的情況。但為了保護商業秘密及個人隱私，他隱藏了涉及人員的真實姓名，改用代號來指稱。他用「A」來代表亞歷山卓，用「B」來代表雅各。他與伊芙分享道，他正在考慮是否應該繼續與 A 合作。雖然他知道 A 非常有能力，且對 ATG 集團有著深入的了解，但他的消極態度和對改變的抗拒，讓團隊合作變得極具挑戰。伊貝爾坦言，他沒有信心能讓 A 接受他的指導、轉而積極為團隊貢獻。另一方面，他也在考慮乾脆請 A 離開公司，改由 B 接任。他認為 B 有足夠的潛力勝任與 GET 團隊的合作。然而，伊貝爾仍對解僱 A 這個選項感到很不安，因為他無法確定這個決策是否會如預期般奏效。A 會如何反應？他有可能說服 B 搬到瑞士嗎？最重要的是，B 真的能夠順利融入 ATG 團隊嗎？

伊芙說：「你所面對的這種兩難困境，正是我們上次提過的三種決策中，典型的『處於變動情況下的決策』。在充滿變數的環境中，我們往往要在『維持現狀』與『改變策略』之間做選擇。這時，我們會面對兩個選項：一個是已知且會帶來穩定回報的舊方法，另一個則是充滿未知但有可能帶來更高回報的新策略（Kayser et al., 2015）。前者的重點在於『利用現有資源』，而後者則是要嘗試『探索全新商機』。

在充滿變動的環境中，我們的大腦會自然而然地在『利用』與『探索』之間進行權衡，試圖找到平衡點。換句話說，我們會問自己，我應該保守一點，讓既有方法發揮最大效益（利用現有資源），還是應該冒險一點，嘗試一個可能帶來更高回報的未知領域（探索全新商機）？」

「如果我的理解正確，『利用』指的是在目前的基礎上進行優化，透過改進現有的方法或資源來達成更好的效果；而『探索』則是放下對現狀的執著，尋求新的解決方案或開闢全新的領域，這通常會帶來更多的不確定性，但也有可能開創更大的機會或回報。簡單來說，『利用』專注於現有資源的最大化，而『探索』則是在尋找全新的可能性，對嗎？」伊貝爾問道。

「是的，完全正確。」伊芙回答，「一個團隊透過『利用』的優化過程，能加強團隊成員的緊密程度、精進現有模式並提高工作效能，這是相對保守且有保障的選擇。相對而言，『探索』則是要擺脫現況的束縛，尋求新的機會，並鼓勵實驗與創新。『探索』有可能帶來突破性的新發現，但由於其本質上具有較高的不確定性，因此無法保證成功（Laureiro-Martínez, 2014；Laureiro-Martínez et al., 2015）。白忙一場也是常有的事。」

「了解。但是我該如何在『利用』與『探索』之間做出決定呢？我要怎麼判斷誰才是正確答案？有什麼規則可以參考嗎？」伊貝爾問道。

「嗯⋯⋯其實我們可以運用的捷思法則總共有七個。不過在討論這些法則之前，我們需要先理解一點：有些困境看起來是要在兩個選項之間做出選擇，但事實上並非如此。」伊芙解釋道，「在進化的過程中，人類的大腦為了減少認知負荷，傾向將複雜的情況簡化為兩個對立的選擇，這種現象被心理學家稱為『二元偏差』（Fisher and Keil,

2018）。我們太習慣以這種方式理解問題，以非此即彼的方式進行判斷，這才造就了兩難困境的產生。實際上，我們並非只能在這兩個選項之間做出選擇，我們的手中其實有無數個選項。」

「無數個選項？」伊貝爾驚訝地覆述了一次。

為什麼大腦會傾向以「非此即彼」的方式思考

「二元偏差（binary bias）」是一種在人類大腦中根深柢固的判斷模式，是人類在進化過程中所發展出的生存技能和神經處理機制。簡單來說，二元偏差是指人類大腦傾向將訊息分類為對立的兩極，這種簡單扼要的分類方式有助於迅速做出反應，繼而在物種演化的過程中帶來優勢。也就是說，當人類在面對複雜多樣的環境刺激時，會迅速地將接收到的資訊歸類為「安全」或「危險」，以及「朋友」或「敵人」。這種快速判斷的能力，能夠幫助個體在威脅面前迅速做出反應。即使偶爾會過於簡化問題，仍有利於避開即時危險，提高生存機會。

從神經生物學的角度來看，二元偏差可能與大腦如何處理外界刺激的模式有關。人類大腦的神經結構，天生就依賴「簡化與對立」的方式進行運作。尤其是其中的突觸組織（譯註：突觸組織，是在神經系統中，神經元之間的連接處或接合點，可以想成是神經元之間的溝通橋樑。它負責進行神經傳導物質的運送，也就是傳遞與處理資訊。突觸組織的運作特別容易受到由多巴胺引導的「二元獎勵機制」所影響，使得這種思考模式變得更直覺。），更是擅長對事物進行比較或辨識規律，再加上多巴胺（dopamine）等腦內的獎勵回饋機制，就促成了「二元

> 獎勵機制」。這個獎勵機制會強化與正面結果相關的行為，鼓勵個體重複這些有利的行為；同時，它也會抑制與負面結果相關的行為，以避免再次發生不利的結果。這種機制促使人類形成較為單一的劃分方式，例如「好」與「壞」、「安全」與「危險」。
>
> 　　在準確性和便利性之間尋求平衡的過程，是大腦在做出判斷時無可避免的運作機制。大腦天生偏好能降低認知負擔的運作方式，因此會自然而然地選擇較簡單的理解方式，而不是花費額外的認知資源去探討更細緻的觀點與更多樣的視角。雖然這種二元認知捷徑在處理資訊時能提高效能，但它也可能過度簡化現實世界的複雜性。

　　「是的，」伊芙回答道，並接著說：「讓我們用一個簡單的例子來說明兩難困境。假設今年你的家族需要決定去哪裡度假，你會選擇前往你最熟悉且喜愛的瑞士山區，還是嘗試一個全新的目的地？乍看之下，你似乎只有兩個選擇：一個是去熟悉的山區（利用），另一個是去新的景點（探索）。然而，這其實是一個涉及多種選擇的決策問題。」

利用 ←○—○—○—○—○—○—○—○→ 探索
前往最愛的　　　　　　　　　　　嘗試新的
山中景點　　　　　　　　　　　　目的地

圖 3.1 「利用」與「探索」之間存在著無限多個選擇

「為什麼我會說你還有更多選擇呢？舉例來說，假設你有三週的假期，而你在考慮要前往喜愛的滑雪勝地，或是嘗試從沒體驗過的南方海濱。那麼你其實可以考慮從中取得平衡點，先用一週時間前往喜愛的阿爾卑斯山區，然後用剩餘的兩週前往義大利的海濱度假地。如果你是一個比較保守的規劃者，你也可以在熟悉的山區待久一點，再用一週時間前往另一個尚未造訪過的歐洲城市；如果你想大膽一點，你還可以選擇去亞洲的海灘度假，如泰國或峇里島，甚至撒哈拉以南的非洲也不失為一個好選擇！這些你從未去過的地方，或許會激起你對冒險的渴望，在旅程中得到更多驚喜的體驗。」

「選擇的可能性不勝枚舉，唯一限制你的，只有你的想像力。我們可以拿魔術方塊來類比這種限制性思維。經典的 3×3×3 魔術方塊雖然只有六個顏色，但它實際上卻有 43,252,003,274,489,856,000（4,325 京）種可能的排列組合。我們在看待魔術方塊時，通常只會很直覺的想到幾個常見的解決步驟，而忽略了魔術方塊其實還有其他呈現的樣貌。」

> 選擇的可能性不勝枚舉，唯一能限制你的，只有你的想像力。

「所以，看似只有兩個選項的情況，其實只是在無限多選擇中，被大腦挑選出其中的兩個而已？」伊貝爾疑惑地問道。「是的，完全正確。我們經常將決策設定為『非此即彼的選擇』，比如：『我應該留在目前的公司還是辭職另找工作？』、『我們應該改善現有技術還是研發新技術？』、『我們應該削減成本還是投資新業務？』。但是，以上這些相互對立的選擇，不過是在『利用』與『探索』之間的連續光譜中，被大腦擷取出來的其中兩種。然而，決策不應該是『非此即彼』

的行動，而是要發揮『兼容並蓄』的智慧。」伊芙說道，「回到剛剛提到的選擇度假地點的例子。如果你將更多的時間分配給喜愛的山區，這樣的選擇偏向『利用』的範疇，因為你是在重複舊有經驗和熟悉的環境，從中獲得安心與滿足。而如果你選擇將更多時間分配給新的地點，這樣的決定則具有『探索』的特質，因為你在尋求新的體驗、挑戰和發現未知的樂趣。而在眾多具有『探索』特質的選擇中，有些地點又帶有更強烈的挑戰意味，例如前往非洲、亞洲就會比待在歐洲內陸有更高的探索強度。」

> 決策不應該是「非此即彼」的行動，而是要發揮「兼容並蓄」的智慧。

「好的，我明白了。當我認為自己陷入兩難困境時，我可能需要有所警覺，其實情況並非如此。事實上還有許多可能的選擇等著我去發現。這些選擇中，有些可能更偏向於『利用』，也就是將已知方案的效益最大化；有些則可能偏向於『探索』，也就是開拓全新的可能性。」伊貝爾一邊說著，一邊確認自己理解正確。

伊芙說：「沒錯，『利用』與『探索』都是決策中不可或缺的要素。優化現有流程可以提升效能並增加靈活性，而加入探索元素則有可能開創商機並培養長期競爭力。一個決策若能兼顧『利用』與『探索』，就代表著我們不僅能在現有基礎上進步，還能為未來創造更多可能性，確保我們在變動的環境中保持彈性與競爭優勢。」

> 一個決策若能兼顧「利用」與「探索」，就代表著我們不僅能在現有基礎上進步，還能為未來創造更多可能性，確保我們在變動的環境中保持彈性與競爭優勢。

「那麼，如何在『利用』與『探索』之間找到正確的平衡呢？我是否應該將 90% 的精力投入在優化現有資源上，然後僅用 10% 的時間拓展新機會？套用旅遊的例子來說，也就是花大部分時間待在過去最喜歡的山區，僅用少部分時間嘗試一些新的景點。還是我應該反過來，將更多精力集中在探索未知的機會上？也就是在熟悉的地點少待幾天，改而嘗試更多沒去過的度假地點和飯店？『利用』與『探索』之間的正確比率到底是什麼？」

伊芙回答：「你要知道，在變動的情況下想試圖做出完美的決策幾乎是不可能的。曾經有一些研究人員想用開發數學模型的方式來解決這個問題。然而，這些模型都建立在過於理想化的假設上，最終都難以在現實世界中應用。」

「那是什麼意思？」伊貝爾問。「為了在『利用』與『探索』之間將效益最大化，早在 1970 年代，就有兩位學者基廷斯（Gittins）和瓊斯（Jones）提出了一種名為『基廷斯指數（the Gittins index）』的評分方法，用以尋找這類問題的最佳解答（Gittins and Jones, 1974；Gittins, 1979）。」伊芙回答道。「在這種方法中，有三個背景假設。第一個假設是決策者只會在有限的選項中做出選擇，不會再拓展新的選項。第二個假設是每個選項所帶來的報酬雖然是未知的，但是在過程中不會再變動。最後一個假設則是報酬的價值會隨時間遞減，在經濟學上也被稱之為『折現』。」

「這些假設在現實情境中真的能成立嗎？」伊貝爾詫異地問道。「這些假設的確很難在現實世界中出現。首先，選擇往往不是已知且有限的。你可以從無數的目的地、飯店、租屋或 Airbnb 住宿網站中挑選目的地，基本上有無限多個選項。」伊芙補充說明道，「這當中比較好理解的假設是，報酬通常是未知的。如果你從未去過某間新的飯

店或目的地，又怎麼能知道自己是否會滿意呢？不過這裡要注意的是，即便我們不知道我們感到滿意的機率有多高，這些機率也很少是固定不變的。它們隨時都會變動，甚至可能受到他人決策的影響（March, 1991）。舉例來說，假設有許多遊客也預訂了你原本想去的那間飯店，結果飯店因為過於繁忙，導致服務品質下降，那麼你最初評估的滿意度可能就不再適用了。」

「你說的確實有道理。」伊貝爾點頭表示贊同。「最後，第三點，你可能也無法像理論假設的那樣，將所有可能得到的結果準確地以折現的方式計算價值（Cohen et al., 2007）。實際上，絕大多數的人類都無法做到這一點。根據諾貝爾獎得主赫伯特・西蒙（Herbert Simon）的說法，人類的認知能力是有限的，也稱之為『有限理性（bounded rationality）』（Simon, 1979）。我們不太可能在做決定時依賴基廷斯指數進行判斷，因為我們通常無法掌握所有資訊，而且我們的認知能力本來就有限，並不是所有人都擁有理論背後所需的計算能力。再者，我們也經常沒有足夠的時間去深入反思和研究所有可能的選擇。在這種情況下，我們通常只想當個『滿足的決策者（satisficers）』。比起找到那個『最好』的答案，一個『夠好』的解決方案其實就足夠了（Simon, 1979）。綜上所述，我們可以很有把握地說，基廷斯指數所依賴的所有理論假設，在現實世界中都無法成立。也就是說，我們目前尚未找到能夠完美解決『利用與探索』難題的法則，未來恐怕也難以研發出這種技術（Cohen et al., 2007）。」

「但是在這些現實的阻礙下，我們仍然需要做出決定……」伊貝爾說。伊芙解釋道：「雖然我們無法精確計算出『利用與探索』的最佳平衡，但我們或許能夠找到一個『夠好』或『令人滿意』的區間。我們的大腦在做決策時，似乎會有七個常見的處理模式，也是我稱之

為『捷思法』的運作原則。其中四種捷思法取決於當下的情境，而另外三種則與決策者個人有關。」

「所以，我們的大腦會使用這七種決策法則來達成『夠好』或『令人滿意』的決定？那些捷思法是什麼呢？」伊貝爾問道。伊芙說：「讓我用『決定家族度假地點』這個相對單純的情境來向你解釋。在這個案例中，我們考慮過，是否應該像往常一樣去你平時最喜愛的瑞士山區，還是應該探索新地點，比如說去南方的義大利。在這個決策過程中，大腦的第一個考量點是對目標的野心。」

「對目標的野心？」伊貝爾疑惑地問道。「是的。假設你的家人告訴你，去年在山上的假期非常愉快，他們希望今年也能複製這樣的經歷，那麼你可能就不會再去探索其他目的地。但如果你的孩子們表示今年想要一個更特別的假期，他們希望祖父母這次也能一起參與，那麼做選擇的情境就變得不一樣了。這時你就更有動機去探索新的地點，比如思考義大利是否更能滿足所有人的需求。由此可見，『利用與探索』之間的選擇，取決於你對目標的野心與期望。如果利用現有的資源已經能夠實現你的目標、甚至超過你的預期回報，那麼你可能不會再花費時間去探索其他可能性。反之，如果既有選擇所帶來的成效不如預期，你不僅會開發新的機會，甚至可能會進一步加強探索的強度（March, 1991）。」

我們是否該瞄準最遠的那顆星星？

目前已有大量文獻探討「設定目標」如何對激勵個人表現產生影響。無論是在個人生活或是組織活動中，「目標」通常都能為人們帶來動力並激發企圖心。它能為我們的行動賦予意義，促

使我們為此制定計畫,並落實計畫以求達成目標。目標也與更高層級的動機、自尊和自信心有關。全球有超過 1,000 項研究對此進行深究,其規模涉及了超過 40,000 名參與者,總共觀察了 90 多種不同的任務表現。我們從這些研究中發現,設定較高的目標確實可以有效提升個人表現,無論這些目標是由管理階層設定、個人自訂或多方協商而定,都能起到同樣的效果(Latham and Locke, 2006)。

但是目標如果過於激進,會不會反而減損績效表現或阻礙了向外探索的機會?這確實會帶來影響。目標的難度和挑戰性,與為了達成這些目標所帶來的行動力,兩者之間的關係並非正相關,反而更像是下圖 所示的曲線。起初,行動力會隨著目標的挑戰性而逐步攀升,直到抵達能激發最佳行動力的甜蜜點(sweet spot)之後,隨著挑戰難度的增加,行動力反而會下降。

紐約大學社會心理學家艾蜜莉・芭絲苔(Emily Balcetis)

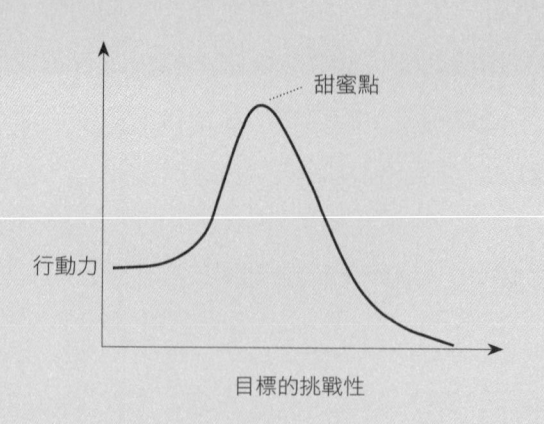

圖 3.2　目標的挑戰性與行動力之間的關係

就曾透過測量心臟的收縮壓來研究「設定目標」如何影響我們的努力程度以及對成果的預期。這項研究旨在探討生理反應與心理動機之間的關聯，幫助我們理解身體如何回應不同程度的目標（Balcetis and Dunning, 2010）。如果一個目標很容易實現，身體只需要付出微量的努力，那麼收縮壓只會略微上升。如果一個目標難度適中，也就是看起來可以達成，但是具有挑戰性，那麼收縮壓就會顯著上升，身體也會準備動員更多資源來應付這個挑戰。然而，當一個目標過於遙不可及時，我們的身體完全不會進入備戰狀態，而是選擇直接放棄。這種模式同樣也出現在內側前額葉皮質（PFC）的運作中。大腦中的內側前額葉皮質，是幫助我們對目標進行規劃的重要區塊。但是一旦目標看起來過於不切實際時，內側前額葉皮質就幾乎不會活動（Comaford, 2015）。因此，當一個目標看似完全不可能達成時，我們不僅不會努力，甚至連思考如何達成它的動機都會喪失。

研究顯示，以下行動有助於強化我們想完成目標的企圖心，也就是將「甜蜜點」向右移動，進而提升我們達成目標的可能性：

1. **視覺化你的目標**：研究顯示，運動員若能在大腦中想像目標達成的具體畫面，就能增強自信心和動力，從而提升競賽表現。實際上，視覺化的過程能有效地欺騙大腦，使目標看起來是很有可能實現的。如此一來，當運動員在面對挑戰時，就會覺得目標是觸手可及的，並督促自己為此奮力一搏（Cole et al., 2013）。因此，視覺化目標可以提高自己對實現目標的野心，並有更強的動力採取行動。

2. **為你的目標賦予意義**：達成目標對你來說之所以重要，可能來

> 自你的需求、價值觀或性格特質。無論原因為何，研究發現，當目標對個人而言具有高度重要性時，我們的大腦會讓它看起來更容易達成，進而提高成功機率（Balcetis and Dunning, 2010）。因此，讓你的目標與你所追求的核心價值掛鉤，就有助於提高實現的可能性。
>
> 3. **把你的目標寫下來：** 一項研究發現，將目標寫下來，能讓目標達成率提高 42%。如果進一步再將寫下來的目標與他人分享，那麼書寫目標所帶來的影響還會更加明顯（Matthews, 2007）。

「原來如此。我現在已經知道第一個捷思法是關於對目標的野心了。那麼第二個是什麼呢？」伊貝爾問道。「第二個要素是接觸資訊的機會。以安排今年的假期為例，在對拿坡里近郊的海域一無所知的前提下，你可能完全不會考慮把義大利卡布里島列在待選清單中。但是，如果你在信箱中收到一本關於這座小島的旅遊宣傳手冊，它向你詳細介紹了如何在這座美麗的島嶼上盡興遊玩，還推薦了一間適合闔家出遊的精品飯店，那麼你很有可能會因此更願意前往探索這個未知的小島。由此可知，『利用與探索』之間的平衡，取決於我們對新機會的資訊掌握程度。當人們對新的機會有更多了解時，探索的傾向也會隨之提高。」伊芙說明。

「有道理，對目標的野心與接觸資訊的機會都非常重要。那第三個捷思法是什麼呢？」伊貝爾接著問道。

「第三個要素則是可用時間。」伊芙回答道，「當你有足夠的時間來收集相關資訊時，你往往更願意嘗試新事物。以規劃義大利之旅

為例,如果你有足夠的時間蒐尋景點資訊、針對不同飯店的特色進行評比、詢問同事近期去義大利遊玩的感想,並且同時在網路上閱讀其他旅行者的評論,那麼你可能就會比當初毫無準備、需要立刻做決定時,更有可能選擇嘗試去義大利旅遊。研究表明,當人們擁有較多的時間來完成一項任務或實現目標時,他們往往更願意去探索新的選項,嘗試用不同於以往的方式達到更好的表現(Cohen et al., 2007)。」

「所以如果我們有足夠的時間,就能進行更多的探索。我們也就更傾向用創新的思維來思考事情,對嗎?」伊貝爾問道。「沒錯。著名的例子像是 Google 公司內部所採用的『八二法則(20% time rule)』。Google 鼓勵員工用 80% 的時間安排日常工作,將其餘 20% 的工作時間用於接觸新事物。這些『新事物』的範圍並沒有被設限,只要它最終可能為公司帶來利益即可。這項政策讓員工擁有更多時間和空間進行探索,從而為 Google 帶來了更多前所未有的創意和突破。」

伊芙接著說:「第四個捷思法則是社會情境。假設你今年並沒有打算安排義大利之旅,但是你發現你的朋友們今年全都預計前往義大利度假,你可能會開始思考:『他們為什麼都選擇義大利?我是不是錯過了什麼?』這些想法很容易讓你對原本的旅行計畫產生動搖。儘管你最終還是可能決定不去義大利,也許是因為你原先的計畫比較符合你的需求,也可能是你不想和大家走一樣的路線。然而,不可否認的是,身邊的人所做的決定確實會對你產生影響,促使你思考探索新事物的可能性。我們可以發現,當人們知道他人正在進行探索,或是當我們需要相互競爭有限的資源時,我們會更傾向於進行相同的嘗試。這就是社會情境對我們所造成的影響(Cohen et al., 2007)。」

「我懂了。不過,這是否也意味著,上級或同儕的期待也會影響我們的選擇?以我的案例來說,董事會更希望我能利用現有資源進行

優化，因此我就更有可能朝這個方向進行布局。」伊貝爾接著問道。「是的，基本上是這樣沒錯。」伊芙回答。「我們已經認識了四種捷思法則了，那麼剩下三個是什麼呢？」伊貝爾問道。

「第五個捷思法攸關個人的個性和價值觀。」伊芙回答道。「如果你是一個好奇心旺盛且思想開放的人，那麼你可能更傾向於探索義大利的新景點；而如果你是較為保守、害怕冒險的人，那你則可能會選擇維持現狀、造訪曾經去過的景點。這是因為個體的風險承擔傾向，會大大影響他的探索意願。研究顯示，愛好冒險的人更容易選擇探索新事物（Keller and Weibler, 2015）。另外，樂於學習新知且具有前瞻思維的人，也是更有意願探索的一群人（Kauppila and Tempelaar, 2016）。」

「那麼，第六個捷思法呢？」「大腦會考量的第六個因素則是你所具備的技能。」伊芙回答道。「舉例來說，如果你在學校學過義大利語，你可能會更願意去探索義大利。畢竟，掌握這項技能讓你輕鬆地與當地人交流、找到更好的景點、還能為家人選購美味的餐點。不過，並不是具備這項技能就足夠了，更重要的是你對於這項技能有充分的信心，才能真正發揮技能的價值。這被心理學家稱為『自我效能信念（self-efficacy beliefs）』（Schunk and Pajares, 2002）。當我們相信自己有能力應對可能發生的情境時，我們就更願意去選擇那些能發揮自身才能的選項。」

「所以，如果我對自己的指導能力很有信心，我就更可能會做出需要發揮指導能力的決策。這個說法正確嗎？」伊貝爾問道。「完全正確。」伊芙繼續說：「最後，第七個捷思法，是你的心情。」「心情？」伊貝爾感到有些詫異。

「沒錯，就是心情。當你感到疲倦或具有壓力時，你通常不會有心力去探索義大利的其他旅遊景點，而是會選擇待在熟悉的地方，因

為那裡讓你感到舒適和安全。你的內心會認為：『這樣已經充分令我感覺良好了。』然後你會繼續沿著已知的路線前行，避免再投入精力去應付未知的挑戰。相反地，當你的心情放鬆且充滿活力時，你可能更願意去做全新的嘗試，比如義大利的某個冷門小鎮。」伊芙解釋道，「這就是情緒或認知狀態會帶來的影響。像是感到安全、放鬆、精力充沛或興趣盎然時，你都會更願意冒險或嚐鮮。相反地，當你承受壓力和緊張時，你則會變得較為悲觀，放大你所接收到的負面資訊，從而選擇保守行事（Sharot, 2017）。」

「所以，如果我度過了糟糕的一天，那麼我今天就不應該做出重要決定嗎？」伊貝爾問道。「話是這麼說沒錯，雖然我們常常無可避免需要在這種時候做出決定。」伊芙說道。「不過，像是買房或提交辭呈這種重大事件，不用急著一時做出決定，俗話說的『先睡一覺再說』確實是個好方法。當你感到疲憊或壓力過大時，容易讓情緒影響判斷，這時你可能會變得過於保守、害怕冒險，甚至是『過度保護自己』。這樣的選擇未必是對自己最好的。因此，休息一下，讓自己冷靜下來，有助於做出更清晰和理智的決定。」

「今天我們針對大腦運作的捷思法則進行了很多討論，資訊量很大。這些耳目一新的想法和內容很棒，但是要記住的內容實在太多，我有些不知從何開始。」伊貝爾皺了皺眉。他發現自己很難立刻將所有概念串聯在一起，因此顯得有些煩躁。「放輕鬆。我這裡有一張圖，應該能幫助你將今天提到的概念都連結在一起。」伊芙一邊說，一邊將紙張舉到視訊鏡頭前方，讓伊貝爾可以看清楚。

「這張圖整理得好清楚，太謝謝你了！」伊貝爾由衷地表示感謝，隨後又問道：「對了，這些捷思法則是否也適用在企業管理上？當我們嘗試在公司裡營造正向的決策環境時，這些運作原理依然有效嗎？」

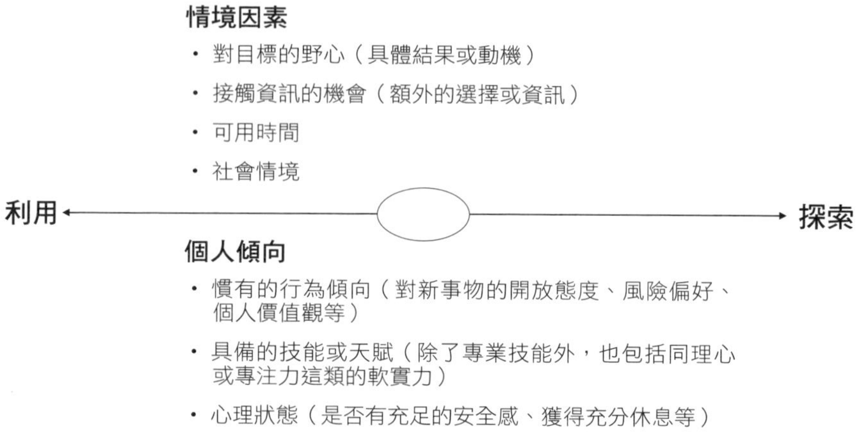

情境因素
- 對目標的野心（具體結果或動機）
- 接觸資訊的機會（額外的選擇或資訊）
- 可用時間
- 社會情境

利用 ←——————————○——————————→ 探索

個人傾向
- 慣有的行為傾向（對新事物的開放態度、風險偏好、個人價值觀等）
- 具備的技能或天賦（除了專業技能外，也包括同理心或專注力這類的軟實力）
- 心理狀態（是否有充足的安全感、獲得充分休息等）

圖 3.3　大腦在「利用與探索」之間尋求平衡點的七個運作機制（捷思法）

　　「當然。不只是我們的日常生活會出現『利用與探索』的困境，公司也會面臨同樣的難題，所以就需要結合『利用與探索』來進行策略發想。一般的企業通常會先聚焦於『利用』，透過執行年度計畫、強化營運管理、提升工作效能等方式，持續優化現有業務。同時，企業也需要積極尋找『探索』的機會，給員工足夠的創意空間，以此推出新產品和服務。企業創新的形式非常多元，收購其他領域的公司或進行各種實驗與測試，都是創意的表現。同時兼顧現有業務優化和創新探索的策略，我們稱之為具有『雙元性（ambidexterity）』的策略。」

　　伊芙進一步說明了這個詞彙的由來：「『雙元性』這個詞源自於拉丁語，字面意思是『雙手都很靈巧』。在拉丁語中，『dexter』的意思是『右』或『與右側有關的』。由於大多數人都擅長使用右手，因此『dexter』逐漸演變成『靈巧、擅長』的形容詞。到了十七世紀，英國作家托馬斯・布朗爵士（Sir Thomas Browne）將代表右手的『dexter』與代表兩者兼具的『ambi』兩個單字結合在一起，創造了

『ambidextrous』這個詞彙，在自己的作品中形容『有些人的兩隻手都像右手（一樣靈巧）。』也就演變成我們現在所看到的『ambidexterity』這個單字，用以表示能將兩個迥異的概念巧妙掌握的智慧。」

「我之前在丹麥的工作環境就有這個特質！公司在現有業務優化和創新探索兩個方面都表現得很出色。」伊貝爾說道。「我可以想像得到，畢竟 The travel Group 是一家非常成功的企業。」伊芙說，「多項研究顯示，組織若擁有足夠的雙元性，也就是能同等重視『探索與利用』，通常能建立穩固的競爭基礎。組織就有能力在快速變化的環境中持續推動創新，發展顛覆性的商業模式與技術改革，同步實現短期績效與長期成長（He and Wong, 2004; O'Reilly and Tushman, 2008; Raisch and Birkinshaw, 2008; Junni et al., 2013; Birkinshaw et al., 2016; Hill and Birkinshaw, 2014）。換言之，靈活整合『利用與探索』的策略，能有效提升企業現階段的運營表現，同時為未來的競爭優勢奠定基礎（Schulze et al., 2008）。」

「但是對於企業來說，如何拿捏『利用』與『探索』的比例，也是一個很值得深究的議題，對吧？」伊貝爾問道。「是的，有些公司比較重視計畫能被順利執行，有些公司則比較強調創新的空間。不過，無論是哪一種，太過極端都不是好事。研究發現，雙元性與公司績效之間的關係呈現倒 U 型（Tushman and O'Reilly, 1996），『過度利用』或『過度探索』都會降低表現。過度強調利用的公司，通常會專注於優化現有運營模式、提升效能和追求短期成果，但這種策略可能使公司錯失新的商機。這樣的公司在充滿變化的市場中，往往難以隨之調整與適應，隨之而來的就是要面對收入逐漸下降、成長放緩、公司市值驟減，甚至淪為併購目標等可能發生的結果。另一方面，過度投入資源和時間於創新的公司，則可能會面臨財務狀況不穩定的風險。因

為創新專案與業務擴張的計畫，十分耗費資金卻無法立竿見影，很容易讓公司的短期獲利能力因此下降。」

「這個因果關係很直覺，很好理解。不過，在不討論極端情況的前提下，公司如何才能在『利用與探索』之間找到合適的平衡呢？是否能使用我們之前討論過的捷思法則？」伊貝爾問道。「確實可以。」伊芙回答。「組織也能使用我們剛剛談論過的七種捷思法，但形式需要略微調整。在我的論文中，我稱其為『捷思法的七個商業應用』。接下來讓我逐一向你說明。」

法則一：目標的挑戰性越大，「探索」的成分就會越高。

「團隊在面對漸進式的目標時，往往會傾向於優化現有的策略。舉例來說，當你要求團隊將利潤提高 5% 時，這種微幅成長通常無法激發顯著的改革，團隊成員很可能只需要用節約開支的方式就能增加利潤空間。然而，如果你設定的目標是將利潤提高 30%，那麼這時團隊就更有可能跳出既有框架，積極尋找創新的方法來達成目標。研究顯示，當目標設定較為保守、沒有足夠的挑戰性時，舊有模式依舊具有充分的可行性，只需要找到現狀的不足之處進行修補即可。因此團隊成員就會傾向於『利用現有資源』。而當目標具有一定的難度時，團隊則會被迫轉換思維模式，探索並創造全新的解決方案。不過，我們也要記得，目標的難易度和實際行動之間並非單純的線性關係，只有適度的挑戰性才有利於激發團隊的企圖心（Brauer and Laamanen, 2014）。」

法則二：可供選擇的機會越多，「探索」的成分就會越高。

「舉例來說，如果你的團隊正在考慮拓展海外業務，而你在前往某國考察後，發現當地市場對你的產品有很大的需求。這時你所掌握

的資訊量增加了，你就更可能將該地視為潛在的發展機會。由此可知，當有更多資訊可供參考時，人們的探索傾向就會提高。」

法則三：可用的時間和資源越多，「探索」的成分就會越高。

「舉例來說，當老闆敦促你提高獲利能力以達成公司季度收益目標時，你可能會採取短期就可以看見成效的措施，也就更容易傾向於『利用現有資源』；相反地，如果老闆要求你在未來三年內提高獲利能力，你有了充裕的時間能嘗試新想法或新技術，決策時納入的『探索』成分也就會越高。」

法則四：商業競爭也會對「利用與探索」帶來多方影響。

「如同個人在做選擇時會受到周遭環境影響一樣，組織所受到社會情境的影響又更廣泛了。這些影響涵蓋了不同利害關係人對組織的期待，包括政治人物、政府機關、供應商及社會大眾等。在這些社會情境因子當中，『競爭對手的行動和策略』特別容易對組織的決策帶來重大影響，因為競爭行為通常可以提供兩種關鍵的市場訊號：首先，競爭對手的行為可能顯示了市場已經出現其他趨勢。舉例來說，假設你的團隊注意到競爭對手正在積極使用區塊鏈（blockchain）的技術，以提升產品價值和市場競爭力。這樣的行為提示我們需要關注區塊鏈技術在行業中的潛力，進而提高你們探索這項新技術的可能性。其次，競爭者在提升自身競爭力的同時，可能會使某些領域不再具有商機。例如，當競爭對手推出了一款創新性的產品，這項產品不僅迅速搶占了大量市占率，還同時建立了其他競爭者的進入障礙（entry barriers），像是在銷售通路上的布局或是建立品牌的影響力等。在這種情況下，你的團隊可能就會重新評估，是否值得繼續跟競爭對手搶食同一塊市

場大餅。即便你最後仍然決定進入市場，也可能會更注重於市場定位的差異，創造出屬於自己的競爭優勢。」

法則五：組織的策略往往會與企業文化或價值觀一致。

「舉例來說，如果一家公司特別重視執行效能，總是將注意力放在落實計畫及達成短期目標，那麼這家公司所做的選擇通常會反映自身價值觀，偏好以『利用』為導向的策略。」

法則六：越能發揮組織的優勢，「探索」的意願就越高。

「舉例來說，如果現在有一個市場機會，要求組織發揮強大的收購和整合能力，而這正是你的組織所具備的能力，或者更準確地說，你的組織對這些能力具備充足的信心。那麼，你的組織就非常有可能會抓住這個機會。因此，組織若能妥善結合自身優勢與市場機會，探索相關機會的意願往往就會越高。」

法則七：組織的工作氛圍也會影響團隊的「探索」意願。

「當管理層和員工對未來充滿信心，並且看好潛在的機會時，團隊通常願意承擔較高的風險，也就更有可能選擇創新和突破，從而推動組織選擇更具『探索性』的策略方向。」

聽完伊芙一氣呵成的說明後，伊貝爾心滿意足地說道：「以上這些案例都讓我很有共鳴呢！謝謝你跟我分享這些珍貴的知識與發現。」
「我很高興這些內容對你有幫助。」伊芙欣慰地說道。
「我這裡有一頁簡報，能總覽我們剛才所討論過的七個最佳化法則，並整理成我所開發的決策工具。」伊芙在視訊會議中開啟了螢幕

分享，並說道，「當你需要面對決策困境時，你可以參考這個決策工具的步驟。首先，你需要先把可能的選項列出來，接著運用不同的捷思法則來分析這些選項，最終選擇出最合適的解決方案。」

伊芙繼續說：「我們可以透過觀察不同企業的策略，來理解這七種捷思法則的重要性。以下兩家企業完全來自不同產業，他們身處的市場成熟度與環境中的變動因子都有著顯著的差異，卻都被評為『最佳創新企業』。讓我們來看看他們在進行企業創新上有什麼樣的差異，以及他們如何運用捷思法則來制定戰略。」

「我們第一個要探討的是美商艾克索美孚公司（ExxonMobil Corporation, Exxon）。從產業背景來看，石油和天然氣產業歷史悠久，市場相對成熟且穩定，所面臨的不確定性較低，而 Exxon 又一直穩占業界龍頭，處境十分安定。相較之下，Meta 公司（前身為 Facebook 臉書）所處的社交媒體和虛擬實境產業則是相對新興的領域，30 年前幾乎還不存在。而且這個市場的變化極為劇烈，每隔一段時間就會出現新技術或新型競爭者重新定義市場主流。在這樣的環境中，Meta 更加注重持續創新的企業文化，不斷探索新機會以保持競爭力。反觀處於穩定市場的 Exxon，策略則著重於改進和優化目前的運作模式，充分利用現有優勢。這兩家公司，儘管處於截然不同的行業和市場環境中，卻年年都能入選波士頓顧問公司（Boston Consulting Group）所發布的『全球前 50 大創新企業』（Manly et al., 2023）。從它們的策略和文化差異中，我們可以看到，Exxon 專注於『利用』，而 Meta 則強調『探索』，但是兩者都能以各自的方式進行創造。」

1. 決策困境

2.「利用與探索」之間的選擇

利用 ← → 探索

潛在選項	3. 假設條件	潛在選項	3. 假設條件	潛在選項	3. 假設條件	潛在選項	3. 假設條件

七個捷思法則
a) 想達成的目標
b) 能創新的機會
c) 可運用的時間
d) 利害關係人及競爭對手的動向
e) 企業價值觀與文化
f) 企業的優勢與信心
g) 團隊的「情緒」或集體認知狀態

4. 最終解決方案

圖 3.4　四步驟決策工具

「所以 Exxon 在其策略布局上，會更靠近『利用』這個端點，對嗎？」伊芙回答：「是的，讓我來解釋一下 Exxon 會選擇這條發展路線的背景。該公司所處的石油與天然氣市場相對成熟，相較於 Meta 等新興科技企業來說，創新的空間本就較少。因此其主要策略會是漸進式的創新，強調利用現有資源來實現成長。此外，Exxon 作為一家上市公司，前三大股東皆為資產管理公司，合計持有約 19% 的股份。由於資產管理公司必須向投資人負責，並定期展示績效，因此它們可能更傾向於要求公司採取穩健的短期策略，如專注於提升季度利潤、穩定現金流或增加股息回報等。種種因素都塑造了 Exxon 選擇『利用』的傾向。」

　　「我們可以從 Exxon 對外發布的戰略指導原則中看出一些端倪：『艾克索美孚 Exxon 致力於成為全球領先的石油和化工製造公司。我們將在堅守高道德標準的前提下，不斷追求卓越的營運成果及財務表現。』在這份指導原則中，Exxon 也進一步回應了不同利害關係人對公司的期待：對股東，Exxon 承諾會『致力於提升公司資本的長期價值，讓股東所投注的資金不負所托。公司會持續推進盈利的成長，並且負起所有必需的經營責任，以求為股東帶來豐厚的報酬；』對客戶，公司承諾『保持創新並積極回應市場需求，以具有性價比的價格，提供高品質的產品和服務』；對員工，公司致力於『創建一個多元包容、開放溝通、相互信任且待遇公平的工作環境，讓所有人都可以安心工作』；而對於社會，Exxon 承諾『會在全球營運的各個地區都成為良好的企業公民。我們將嚴守高道德標準，遵守所有適用的法律和條約，並尊重當地及國家的文化。最重要的是，我們會確保安全第一，並負責任地進行環保營運。』Exxon 也在指導原則的最後強調：『我們會努力讓計畫完美執行，以實現這些目標。』」

「從『完美執行計畫』這一點來看，他們確實是以『利用』為導向呢。」伊貝爾說。「沒錯。」伊芙接著說，「讓我們接著看看 Meta 的情況。Meta 競爭的市場範疇涵蓋廣泛的科技產業，這是一個變化迅速、充滿不確定性的領域，顛覆性創新層出不窮。因此，企業若要在這樣的環境中維持競爭力，必須將目光放遠，找到能長期立足的優勢。儘管如此，Meta 的野心可不小，公司的願景是『賦予人們建設社群的力量，讓世界更緊密相連』。在股權結構方面，Meta 的最大股東馬克·祖克柏（Mark Zuckerberg）雖然僅持有 13.4% 的股份，卻因為擁有超級投票權（supervoting power）（譯註：通常不同的普通股類別會享有不同的投票權重。例如，公司的創始人、管理層或其他大股東可能會被分配較高的權重，這種超級投票乘數可能隨每級別，在每股份投票權上差 10 倍、甚至更高的倍數。）實際掌控了 61.9% 的投票權。這使得 Meta 相較於其他受多方股東牽制的上市企業，更有可能憑祖克柏的一己之力影響決策走向。這在競爭激烈且需要快速判斷決策走向的科技產業中，有可能是一項優勢。以上這些因素，都塑造了 Meta 更傾向進行『探索』的背景。這種鼓勵『探索』的氛圍也體現在 Meta 的核心價值上，包括：『提供人們發聲管道、建立聯繫與社群、為所有人提供服務、確保人們的安全和保護隱私、促進經濟機會』（譯註：以上中文內容摘自 Meta 官網，原文所標註的出處為英文官網 https://about.meta.com/company-info/）。」

伊芙說完後，再次分享了他的螢幕，向伊貝爾展示另一張投影片。「這真的值得好好深思。讓我來試著總結一下。」伊貝爾說。「好，我拭目以待。」伊芙非常欣賞伊貝爾的彙總能力，他期待地拿起筆，準備將聽到的內容做成筆記。

第 3 章 探索潛在機會中找到最佳決策

捷思法則	利用 ExxonMobil 艾克索美孚	探索 Meta
a) 想達成的目標	「在堅守高道德標準的前提下，不斷追求卓越的營運成果及財務表現。」	「賦予人們建設社群的力量，讓世界更緊密相連。」
b) 能創新的機會	該產業相當成熟，創新的空間有限。	該產業隨時都會出現變化，創新機會層出不窮。
c) 時間面面的考量	持有約 19% 股份的前三大股東是重視短期投資的資產管理公司。	馬克．祖克柏因持有超級投票權的股份，長期掌握了 61.9% 的投票權，因此不必過度迎合短期財務績效或屈服於暫時性的市場壓力。
d) 利害關係人及競爭對手的動向	在石油和天然氣市場中生存，重點在於逐步創新。	在競爭激烈的科技行業中生存，所提出的創意需要打破現有的框架。
e) 企業文化及其所推崇的價值觀	我們提倡工作時「保持彈性、注重安全、尊重人權、正直誠信、多元與包容」。	我們鼓勵成為「行動敏捷的團隊、共創精彩事物、考量長期影響、著眼於未來並保持開放的心態」。
f) 企業的優勢與對自身的信心	著重在持續改進的能力、良好的執行能力等。	主要包括具有爆發力的創新能力、尖端技術能力等。
g) 團隊的「情緒」或集體認知狀態	團隊行事較為謹慎。	團隊心態較為樂觀（著眼未來並保持開放）。

圖 3.5　Exxon 與 Meta 公司的營運背景比較

099

伊貝爾開始總結：「在市場具有變動的情況下，做決策時常常會面臨兩難困境，即在『利用與探索』之間的抉擇。具體而言，我們需要思考是否應該更加依賴現有的知識和資源，並進一步加以優化，這就是所謂的『利用』；另一方面，我們也可以思考是否應該冒險嘗試新的方法或觀點，去開拓未知的領域，這則稱為『探索』。『利用與探索』看似是兩個截然不同的決策，其實這兩個極端之間有著無數個選項，我們需要選擇的是讓決策更側重哪一方。目前並沒有一個普遍適用的法則能精確解決這道難題。但是當我們的大腦面對這樣的情況時，會自動啟動某些機制來進行決策，也就是『捷思法』。其中七個主要的捷思法則為：對目標的野心、接觸資訊的機會、可用時間、社會情境、慣有的行為傾向、具備的技能或天賦、以及當下的心理狀態。這些因素會同時相互作用，影響我們的決策結果，並在不同情境下幫助我們在『利用與探索』之間找到平衡。」

> 目前並沒有一個普遍適用的法則能精確解決這道難題。但是當我們的大腦會自動啟動七種「捷思法」的思考機制來幫助我們進行決策。

「是的，完全正確！」伊芙一邊做筆記，一邊讚嘆地說。

伊貝爾繼續說：「公司在設計戰略時，和個人在做決策時所面臨的處境很類似。公司也需要適當地結合『利用』與『探索』這兩種策略，也就是所謂的『雙元性』。公司是否擁有雙元性，攸關公司的短期績效與長期發展，因為雙元性有助於公司在變動的環境中保有應對的彈性。具體來說，每個決策不僅需要優化眼前的營運狀況，還需要探索未來發展機會的空間，從而為公司創造更多的可能性。然而，能否在『利用與探索』之間取得良好的平衡，取決於七個關鍵法則。與個人

層面的情況相似，這七個法則包括：想達成的目標、能創新的機會、可運用的時間、利害關係人及競爭對手的動向、企業價值觀與文化、企業的優勢與信心、以及團隊的『情緒』或集體認知狀態。」

「太完美了！你幫我做出了相當有價值的總結呢！」伊芙感謝地說道：「謝謝你，伊貝爾。」

伊貝爾也非常感謝伊芙能撥出時間來通話。他們的視訊表定為一個小時，然而就在他們沉浸在分享知識與想法的過程中，時間不知不覺地流逝，結束時間整整超過了 30 分鐘。結束通話時，他們約定好，在接下來的幾週內繼續保持討論。伊貝爾需要一點時間吸收並反思這次的談話，然後再向伊芙提出其他疑問。

同時，伊貝爾也需要好好思考，亞歷山卓的問題該如何處理。經過與伊芙的視訊通話後，他有信心能把這個問題處理得更理想一點了。

本章重點

在變動且不確定的情況下做決策，人們通常會陷入「非此即彼」的兩難選擇，也就是「利用」與「探索」的兩難困境：我應該留下（利用）還是離開（探索）？

- 「利用與探索」的困境看似是要在兩個選項之間做選擇，但事實上，我們是在「利用與探索」之間的無限選項中做選擇。
- 解決「利用與探索」的兩難問題沒有公式可以套用，但是大腦會使用七個捷思法則來做出令我們滿意的決策，包括：對目標的野心、接觸資訊的機會、可用時間、社會情境、慣有的行為傾向、具備的技能或天賦、以及當下的心理狀態。

- 公司在做決策時，和個人做決策的處境類似，也需要在「利用與探索」之間取得良好的平衡。能同時發展現有業務並尋求創新機會的策略，被稱為具有「雙元性（ambidexterity）」。如何在兩者當中找到最適平衡，會受到七個關鍵法則的影響，其運作模式類似於個人決策時所運用的七個捷思法則。這些方法能幫助公司在不同情境下作出適當的選擇，進而有效平衡「利用與探索」之間的關係，達到策略的最佳化。

要構建並優化決策，可以使用四步驟決策工具：
1. 辨識出「利用與探索」的困境。
2. 在「利用與探索」之間找到潛在的選項。
3. 使用七個捷思法則，找出每個選項的相關背景條件。
4. 選出最終決定。

決策制定模擬作戰表

1. 決策困境					
2.「利用與探索」之間的選擇	利用 ◀				▶ 探索
	潛在選項	潛在選項	潛在選項	潛在選項	潛在選項
七個捷思法則	3. 假設條件	3. 假設條件	3. 假設條件	3. 假設條件	3. 假設條件
a) 想達成的目標					
b) 能創創新的機會					
c) 可運用的時間					
d) 利害關係人及競爭對手的動向					
e) 企業價值觀與文化					
f) 企業的優勢與信心					
g) 團隊的「情緒」或集體認知狀態					
4. 最終解決方案					

步驟一：決策困境
辨認「利用與探索」的困境。

步驟二：潛在選項
在「利用與探索」之間找出潛在的選項。

步驟三：假設條件
使用七個決策捷思思法（a 到 g），辨識每個選項背後的隱含相關假設。也就是說，我們需要具備這些背景條件，才適合執行這個方案。

步驟四：解決方案
選出最終決定。

圖 3.6 四步驟決策工具

103

第二部分

在未知中做出决策

第4章
情境二：戰略發展

克勞迪奧·費瑟（Claudio Feser）、大衛·雷達斯基（David Redaschi）
和凱洛琳·弗朗根柏格（Karolin Frankenberger）

在與伊芙討論完捷思法的當晚，伊貝爾和往常一樣，到家時間已經很晚，孩子們都上床睡覺了。丈夫馬可依舊陪著他共進晚餐。儘管已是深夜，但是伊貝爾被伊芙燃起的興致絲毫未減，於是他忍不住與馬可再次提起「亞歷山卓議題」。

馬可專心聽完他的想法，然後提出建議：「你為什麼不給亞歷山卓一個機會呢？你可以告訴他，你對他有什麼期望，並下達最後通牒。比如，你可以給他三個月的期限，如果他在這段時間內沒辦法達到你的期望，到時就必須請他離開。」

伊貝爾說：「最後通牒？那可不是我的作風。我願意坦誠地和他交流，清楚地表達我對他的看法，但我不想用最後通牒的方式處理問題，那樣聽起來像是威脅。」馬可耐心解釋道：「我也不是希望他感覺到被威脅。我的意思是，你應該明確地向他表達你的期望，然後觀察他是否會做出改變。」

「你說得對，也許我應該這麼做。」伊貝爾加以思索後說道，「但如果這三個月內，他的行為完全沒有改變呢？那我不就浪費了三個月的時間嗎？到時該怎麼辦？」

「或許你可以利用這段時間與雅各或其他潛在的候選人進行交流，看看是否能找到合適的替代方案。如果亞歷山卓繼續以這種消極的方式拒絕配合，你其實隨時都準備好可以往下一步推進了。」他停頓了一下，接著又補充道，「不過，其實你還有另一個選擇。」

　　伊貝爾聽後好奇地問道：「什麼意思？」

　　馬可說：「你之前提到，未來三個月內可能需要全員投入於解決ATG所面臨的財務危機。考慮到亞歷山卓對ATG的資訊系統非常熟悉，為何不讓他專注在他最熟悉的IT業務就好呢？你可以要求他針對IT系統的成本進行分析並優化，同時密切跟進他的一舉一動。」他接著說道，「同時，你可以考慮聘請一位新的數位長來帶領數位轉型的計畫。如果這位新任數位長能順利融入ATG集團，數位轉型的計畫進展也很理想，你就可以逐步將IT管理的職責交接給他，最終用衝擊最小的方式讓亞歷山卓離開公司。」

　　隨著他們的討論越深入，伊貝爾在這道決策困境中的選擇也越來越多。他逐漸意識到，正如伊芙所解釋的那樣，當我們與他人或整個團隊一起討論兩難困境時，往往會激發出新的解決方案。原本看似只能在兩個不理想的極端選項之間做出抉擇，實際上卻隱藏著許多更理想的選擇空間。現在，他們總結出四個可能的選項：

　　第一個選項：繼續與亞歷山卓合作，並對他進行更強勢的管理。

　　第二個選項：坦率地與亞歷山卓溝通並說明自己的期望，明確設定改善期限。同時開始探索其他方案，譬如招攬雅各或其他候選人的可能性。

　　第三個選項：讓亞歷山卓專注於IT部門的工作，同時聘請一位數位長來引導公司的數位轉型。

　　第四個選項：直接讓亞歷山卓離開公司。

接著，他們使用伊芙所分享的決策工具來評估這四個選項。「讓我們從目標開始，」伊貝爾說：「我的目標是要確保 GET 成員能夠有效率地彼此合作，發揮團隊的最大價值。我認為我們列出的所有選項都有符合這個目標。」「好的，」馬可回答道，「讓我們接著看看有多少機會可以實現這個目標。什麼樣的情況會讓你願意繼續與亞歷山卓合作？」

　　「首先，如果亞歷山卓能夠接受自己未被任命為執行長的現實，並且願意繼續留任。其次，如果目前沒有其他合適的數位長候選人，那麼我就必須繼續讓亞歷山卓擔任該職位。」伊貝爾回答道。「不過，我認為這樣的情況不太可能發生，我現在手中也至少有雅各這一個人選。我認為我們可以先假設找得到替代人選。基本上第一個選項可以刪掉了，因為我們並不是別無選擇，不必勉強彼此進行磨合。」「聽起來很有道理。那時間上來看呢？如果你現在就讓亞歷山卓離開，你有辦法找到替代的人選嗎？」馬可問道。

　　「完全不行，我需要時間尋找合適的人選。而且 ATG 集團正處於危機之中，我們無法承受沒有數位長的空窗期！」伊貝爾回答道。「好，那我們也可以排除選項四。那競爭對手的動向會對 ATG 產生影響嗎？」馬可問道。「我不認為市場上競爭行為是 ATG 目前需要優先處理的問題，所以我會先忽略這個變因。」伊貝爾回應道。「沒問題。接下來我們來看看價值觀與文化。哪些選項最符合 ATG 集團的價值觀和文化？」馬可問道。

　　「讓我想想。ATG 是一家以人為本、關照員工福利與成長的公司。我認為這和選項一和選項二比較相近，選項三和四過於著重在績效表現上了，這顯然不是 ATG 的風格。」伊貝爾回答道。「我想，答案已經呼之欲出了，是選項二。不過，為了讓這個策略奏效，你需要思考

如何有效地對亞歷山卓進行指導，同時亞歷山卓也必須願意接受這種形式的管理。」馬可說。

「你說得沒錯。如果他願意放下成見、接受我的指導的話，我相信我的領導能力能夠帶領他成為團隊中的好夥伴。」伊貝爾回答道。「好的，最後一個條件。在你讓亞歷山卓繼續留任並接受指導的同時，你還是會持續尋找其他可能的候選人。這種舉動是否符合 ATG 員工的期望呢？」馬可問道。

「好問題，」伊貝爾回應道，並接著說：「ATG 目前的狀況並不樂觀，員工們對此心知肚明。加上經濟成長放緩，公司也剛剛任命了新執行長。這些變化無疑讓許多員工感到焦慮，擔心公司會進行裁員或人事凍結。如果我上任後的第一個重大決定就是讓亞歷山卓離開，可能會進一步放大這種不安感。然而，若選擇繼續留下亞歷山卓並對他進行指導，則可以向員工傳遞一個訊息：即便在公司最困難的時期，我們依然關心員工、願意幫助和培養自己的人才。」

當他在說話的同時，馬可也記下了他的答案，並整理出四個選項的評估結果。「我想清楚了，選項二是目前最能穩定員工情緒的選項。」伊貝爾說道，並感謝馬可陪他一起腦力激盪，給予他所需的信心與支持。「你先好好睡一覺，明天再做出最終決定如何？」馬可說道。「時間已經很晚了，我覺得你現在需要的是充份休息。」伊貝爾向馬可道謝，給了他一個晚安吻，然後便上床休息。

其實馬可心中也有個好消息想跟妻子分享，那就是他收到一間知名的英國出版社所提出的合約邀請，希望能出版他所撰寫的《查理曼大帝的秘密》歷史推理小說系列，甚至還暗示了有機會被改編成電影。但是馬可考慮到妻子今天已經用盡精力處理「亞歷山卓議題」，此時的伊貝爾需要先好好休息。因此，他決定等到第二天吃早餐時再告訴

他。

　　隔天早晨，當馬可終於向家人分享這個喜訊時，伊貝爾和女兒們立刻給了他滿滿的關注與祝賀。三人開心地擁抱著他，並用咖啡和熱可可舉杯慶祝《查理曼大帝的秘密》即將出版的好消息，讓馬可充分感受到來自家人的溫暖與驕傲。

　　在開車上班的途中，伊貝爾回想著昨晚發生的一切。他才意識到，馬可其實早就想跟他分享這個好消息，但仍體貼地讓他專注於 ATG 的決策問題，沒有急著打斷他的思緒。他希望自己以後一定要記得好好感謝他的付出。同時，伊貝爾也反思了自己昨晚對於「亞歷山卓議題」的決定。根據他與伊芙討論過的決策捷思法則來看，他與馬可共同推演出的選項二，無疑是目前最理想的方案。

　　選項二能幫助伊貝爾達到最終目的，也就是建立一個高效合作的 GET 團隊。這個選項不僅可以立即處理 IT 系統績效不彰的問題，還能確保在亞歷山卓表現不如預期的情況下，他能快速拿出備案來應對。更重要的是，選項二符合他所秉持的價值觀，也與公司的核心價值相契合，還能充分發揮他所具備的領導技能。在培養和指導員工方面，伊貝爾在 The Travel Group 工作時有著數不勝數的成功案例，任誰都難以否認他在這方面的能力。此外，選項二還能向組織內部傳達一個激勵人心的訊息：他相當願意給予員工成長的機會。這有助於改善目前組織中的不安氛圍。經濟進入衰退期、積極擴張業務的前任執行長被撤職，在在都讓員工對未來感到更加焦慮，擔心接下來可能會發生裁員潮。儘管伊貝爾目前還無法解決 ATG 獲利下滑的問題，但他更不希望激起員工的恐慌情緒。

　　然而，選項二的前提是亞歷山卓願意積極參與 GET 團隊的討論，並全力投入 ATG 的營運。伊貝爾決定進一步驗證這個假設是否可能成

1. 決策困境	繼續和亞歷山卓合作或請他離開公司		
2. 在「利用與探索」之間的選擇	利用 ← → 探索		
	繼續與亞歷山卓合作	與亞歷山卓充分溝通，同時探索其他替代方案	讓亞歷山卓專注於IT領域，並聘請新的數位長	請亞歷山卓離開公司
七個捷思法則	3. 假設條件	3. 假設條件	3. 假設條件	3. 假設條件
a）想達成的目標		確保GET團隊能夠有效率地協力合作，發揮團隊的最大價值。		
b）能創新的機會	沒有其他數位長人選	有其他數位長人選	有其他數位長人選	有其他數位長人選
c）可運用的時間	沒有等待新官上任的緩衝時間	沒有等待新官上任的緩衝時間	沒有等待新官上任的緩衝時間	有足夠時間等待新官上任
d）利害關係人及競爭對手的動向		與目前的情境無直接相關		
e）企業價值觀與文化	以人為本、在乎員工的培養過程	以人為本、在乎員工的培養過程	側重以績效評價員工的表現	側重以績效評價員工的表現
f）企業的優勢與信心	伊貝爾是一位優秀的引導者	伊貝爾是一位優秀的引導者	伊貝爾擅長處理人際衝突	伊貝爾擅長招募人才
g）團隊的「情緒」或集體認知狀態	員工們對集團現況感到焦慮	員工們對集團現況感到焦慮	員工們並沒有焦慮的情緒	員工們並沒有焦慮的情緒
4. 最終解決方案	選項二「與亞歷山卓充分溝通，同時探索其他替代方案」		

圖 4.1 運用四步驟決策工具找到情境二「人事決策」的解決方案。

立,於是在他抵達辦公室後,就立即邀請亞歷山卓進行一對一的談話。

伊貝爾與亞歷山卓的這場對話,過程雖然跌宕起伏、不時充滿緊張的氣氛,卻對兩人的磨合非常有幫助。伊貝爾給了他充分的發言空間,因此亞歷山卓也能敞開心扉發表真實的看法。

透過這次深刻的交流,伊貝爾了解到,亞歷山卓因未能被任命為執行長而感到極度失望。更重要的是,他發現亞歷山卓長期以來一直受到前任執行長的種種限制,總是要求他「管好自己的事就好」。亞歷山卓本身其實是個富有企業家精神的人,他滿腦子都是如何利用新的科技驅動商業布局的點子,也總是在思考如何運用科技、如何推動業務數位化。但是在亞歷山卓發表他的想法與建議時,卻總是會被人們解讀為批評同事。儘管這可能是因為他沒有找到合適的溝通模式所致,但是這也導致他的想法從未被團隊接受。此外,前任執行長梅爾博士並不重視 GET 團隊是否建立了良好的合作默契;相反地,他採取了高度集權的領導風格,同事們戲稱他為「太陽王路易十四」(譯註:1643 至 1715 年間在位的法國國王,實施絕對君主制,把所有權力集中在自己手中)。梅爾博士曾多次要求亞歷山卓專注在自己的部門事務就好,不要插手宏觀的布局,久而久之,亞歷山卓也習慣了這種消極的配合。

伊貝爾與前任執行長不同,他更為開放,並且樂於接受多元的觀點。只要是能促進 GET 團隊及 ATG 發展的想法,他都願聞其詳。不過他也期望 GET 團隊內部的討論能更具有建設性、而且確實有助於推動事情的進展。基於這樣的想法,伊貝爾鼓勵亞歷山卓在 GET 會議上積極發言,並且在團隊以及整個 ATG 裡發揮自身的價值。

除了伊貝爾對這次的談話很滿意,亞歷山卓也因此感到前所未有的暢快。他很欣賞伊貝爾能夠這麼直接地找他面談、主動化解他們之間的緊張關係,他也在談話的過程中得到被理解、被尊重、以及被寄

與期望的感覺。於是，在談話結束後的一週裡，亞歷山卓的行為開始出現了驚人的改變，大多數團隊成員對他的轉變都感到相當詫異。尤其是他在接下來的 GET 會議中所展現出來的態度，更是引起了全場的關注。然而對伊貝爾而言，這些變化都在他的預料之中。

此次會議集中在討論如何應對目前市場衰退的情勢，以及該怎麼處理集團整體利潤急速下滑的危機。為了讓討論更有憑有據，戰略主管康斯坦丁特意在會議前進行了充分的資訊蒐集，並試圖驗證上週 GET 會議中提到的關鍵內容。於是他向大家分享了他的工作成果：ATG 競爭對手的資訊整理（詳見附錄 6）、針對公司現況所進行的策略評估、市場趨勢的分析，並製作了 ATG 的 SWOT 報告（詳見附錄 7 和 8）。

經過深入且富有建設性的交流後，GET 最後將共識凝聚在四個選項上。

選項一是按照財務長雨果的提議，啟動大規模的成本精簡和現金流改善計畫。該計畫包括四個主要措施：一、關閉收益排名在最後 25% 的銷售據點，以減少經營成本；二、終止 B2B 業務，儘管 B2B 具有發展潛力，但目前的運營狀況並不符合成本效益；三、縮編所有部門 25% 的預算，包含財務、人力資源、IT 部門等；四、將那些不在 ATG 核心發展領域的資產變現，像是出售 ATG 目前擁有的三家飯店，以確保未來 24 個月的資金充足。

雨果大力推崇這個解決方案，因為這個選項可以快速提升集團的帳面獲利能力，這個想法也很快就獲得了伊貝爾的認可。兩人都擁有私募股權投資的背景，他們都明白，如果沒有果斷採取行動，ATG 可能就會成為被併購的目標。亞歷山卓也支持這個選項，即便這意味著需要削減四分之一的 IT 人員。不過卻遭到其他人的強烈反對，他們提出了幾個主要顧慮：法蘭克和康妮擔心關閉新開設的據點會對公司的

聲譽造成負面影響；而康妮尤為關切工會的反應，認為此舉可能進一步加劇勞資關係的緊張；艾莉森則擔心這樣的變動會導致公司失去重要的人才，並影響未來成長所需的關鍵技能和產業競爭力。

選項二與選項一相當類似，也包含了積極精簡成本的計畫。但與選項一最大的不同在於，選項二提出將部分節省下來的資金重新分配，建立一個名為 TravelTech 的數位創新平台，作為 ATG 旗下獨立運營的新品牌。這個新品牌的定位是要成為能改寫現存旅遊模式的數位挑戰者，類似於目前主宰數位旅遊市場的 Booken.com，但是 TravelTech 會將發展重心放在分類更細緻的小眾市場，開發大眾市場無法觸及的特殊客群。在康斯坦丁的分析中，他也強調了客製化和數位化的產品是未來的市場趨勢，這為選項二提供了強而有力的支持。

ATG 可以試著服務那些需求較為複雜的顧客，為顧客提供更多客製化服務。對於選項二，支持者和反對者分成兩個陣營。支持者包括伊貝爾、雨果及亞歷山卓。急於迅速恢復獲利的伊貝爾和雨果認為，這個選項能同時兼顧成本削減與未來成長性。亞歷山卓則認為自己可以在 TravelTech 這個新品牌的創業過程中扮演主導的角色，因此他十分堅決要推動這個計畫。反對者則包括法蘭克、艾莉森和康妮。他們的反對理由與對選項一的反對理由完全相同，也就是擔心損害公司風評、裁員的後果，以及公司長期的競爭力與員工士氣的下降。

選項三也與選項一類似，但是在精簡成本方面的力度較為溫和。選項三還是會從營運成效下手，關閉 15% 銷售不佳的據點。不過，選項三著重在透過全面數位轉型來實現 10% 的成本精簡。數位轉型內容包含前台顧客服務與後台業務處理流程，為的是要有效提升內部運營效能。其中，前台服務的數位化更是此次轉型的核心。ATG 不僅要升級本身在開發客製化產品及數位服務的能力，還要同時提高服務品質。

像是增加24小時線上客服，精準地回應客戶需求，以此提高客戶的滿意度與回頭率。此外，選項三還要發展以「體驗」為賣點的方案，並以數位化平台作為主要通路。這是旅遊市場的新興趨勢，而ATG在這方面有著充分的優勢。然而，由於選項三的成本精簡主要依賴數位化，因此節省的效果需要兩到三年才能顯現。在此選項中，ATG將繼續投資於B2B業務，但是將這項業務限縮在ATG品牌影響力最強的區域，也就是瑞士本地市場。

成員們對於選項三並沒有出現激烈的分歧。法蘭克和艾莉森十分支持這個方案，數位化的發展重心也讓亞歷山卓表示認同。相反地，康斯坦丁對於將瑞士的B2B投資視為公司唯一的成長動能感到不安，而伊貝爾和雨果則對恢復獲利所需的時間感到擔憂，畢竟ATG的財務危機迫在眉睫。不過，雨果也積極表示了自己的立場。如果ATG能完全停止投資B2B業務，他就會轉而支持選項三。

選項四則採取了更長遠的視角，不僅要幫助ATG度過眼前的危機，還要讓ATG在一個充滿成長機會的環境中生存。選項四包括以下幾個核心措施：首先，把不在ATG核心發展領域的資產變現（旗下的三家飯店），以確保未來36個月的資金充足；其次，僅關閉長期虧損的營業據點（法蘭克估計不超過總數的5%）；此外，也要將內部流程數位化，尤其是簡化「從訂單到收款（order-to-cash）」的操作流程，以進一步降低營運成本。選項四還包括繼續拓展B2B業務、加大對新興商業模式的投資，尤其是遊戲化的沉浸式旅遊和虛擬實境旅遊。

康斯坦丁對於選項四的態度非常堅定，他認為：「我們短期內可能無法追趕上像Booken.com這種規模的數位平台，但是我們可以成為新型態的科技旅遊領導者。」亞歷山卓、法蘭克、康妮和艾莉森也表示支持這一選項，因為它著眼於長遠發展、避免大規模裁員，同時也

能維持 ATG 在旅遊市場的競爭力。值得注意的是，董事會的態度似乎也偏向支持這個方案。

然而，雨果卻對選項四持強烈反對態度。他擔心 B2B 業務和新科技的投資可能會嚴重拖累財務績效，讓其他為節約開支所做的努力付諸流水。最糟糕的情況還可能導致公司面臨破產的處境。伊貝爾也不支持選項四，因為他在私募股權公司工作時也有過類似的慘痛經驗。為了幫助 GET 團隊好好的檢視這四個選項，並從中決定出要向董事會提報哪一項，康斯坦丁特別製作了一張簡報，對四個選項進行了總結。

現在，最終選擇權來到伊貝爾的手上。他必須獨自做出決策並呈報給董事會。這讓他感到相當煩惱，因為對他來說，這四個選項都具有各自的合理性與邏輯性，卻又如此不同。他不禁感到困惑，為什麼他無法讓團隊內的所有成員達成共識？儘管所有成員都很關心 ATG 的未來，也不再為了責任歸屬而針鋒相對，討論的方向也很實際，但是為什麼同樣的資訊可以讓每個人的觀點出現如此大的差異？

問題反思

根據你目前對 ATG 集團情況的了解，GET 團隊應該怎麼做？ GET 應該選擇哪個選項？

- 選項一：大規模的成本精簡和現金流改善計畫。
- 選項二：將精簡下來的成本，用於培育創新的數位品牌。
- 選項三：溫和的成本節約計畫，並全面數位轉型。
- 選項四：以更能長期發展、維持成長動能的方式來應對危機。又或者 GET 應該尋找其他更適合的選項？

請先寫下你的答案，再繼續跟著故事的發展一探究竟。

選項	策略的背景考量	擁護者
選項一：大規模的成本精簡和現金流改善計畫 • 關閉收益排名在最後 25% 的銷售據點 • 停止 B2B 業務 • 縮減所有部門 25% 的預算，包含財務、人力資源、IT 部門 • 將不在核心發展領域的資產變現，包括 ATG 旗下的三家飯店	• 快速提升獲利能力 • 風險： — 未來成長動能不足 — 引發工會的負面反應 — 人才流失	雨果
選項二：將精簡下來的成本，用於培育新創的數位品牌 • 與選項一相似的成本精簡手法 • 勇於成為現狀的挑戰者，服務具有特殊需求的客群，即創立新數位品牌 TravelTech	• 快速提升獲利能力 • 把握科技旅遊的趨勢 • 與選項一具有類似的風險	亞歷山卓
選項三：溫和的成本節約計畫，並全面數位轉型 • 關閉 15% 的銷售據點 • 以數位化來實現 10% 的成本精簡 • 全面數位化，包括前台顧客服務與後台業務處理流程 • 將 B2B 業務限縮於端土，善用本土的品牌影響力	• 企業的「現代化改革」 • 風險： — 未來成長動能不足（既關閉了新開設的據點、又沒有開拓新市場） — 成本精簡速度較為緩慢	法蘭克
選項四：以更能長期發展、維持成長動能的方式來應對危機 • 將不在 ATG 核心發展領域的資產變現，包括 ATG 旗下的三家飯店 • 關閉長期虧損的據點 (5%) • 數位化內部流程 • 繼續拓展 B2B 業務 • 投資於新興的旅遊模式，例如遊戲化的沉浸式旅遊和虛擬實境旅遊	• 成為新型科技旅遊的領導者 • 風險： — 破產 — 成為併購目標	康斯坦丁

圖 4.2 總結 GET 團隊所考慮的四個選項

第 5 章
列出選項的背景條件並進行驗證

克勞迪奧・費瑟（Claudio Feser）、丹妮拉・勞雷羅・馬丁內斯（Daniella Laureiro-Martinez）和斯特法諾・布魯索尼（Stefano Brusoni）

「最強大腦既能成大事，也能作大惡。因為智慧的價值取決於運用的方向。始終堅持走在正確道路上的人，儘管需要耗費一些時間，還是能一步一步將理想構築為現實；然而急於求成的人，往往容易偏離正道，最終離目標越來越遠。」

——笛卡爾，《談談方法》

「伊芙，感謝你在這麼短的時間內再次抽空與我討論，希望沒有對你的時程安排造成負擔。」伊貝爾在視訊會議開始時，向伊芙道謝。「別這麼說，我完全不介意。你最近過得如何？」伊芙問候道。

「首先，我想跟你分享，我們上次的對話為我帶來了很實際的幫助。我開始著手處理我們上次提過的人事問題，上次提過的那七個捷思法則確實幫助我理清思緒，讓我能更有條理的做出決策。此外，透過與他人討論選擇困境，也讓我發掘了更多更好的選擇，這真的是個非常有效的決策方法。真的很感謝你。」

「我很高興聽到你這麼說！」伊芙說。「但我現在覺得又被另一個情況困住了。正如我們之前討論過的，打造一支精良的隊伍能大大

提升決策的精準度。現在我已經確保公司高層是一支互動良好的團隊，團隊中的每一位成員都能夠積極貢獻、彼此尊重、互相信任，並且在工作上有足夠的安全感。這樣的氛圍也的確激發了團隊的創造力，共同發想出許多具有成長潛力的策略選項。然而，當我們真的要做出決策時，卻總是很難達成共識。就算大家手上握有完全相同資料，權衡利弊的方式仍然相當不同。」

「讓我釐清一下：你的問題是，為什麼這些頂尖人才會對相同的資訊有著如此不同的解讀？」「是的，沒錯！」「這個嘛……讓我們用一張圖來理解這個問題。」伊芙邊說邊在畫面中分享一頁簡報，上面只有一個大寫的字母 T（圖 5.1）。「眾所周知，字母 T 是由兩條線組成，也就是一條水平線和一條垂直線。你覺得這兩條線哪個較長？或者你覺得這兩條線長度相等？」

圖 5.1　字母 T 實驗

伊貝爾現在沒有心情玩什麼益智遊戲，但他還是先耐著性子給出回答，「嗯……我覺得垂直線比較長。」「是嗎？其實這兩條線的長度完全相等。但是，如果你將這張圖拿給不同的人看，並問他們相同的問題，你可能會得到完全不同的答案。」伊芙回答道。

「這跟我們的討論有什麼關係？」伊貝爾不耐煩地問道。「請容我向你好好解釋。這是一項 1980 年代神經科學家的經典實驗。研究人員向參與者展示了一個由兩條等長線段組成的字母 T，並且詢問參與者，哪條線看起來比較長。可想而知，參與者能給出的答案就只有三種：水平線較長、垂直線較長、一樣長。會有這個結果並不令人意外，但是令人出乎意料的是，參與者的答案竟然與他們的個人成長背景有著密切的相關性。在平坦地勢下生活的參與者，往往會覺得水平線看起來較長，例如荷蘭人；而生活在山區的參與者，大多數都會認為垂直線較長，例如瑞士人，因為他們更習慣將關注力放在『上下』這個方向。最後，只有非常少數的參與者會認為兩條線是等長的（Hayward and Varela, 1992）。」

「你的意思是，一個人的成長背景會影響他對資訊的感受和解讀的方式嗎？」「是的，完全正確！我們的背景及經歷會形塑我們感受現實世界的模式，影響我們對事物的觀感或解讀。這就像是每個人都戴著一副特製的眼鏡，每副眼鏡都帶有獨特的色彩調整模式，這些濾鏡效果會讓每個人所看到的世界略為不同。」伊芙回答道。

「我想我明白你的意思了。」伊貝爾說道，並反思自己對 ATG 集團目前的戰略發展感到不安的原因。他意識到，這些不安可能源自於他過去的經歷。因為過去私募股權公司的工作經驗侷限了他的思考框架，才造就了他對某部分策略帶有偏見。

> 每個人都有獨特的背景組成和成長經歷,而這些都會影響並塑造我們對事物的觀感或解讀模式。

伊芙繼續說:「我們必須要認清的一點是,我們無法輕易摘下這副眼鏡。換句話說,要認知到自己正在帶著無形的濾鏡看待世界,並不是一件容易的事。因為人類解讀和處理資訊的過程,大部分都是在潛意識中進行的。」

「潛意識?」伊芙回應:「是的,你聽說過『隱性偏見(unconscious biases)』這個概念嗎?」

「有。去年我在機場買了幾本有關偏見的書,所以在書中看過相關的內容。我認為這是很值得探討的議題。」伊貝爾說。

伊芙繼續說道:「隱性偏見,或稱之為認知偏差,這方面的文獻資料極為豐富(Tversky and Kahneman, 1974; Kahneman and Tversky, 2000; Kahneman, 2002; Gilovich et al., 2002; Thaler and Sunstein, 2008; Kahneman, 2012; Schirrmeister, Göhring and Warnke, 2020),但我們現在沒有要深入探討這個領域。我只想提一個重點:許多認知偏差都源自於累積在我們潛意識裡的經驗,因此我們常會不自覺地建立某種因果關係。舉例來說,如果你在職業生涯中見證過幾次帶有惡意的併購事件,所有牽連其中的人都不歡而散,甚至導致你或身邊的人因此失去糊口的工作。在這樣的情況下,一提到『收購』,你的大腦可能會自動跳出警示:『糟糕,收購意味著為所有人帶來痛苦!』因為這些下意識的感受,很容易讓你只關注於這件事的負面影響,而忽略了在這些威脅當中,其實還有許多機會與之並存。」

「原來是這樣。」伊貝爾邊點頭邊說道。伊芙接著說:「人們常常認為這種認知偏差只會拖累決策的準確度,然而,偏見並非百害而

無一利，大腦會發展出這種運作模式一定有它的道理。這些認知偏差其實就是大腦在用最有效率的方式，提取在過去經驗中學到的教訓。因此，若是單純將偏見歸類為負面影響，就像是在說過去的經驗毫無價值一樣。繼續以剛才的戴眼鏡作為比喻，認知偏差就是我們每個人的智能眼鏡，它會依照過往的經驗，快速將眼前的情況進行歸類或聯想，用最有效率的方式找出因果關係，最後形成我們看待世界的視角。」

「大腦的這種應對機制在日常情境中通常都非常有效，只不過有時候會因為過於簡化認知問題的過程，而誤導了我們的判斷。比方說我們遇到了一個從未面對過的難題，但是我們的大腦還是自動進行歸類，找到它認為最相近的過往經驗來做出回應，這時就會出現問題了。而且不只是陌生的領域會發生這種情況，就算是面對熟悉的議題，這些認知偏差也會在無形中限制我們的思考框架、侷限我們能做選擇的空間，最終導致我們只會在僵化的路線上思考，無法真正去探索適合的解決方案。」伊芙解釋道。

「因此，你的團隊有辦法激發出更多元的解決方案，但是每個人對於同一個情況的理解與看法卻有所不同，正是因為認知偏差的緣故。這些成員來自不同的文化與背景，每個人看待問題時就會有不同的預設立場。」伊芙最後總結道。

為何大腦會形成偏見、為何這些偏見大多數時是有用的？

「偏見」是一種根深柢固的思維模式，它會影響我們處理日常資訊的方式，並塑造出一個帶有慣性的行為模式。為了能更深入理解「偏見」，我們需要先仔細探究大腦的運作方式。這個探

究的過程會以認知行為學和生物學的知識為基礎，再加上腦神經科學家的智慧結晶，讓我們理解這種有色眼鏡是如何形成的，以及為什麼我們很難意識到自己正在使用有色眼鏡看待世界。這一趟認識大腦的知性之旅，雖然看似要繞一大圈才能解釋「偏見」是如何形成的，但它能幫助我們加深對決策機制的認識，值得我們一探究竟。

大腦是人類思考和感覺的控制中心，它會調節身體的生理機能並對外界做出反應。作為人類中樞神經系統的核心管理者，大腦日常運作的負載量十分驚人。為了讓你更有概念，讓我們先來看一些數字：大腦的重量大約為 1.5 公斤，只占人們體重的 2%。然而，它卻需要消耗人體 20% 的葡萄糖，也就是身體總能量的 20%（Raichle and Gusnard, 2002）。接著，與其他體型接近的哺乳動物相比，人類的大腦結構雖然與其他脊椎動物相似，但是體積卻是其他動物的三倍。而且，無論是從體型或重量的角度來計算，人類都擁有最厚的大腦皮質，也就是擁有最巨大的高階認知處理區域。

大腦是由多個不同的區塊組成，隨著醫療影像技術的發達，我們已經可以藉由觀察人們在進行不同活動時的影像變化、大腦受到刺激或受損後的活動強度，發現腦部各個區域都有著不同的功能（Feser, 2011）。腦幹（Brainstem）與脊椎連結，負責傳遞感官訊息，像是視覺、聽覺、嗅覺和平衡感等，還會調節身體的基本生理現象，如體溫、心跳、血壓和呼吸等。有一些出於生物本能的反射動作也是由腦幹控制的，例如咳嗽和打噴嚏等。由於腦幹攸關這些重要生命跡象的調控，因此它就像是身體的指

揮家，讓各種生理機能在和諧的情況下運作。我們常聽到的「腦死」，通常都是指腦幹在遭受嚴重損傷後完全停止運作，個體也會在短時間內喪失所有生命跡象。

接著是位於腦幹旁邊的小腦（Cerebellum）。小腦負責調控身體的平衡，它讓我們可以完成一個又一個流暢且穩定的動作，幫助我們完成日常的任務。小腦如果受損，身體的動作就會變得笨拙且缺乏協調性，這種情況也被稱為「運動失調（Ataxia）」。

沿著小腦繼續往額頭的方向移動，會來到位於腦部中心的間腦，間腦包含了視丘和下視丘。視丘（Thalamus）就像是一個電話接線生，它能將各種感官訊息正確傳遞到當責區域，再將要如何做出反應的訊息回傳給要執行的器官。而下視丘（Hypothalamus）則負責管理體內各項激素（或稱荷爾蒙）的變化，讓身體能夠在正常的軌道上運行。

以上提到的腦幹、小腦和間腦，都會在我們沒有意識到的每個當下，幫助我們維持體內恆定（Homeostasis）。因此，我們可以不經思考地咳嗽、眨眼、或做出其他應對外界刺激的反射動作。這些已被設定好的自動處理機制，也被許多學者認為是人類在進化過程中，最早演化出來的特徵。值得一提的是，當我們觀察其他脊椎動物，如魚類、兩棲類、爬行類、鳥類或哺乳類時，我們可以從中發現，這些動物的腦部也有著非常相似的腦部特徵，只是不同物種的發育程度都不相同。

讓我們繼續往頭頂的方向移動。在這個移動的路線上，腦部的活動會逐漸變得更加複雜、縝密，也是我們會逐漸用意識控制的部分。首先是邊緣系統（limbic system），它包含了杏仁核和

海馬迴。其中，杏仁核（Amygdala）是我們的情緒處理中心，不管是遇到威脅，還是收到驚喜，它都會本能地被當下的情境觸發，產生快樂、悲傷或恐懼等相對應的感覺。另外一個位於邊緣系統的重要區塊還有海馬迴（Hippocampus），它是大腦的記憶管理中心，掌管著發生的事件是否能被輸入到記憶資料庫中。由於情緒在記憶形成的過程中扮演著非常關鍵的角色，因此，杏仁核與海馬迴之間有著密不可分的關係。比方說，遇到特別令你感動的事件，海馬迴會強化這段時光的記憶；而在特定場合發生過不愉快的經歷，也可能讓杏仁核對這個場地建立感到排斥的反射情緒。

因為邊緣系統主要是依照潛意識裡的自動設定模式在運作，很難隨著人生閱歷一起成長，產生變化的空間很少。因此，當我們受到負面的外界刺激時，即使我們已經是成年人，仍然可能會像個孩子一樣驚慌失措（Bolte Taylor, 2008）。儘管這種本能反應很難透過訓練強化，幸運的是，我們可以透過有意識地控制自己的行為，讓自己做出不同的反應。也就是說，成年後的我們，還是會因為意想不到的情境而引發杏仁核的強烈反應，然而，經過了經年累月的覺察與反思，我們也學會了如何不讓這些情緒支配自己的行為。

另外，座落於海馬迴上方的紋狀體（Striatum），也是與邊緣系統密切相關的區域之一。紋狀體對獎勵和懲罰的反應極為敏感（Rock and Schwartz, 2006; Linden, 2008），管理著我們的行為調節及酬賞學習機制，並且會與大腦的其他高階認知區域緊密合作。因此，我們會不斷從做出動作後所得到的回饋來自我修正，下意識的重複那些能帶來正向結果（獎勵）或避免負面結果

（懲罰）的行為，也就養成了一系列的慣性。這種慣性可能包含日常習慣、肌肉記憶或其他透過學習而得到的技能。

這種邊緣系統的運作機制不僅存在於人類，也能在其他動物身上觀察到，其中哺乳類的表現尤為明顯，因此這種神經功能的特徵也常被稱為「哺乳腦」。舉例來說，我們常聽到有些飼主會常說寵物能夠感受到他們當下所表達的情緒，這實際上是有可能的。以科學的角度來說，許多動物都能夠透過情緒回饋來調整自己的行為，進一步適應與人類共存的環境。

現在，我們終於來到大腦皮質這個重點區域。大腦皮質分為左右兩個半球，也就是我們常聽到的左腦和右腦。從演化的時間軸來看，這部分也是人類腦部最晚被發展出來的區域。在我們談論大腦皮質的高階認知功能時，通常指的是位於表層的新皮質（Neocortex）。它掌管了需要挹注專注力、覺察力以及思辨能力的認知過程（Feser, 2011）。當我們開始思考「思考的本質」是什麼的時候，實際上就是新皮質正在主導我們的意識，讓我們開始對事物進行分析或自我反思。

看到這裡，你可能會有個疑問：這些腦科學知識與決策有什麼關係？別急，你很快就會知道大腦的功能會如何影響我們的所有決定。在我們做決定的時候，大腦中會有兩個特定的區域特別活躍，並負責調節「利用」與「探索」的占比（Laureiro-Martinez et al., 2010; Laureiro-Martinez et al., 2015）。首先是所謂的哺乳腦，它包括邊緣系統和紋狀體。如前所述，哺乳腦負責處理情感、受到酬賞影響，並且會將記憶和習慣記錄下來。在邊緣系統中的思維過程大多是自動化、下意識且不需耗費精力的。因此，

當我們從事「利用」導向的活動時，這種自動化的思考機制就會變得更加活躍（Laureiro-Martinez, 2014）。

相反地，當我們專注於「探索」導向的活動時，主導權就來到了新皮質手上（Laureiro-Martinez et al., 2015）。在人類的各類意識活動中，需要不同功能的腦迴路來幫助我們完成。其中「注意力迴路」在製作計畫、產生想法和制定策略時最為活躍。因為這些腦部活動是經由我們有意識的控制，會消耗我們的精力與能量，過度使用就可能會引發「認知疲勞（cognitive fatigue）」。你可以試著不使用計算機，算出 417 除以 23 等於多少，便可以感受到密集使用腦力過後會帶來的疲勞感。

在過去的研究中，對於這種用腦過度所引發的現象，也就是新皮質持續運轉所帶來的疲憊感，被解釋為大腦活動會大量消耗體內的葡萄糖，進而導致疲勞。然而，最近的研究顯示，「認知疲勞」其實與新皮質內的麩胺酸濃度有關（Wiehler et al., 2022）。麩胺酸（glutamate）是一種神經傳導物質的活化劑，它可以增強大腦學習和記憶的效能。但是，當新皮質長時間進行高強度的思考活動時，麩胺酸會在腦內過度累積，影響神經元的正常運作，最終以「認知疲勞」的形式表現出來。

讓我們在這裡做個小結。在「利用」的狀態下，「哺乳腦」發揮著主導作用，我們所採取的反應通常不需經過縝密思考，感覺上會比較輕鬆。相反地，當我們在「探索」的狀態下，「新皮質」取得主導權，這時所進行的思考需要消耗腦力，也就可能導致認知疲勞的出現。這兩種截然不同的思考模式，每天都在你我的日常生活中交替發生。

這兩種運作機制各有優劣勢，不過，真正吸引我們關注的是這兩種機制之間的互動。也就是說，決策的關鍵並不在於單一系統的強弱，而是兩者的和諧——在直覺與理性之間找到平衡，讓我們既能快速做出反應，又能在需要時進行深度思考。當我們需要在兩個或更多選項之間做出選擇，亦即當我們面對選擇困境時，哺乳腦與新皮質是否能有效協作，就會是解決問題的關鍵所在。

　　接下來我們會用更具體的流程來說明，當大腦面臨挑戰時，新皮質和哺乳腦會如何互動。在面對挑戰時，首先會啟動的是「哺乳腦」。在這個階段，邊緣系統會產生很直覺的情緒反應，腦中的警示燈開始閃爍：「注意！注意！」這些信號可能包括喜悅、愛、悲傷、憤怒和恐懼等情感（Linden, 2008）。

　　在邊緣系統啟動之後，大腦進入第二階段，嘗試透過制定策略或劃分選項的方式來解決問題，此時負責思考活動的新皮質區便會開始產生反應。在我們的思考過程中，新皮質因為受到刺激，會開始拓展可行方案的數量，在某種程度上類似生物演化中的變異機制。新皮質會產生許多不同的行動選擇，並同步評估方案的可行性與風險。

　　這種對自己所發想出來的方案進行反思的過程，就是新皮質當中的前額葉皮質最擅長的事情（Bechara, 2005）。前額葉皮質的運作仰賴著高強度的專注力，但是我們常常忽略了前額葉皮質的處理能力是有限的，它只能同時容納一定的訊息量。因此，當我們讓前額葉皮質處理的資訊超過了它所能承擔的上限，就會導致認知疲勞。

　　因此，在第三階段，大腦會選擇過去已執行過、效果良好的

方案,並捨棄那些曾經失敗的選擇,藉此將資源集中在優化過去已經成功的策略上。這個機制能讓我們減少認知負荷,提高行動效能,避免每次都從零開始思考問題。

對大腦來說,「有用」的資訊就需要被儲存。也就是說,經過以上的大腦處理三階段,執行成果優良的案例就會透過邊緣系統儲存進大腦的「C 槽」。在這個記錄資訊的過程中,「情感」其實扮演著關鍵的角色。舉例來說,你可能會在數十年後,仍然清晰記得某一天發生的某個事件,那是因為當時的你對此產生了強烈的正面或負面情緒。像是你會記得自己贏得大獎的激動時刻、收到親人去世消息的悲傷與震驚、又或者是像 911 恐怖攻擊這種令人不安的社會新聞。這些為你帶來強烈感受的情緒,會將事件本身深深烙印在你的記憶中,但你卻不見得會記得這件事前後的其他細節。這說明了與強烈情緒連結的事件會形成更穩固的記憶。在這個記憶強化的過程中,需要同時談到紋狀體的貢獻。紋狀體能讓我們能夠在不消耗額外精力的情況下,執行大部分的習慣性動作或應對模式,也就是我們會用「不假思索」來形容的情形(Rock and Schwartz, 2006; Linden, 2008)。

讓我們舉一個例子來說明以上這個的大腦處理三階段,會如何表現在現實生活當中。假設你和伴侶住一個小村莊裡,這個村莊距離城市非常遙遠,而且在通勤時間以外,完全沒有大眾運輸工具可供使用。為此,大多數有進城需求的居民都會擁有汽車及駕照,但是你和伴侶卻都還沒有駕照。看著在下班時間自由來往城市的車潮,你們感到既羨慕又無奈,因此萌生了考取駕照的念頭。也就是這個時候,你的大腦收到第一階段的警示訊息:「注意!

注意！」促使你嘗試踏出改變的第一步。你意識到，為了改善當前的情況，你必須取得駕照，也就是第二階段的策略制定與評估。當你終於下定決心要學習駕駛，你踏進了駕訓班，戰戰兢兢地依照教練的指示進行操作，比如繫好安全帶、檢查周圍環境、確認排檔、踩下踏板、啟動引擎等。一開始，每一個步驟都需要你投入大量的注意力和專注，才能正確無誤地完成。隨著練習的次數增加，你的大腦與肌肉都越來越熟悉這個過程，每一個動作所需的思考時間都變得越來越短暫，你也漸漸開始享受開車的樂趣。

當你通過駕駛考試，並且反覆練習這些流程數千遍後，駕駛似乎變成一種可以信手捻來的技能，這時也就來到了第三階段——內化。此時的你，就算要獨自進行長途駕駛也變得相對輕鬆。因為「開車」已經被大腦儲存進自動系統中，成為一種本能反應。所有的駕駛操作流程都變成了習慣性動作，過往需要集中精神才能完美呈現的操作細節，現在只要腦中出現一個念頭，身體就會流暢地自動完成所需的步驟。

這個三階段的探索過程，正是大腦在創建行為模式的「神經迴路」。就像是有個小小水電工住在我們的大腦裡一樣，他會針對問題畫出適用的電路圖，經過測試後，再將執行成功的電路保留下來，下次需要相同的功能時就可以直接取用。大腦的神經迴路也是一樣，日常活動中需要運用到的習慣或技能，都是需要經過初期的探索後才會形成的既定軌跡。經歷三階段的學習過程後，神經迴路會被強化，內化為不需額外思考即可完成的行為模式。套用我們在前面的篇幅一直提到的術語來說，其實昨天的「探索型」行為，到了今天就會變成「利用型」行為。

這不僅是為了記憶成功經驗，也是大腦為了節省能量而做出的調整。大腦的觀點是：「我已經仔細考慮過各方面的因素，也測試過可行性了，何必再浪費精力重新來過呢？」於是，這些行為模式會被儲存在邊緣系統中，讓我們在面對相同的處境時能使用「自動駕駛模式」及「低耗能模式」，大腦就能把認知資源集中於應對新的挑戰。隨著年齡的增長，我們累積了更多經驗，行為也就更容易趨向無意識的慣性反應，因為我們不再對同樣的事情進行感知及思考。這種運作模式也解釋了為什麼人們容易依賴習慣、抗拒改變。當一套行為模式已被大腦認定為「有效」，它就會被自動執行，而不再輕易重新評估，使得我們本能地對變化感到抗拒。

　　創建神經迴路的三步驟，不僅會幫助大腦節約認知能量、專注於處理新問題，同時也會成為「偏見」的養分。「偏見」，也被稱為認知偏差、認知偏誤或刻板印象。它們雖然可能導致誤判，但它們卻是非常有效率的認知簡化機制，它能為大腦建立思維的捷徑（mental shortcut）。因為我們的大腦無時無刻都需要接收數百萬條資訊，但我們的認知能力有限，無法對所有資訊進行處理、評估、整合與決策（Newell & Simon, 1972）。

　　因此，大腦需要利用過去的經驗來對資訊進行篩選，加快處理速度。在這樣的機制下，大腦會在人的一生當中持續創造出新的思維捷徑。雖然這些捷徑能幫助我們有效率且快速地做出決策，然而，這正是「偏見」有機可乘的時機。這些認知偏差會讓我們戴上有色眼鏡，無法客觀看待現實，在不熟悉的環境中就容易做出不夠全面的決策。

「既然多數偏見都是無意識的認知產物，那麼我們該如何辨識出這些預設立場，以降低偏見所帶來的不利影響呢？」伊貝爾問道。「我曾在一篇研究論文中提出了一種方法，就是為了對抗這種扎根在過去經驗之上的偏見。讓我來告訴你如何使用這個方法進行判斷，讓你在充滿變動的環境中依然不受認知偏差的影響。」伊芙回答道。

「第一步是從問題本身出發，了解我們正處在『利用與探索』的兩難困境中。這時候我們探討的問題可能會像是：『我應該留在熟悉的環境，還是冒險嘗試新選擇？』接著來到第二步，我們要在利用與探索之間擴大選項空間。在這個拓展的過程中，我們會意識到每個選項的所面臨的風險都不盡相同。最新的腦神經科學研究顯示，在不同選項之間權衡相對不確定性的過程，有助於調節大腦對於『利用』的偏好，降低大腦對過去經驗與認知偏差的依賴。」

「研究也發現，當我們在相對不確定的情境下進行抉擇，還會受到一種『不確定性獎勵』的影響。這種獎勵機制是為了反映探索的潛在價值。如果新的嘗試可以為未來帶來可利用的知識，那麼大腦就會給予額外的激勵，往後進行探索的動機就會提高（Gershman and Tzovaras, 2018; Tomov et al., 2020; Cockburn et al., 2021）。」

> 將不同選項納入考慮的過程，有助於調節大腦對於「利用」的偏好，降低大腦對過去經驗與認知偏差的依賴。

「這聽起來有點難懂，你能用更簡單的方式說明嗎？」伊貝爾問道，他看起來有點困惑。「我要表達的意思是，以擴大選項的方式來應對挑戰，就能促進理性思維與探索意願。」伊芙回答道，「用更簡單的方式來說明就是，在利用與探索之間擴增選項的時候，你會開始

比較不同選項背後所要承擔的風險，也就是相對不確定性。透過嘗試採用這些具有不確定性的選項，大腦能得到獎勵，讓大腦不去過度使用『利用』的本能。此時，認知偏差的影響就會相對減弱，使我們的決策變得更加理性，看事情的視角也會更為周全。」

「你的意思是，在決策時若能積極開發更多選項，我們就會更理性的看待問題，並能減少因為過去經驗而產生的偏見嗎？」「是的，沒錯。」伊芙回答。「許多研究都證實過，拓展選擇空間這一行為能在做出決策時有效消除認知偏差（Heath and Heath, 2013）。而我在論文中所提出的方法，則是強調在拓展選擇的時候，積極增加『不確定性』的多樣性，也就是要調配出不同比例的『利用與探索』選項。」

伊芙的這個建議，讓伊貝爾陷入了沉思。他了解到這正是他和馬可在討論是否該讓亞歷山卓離開 ATG 集團時所做的事情。他們當時就是在利用與探索之間開發了四種不同比重的選項。「特別是團隊剛開始進行討論的階段，這時候擴展選項的成效尤為驚人。」伊芙一邊說，一邊在螢幕上分享了另一張簡報（圖 5.2）。

「正如你在這裡所看到的，若要打造一個成功的團隊，關鍵就在於團隊是否能激發出更多的創意，將找到解決方案的潛在範圍向外擴張。接下來，我們就能找到各個選項在『利用與探索』之中的位置，也就有助於我們明確定義出每個選項背後的假設條件。比方說，如果某個選項比較偏向『利用』，那麼背後的假設，可能就是認為過去的成功經驗仍然適用於現在的環境。我們曾提到的七個捷思法則（詳參第 3 章），就是很好的參考方向。定義出這七個不同的背景條件後，我們就可以進入下一個階段——釐清每個提案背後的預設立場。」

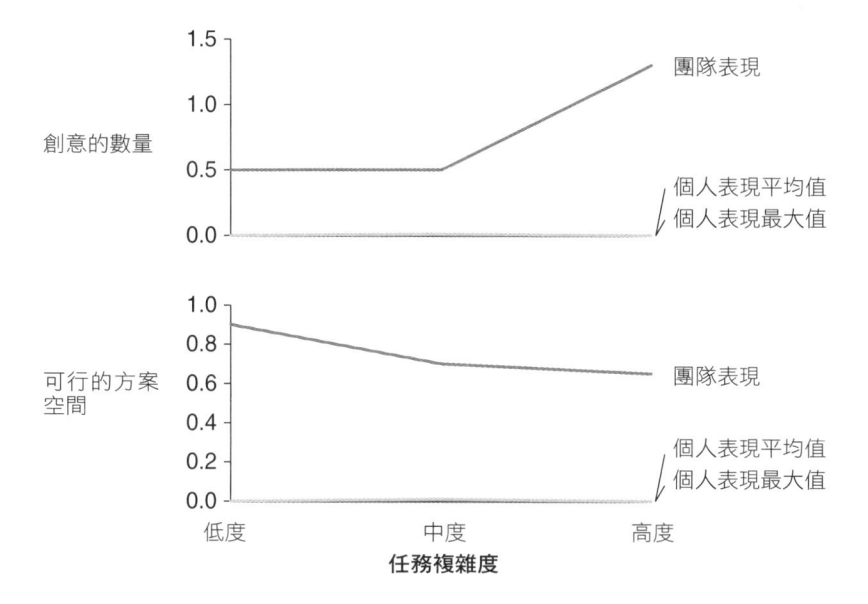

[圖表：上圖顯示「創意的數量」隨任務複雜度（低度、中度、高度）變化，團隊表現從0.5上升至約1.3，個人表現平均值與個人表現最大值維持在0.0附近。下圖顯示「可行的方案空間」，團隊表現從約0.9下降至約0.65，個人表現平均值與個人表現最大值維持在0.0附近。]

圖 5.2 打造黃金團隊的關鍵：廣納創意、拓展解決方案的空間

來源：改編自 Almaatouq 等人。（2021）

「在這個階段，我們可以對照七個捷思法則，一一分辨出提案者有沒有在無意識的情況下參雜了個人的預設立場。你可以詢問提案者：『你認為這個方案有效的原因是什麼？』『你認為這個方案達成的目標是什麼？』『你認為這可以帶來哪些機會？』『你認為我們有多少時間可以執行這個計畫』『你認為競爭對手會怎麼應對？』『你認為這個選項符合團隊目前的價值觀、優勢及工作士氣的原因是什麼？』由此一來，你就能從他們的回答中找出個人的預設立場。」

「你不必對每一個方案都套用完整的七個捷思法則，只要針對各個方案的特性來聚焦討論就可以了。這七個法則比較像是一份檢查清單，讓你可以更有結構地對決策進行分析。比方說，如果某個選項主

要會受到目標、機會和競爭優勢的影響,那麼用這三個捷思法則來進行分析就足夠了。」

「你能舉一個實際的例子來說明嗎?」伊貝爾問道。

「沒問題。假設你是一位能源生產商的決策者,你現在面臨著要投資於油田還是投資於風力發電廠的兩難困境。你的團隊成員 A 率先提出要投資油田的建議。A 之所以會這麼想,是因為公司具備開發油田的能力、目前也有具體的投資機會,而且這個方案能讓公司的利潤最大化。然而,成員 B 卻認為應該投資風力發電廠。在 B 的假設當中,永續發展和可再生能源是很重要的企業價值,公司應該在符合這個價值觀的前提下賺取合理的利潤。」伊芙說道。

伊芙繼續說道:「無論促使團隊成員做出選擇的動機是什麼,最重要的是要將它們寫下來。按照七個捷思法則的架構來紀錄這些個人想法,一切預設條件都會變得更清楚明瞭,我們也能進一步『去個人化』。」「去個人化?」伊貝爾疑惑地問道。

> 無論促使團隊成員做出選擇的動機是什麼,記得要將它們寫下來。
> 我們就能將這些預設條件「去個人化」。

「是的。在團隊合作中,我們時常會有一股強烈的衝動,想要捍衛自己的論點,彷彿承認自己的提議不是最好的,就等同於將自己貼上失敗的標籤。這時候,如果我們能把所有論點整理在一張紙上,寫下提案背後的假設或前提,就能將『論點』與『提出論點的人』區分開來,也就是達到『去個人化』。這樣一來,這些論點就可以在不涉及個人成敗的情況下被檢驗及修正。無論團隊的討論內容被眾人挑戰過多少次,都不會被聯想到是在攻擊個人的能力。因為討論的結果會

是『這個假設是錯誤的』，而非『這個人做出了錯誤的判斷』。」

「聽起來很有道理。所以，我們需要做的事情，就是寫下每個方案背後的假設或支持的理由，然後再將七個探索法則作為檢查的參考清單，就能以結構化的方式來分析問題？」伊貝爾問道。「沒錯，而且大多數時候，光是將支持的理由寫下來，就已經能幫助我們找出藏在潛意識裡的預設立場了。」伊芙回答道，「但是這樣的做法仍然不足以檢驗出所有潛在的假設。因為這些能被寫出來的提案原因，並不能完全代表方案本身的意義。為了找出那些尚未被挖掘出來的預設立場，還有兩種方法可以為我們提供線索。第一種方法是批判性推論，也就是要判斷方案所依據的論點是否能成立。如果我們目前所寫出來的支持理由，可以用常理推導出與方案目標相同的結論，那麼我們就可以初步認定這個論點是有效的，不需要擔心論點背後藏有其他假設。

但是如果在推導的過程中，我們發現無法證明方案所依據的論點是合理的，這時候我們就需要仔細檢查，是否有哪些被我們遺漏的部分可以為這個論點提供支持。如果目前所列出的理由，僅能部分支持方案的合理性，那麼就仍然可能存在一些隱藏的背景條件。而且，像這種背景條件與結論之間缺乏清晰的邏輯關係的方案，不僅無法清楚檢視方案背後的動機，在規劃面、執行面都很有可能會出問題（Toulmin, 2003）。」

「所以，如果我們預設提出方案的人是經過理性思考的，當其他人明確提出支持的理由時，我們就可以開始思考這個理由與方案是否具有關聯性，對嗎？」伊貝爾問道。「是的，沒錯。」伊芙回答。「另一種方法則是不斷地自問為什麼：『為什麼會導致 A 情況？為什麼會導致 B 情況？A 和 B 有可能一起發生嗎？A 和 B 如果都沒有發生呢？』反覆確認可以讓結論變得更加穩固，也有助於挖掘出額外的資

訊，補足我們缺少的那一塊拼圖。」

「下一步就是要驗證這些背景假設，對嗎？」伊貝爾問道。「沒錯，步驟四就是要驗證我們假設的這些條件是否能成立。」伊芙回答道。「一旦這些假設條件被攤在檯面上，我們就有機會對它們進行檢驗。要判斷一個假設是否正確，最直觀的方式就是收集證據和事實，但是這通常很花時間。幸運的是，並非所有假設都需要驗證的過程。有些假設建立在普世的價值觀上，也就是它們既易於理解、接受度也很高。比方說，當我們要驗證『人口基數較大的地區，比人口基數小的地區存在更多潛在機會』這個假設時，其實大部分人都能接受這個假設、也能理解這個假設之所以能成立的原因。此外，也有一些假設根本無關緊要，就算是錯的也不影響大局。因此，我們可以直接忽略這些不影響結論的假設，優先處理那些對結論影響最大、最為關鍵的部分。」

「你可以舉個例子嗎？」伊貝爾問道。「當然可以。假設你想要推出一款新產品來滿足最新的市場趨勢，你首先需要驗證的就是這款產品是否真的能達到客戶的期待。此外，產能是否充足也是一個很關鍵的條件，公司可能需要考慮建立新工廠、購置機械設備、招聘員工等，行銷部門也需要提供支援。這些公司內部全方位的配合，都是一個成功的決策必須具備的背景條件。在企業要押注身家在新產品的開發之前，驗證這個方案的背景假設條件是否成立，就能有效降低風險。驗證方法可能包含市場測試、顧客調查、試營運計畫等等。」

「嗯……需要做的事情很多呢。」伊貝爾感嘆道。「驗證可以是一件勞心勞力的事情，」伊芙回應道，「但是，我們也可以用更聰明地方式完成它。我們知道有些驗證方法特別辛苦，需要大量的時間和資源。例如，製作產品雛型或『最小可行性產品（Minimum Viable Product，MVP）』（譯註：最小可行性產品，是產品開發中的一種策略，透過最

快及最簡易的方法，將可以運行的最小規模產品，放到市場上進行測試，並幫助開發團隊蒐集使用回饋）、進行實用性測試、或針對目標客群進行大規模的量化研究；然而，我們也可以找到其他效果相當，但是更為輕鬆的驗證方法。例如：分析其他行業或其他地區已上市的類似產品、借助可公開取得的數據（如國家統計數據、企業年度報告等）、利用其他人已經進行過的實驗（如學術研究、市場調查報告）、或進行質化研究（如訪問領域專家）等。以上這些做法，所需要投入的資源相對較少，也是我們進行驗證時較為理想的做法。」

聽到這裡，伊貝爾回想起與亞歷山卓的第一次單獨對話。他這才發現，當時他試圖了解亞歷山卓消極抗議的原因並為此主動出擊時，實際上就是一種驗證的行動。伊貝爾在無意識地情況下，試圖證實他的猜想：亞歷山卓願意為 ATG 集團付出努力，並積極參與 GET 團隊的運作嗎？

「我想我明白了。」伊貝爾說，「有時，一場簡單的對話就足以驗證假設了。比如我們對他人意願的揣測。」「是的，完全正確。有時候，用來驗證假設的資訊很容易取得。然而，在我們決定如何驗證這些假設之前，必須先『意識』到它們的存在。這個過程的關鍵在於讓這些背景條件『可以被看見』。只有當這些假設被清楚定義之後，我們才能設計出有效的驗證策略。」伊芙說道。

當伊芙在說話時，他注意到伊貝爾似乎認真地記錄著什麼內容，他起初只是當作伊貝爾正在做筆記。事實上，伊貝爾已經將他理解的內容整理成簡報，並且很快就與伊芙分享他剛製作完成的內容（圖 5.3）。

「我在你上次提供的決策制定作戰表上進行改良，新增了一個紀錄驗證結果的欄位。我想這應該能總結我們這次討論的內容。」伊貝爾邊分享簡報邊說道。

超級決策者

1. 決策困境

2. 在「利用與探索」之間的選擇

利用 ◄━━━━━━━━━━━━━━━━━━━━━━━━━━━━━▶ 探索

七個捷思法則	潛在選項			潛在選項			潛在選項		
	3. 假設條件	4. 驗證結果		3. 假設條件	4. 驗證結果		3. 假設條件	4. 驗證結果	
a) 想達成的目標									
b) 能創新的機會									
c) 可運用的時間									
d) 利害關係人及競爭對手的動向									
e) 企業價值觀與文化									
f) 企業的優勢與信心									
g) 團隊的「情緒」或集體認知狀態									

5. 最終解決方案

圖 5.3　五步驟決策工具

140

「你腦筋動得好快！這絕對能讓這張表變得更有幫助。尤其是在充滿變動情況下做決策時，這個決策模板能幫助我們更有條理地進行思考和判斷。讓我們來想想有什麼實際應用案例吧！」伊芙一如既往充滿熱情地說道。

　　「太好了，我也正想這麼做。」伊貝爾說，「讓我想想……假如我們想將公司擴展到海外，應該先從哪裡開始？這個問題理論上有無限多個候選地點，而且全部的選項都帶有不確定性。但是，假設我們將選項限縮為兩個。第一個選項是擴展到鄰近國家，這麼做能讓某部分不確定因素變成已知的。新市場的文化和法律環境可能與我們所在的國家相似，這使得我們有很大的機會可以複製目前的商業模式，在這個新環境中運行良好。另一個選項則是將業務擴展到另一個遠方國家。這個國家的市場也許規模更大、擁有更多發展潛力。這個選項比起前者有更高的利潤空間，但是也帶有較高的不確定性。我們對這個國家的文化和商業慣例都不熟悉，也無法確定能否順利發展出合適的商業模式。這時我們需要捫心自問：『如果我們選擇第二個方案，並且希望能套用目前的商業模式，我需要依賴哪些事實來支持這個論點？』在這樣的思考基礎上，我們提出了相應的假設，就可以據此進行驗證。我們可以進行市場調查，透過問卷調查了解潛在客戶的需求，或者安排與當地有權人士的訪談。此外，我們也可以考慮推出一個小型試驗計畫，先進入新市場試試水溫，藉此獲取所需的資訊。這些都能為選擇第二個方案提供依據並提升我們的信心。」

　　「說得太好了，你總結得相當完美！我眼前的這位學生已經比老師還優秀囉！」伊芙微笑著說。「你說像是《魔法師的學徒》嗎？」伊貝爾開玩笑地說道。因為他回想起一部迪士尼電影，那是他在大女兒五歲、小女兒三歲時一起觀看的動畫片。這部電影講述了一位巫師

和他年輕的徒弟（米奇）之間的故事。這位學徒很聰明，也很渴望成為一名巫師。但是因為他過於急切，在尚未學會如何控制魔法時就急於表現，最終導致巫師的洞穴被淹沒。

「這比喻太妙了！看來我得小心看管我的魔法學徒了！」伊芙說道，他們倆都笑了。「回到這個模板上，我還有一個問題，」伊貝爾說道，「在應用這個方法時，我腦中一直有個想法：『每個方案的不可控程度，是否會因人而異？』也許我所認為的不確定感，對其他人來說可能並不構成困擾，對吧？」

「沒錯。當我們在思考每個選項的相對風險時，有一點非常重要，那就是：每個人的經驗與知識背景不同，因此某個因素對一個人來說可能充滿不確定性，但對另一個人來說卻可能完全不是問題。舉例來說，也許你曾經在公司有意開發的國家工作過，對當地市場有很深的瞭解。在這個情況下，這個對他人來說充滿不確定性的選項，對你來說其實相對可控。」伊芙回答道，「這聽起來很直觀，但在實際情況中並不容易辨識。我們需要透過多實作累積經驗，並且用心觀察，才能掌握這些藏在決策背後的主觀差異。」

伊芙接著說，「在變動且充滿不確定性的環境下做出決策，確實很具有挑戰性。在這種環境下，基本上沒有任何捷徑可以保證決策的品質，你需要逐步釐清每一個關鍵變因。雖然你可能認為這需要花費大量的精力和時間，但不妨想一想，如果做出錯誤的決定，所需付出的時間與資源恐怕更多。再者，如果你經常使用這樣的思維模型來做決策，這種思考方式會逐漸內化，甚至成為你決策時的自然反應。這也會成為你在不確定環境中決策、並在『利用與探索』之間取得平衡的重要能力。我相信，如果這項能力能在整個組織中被廣泛培養，它將創造一個有利於學習的企業文化。『探索』將被視為一種具有價值的

實驗，而一連串的實驗性嘗試，也就會成為企業持續進行的學習歷程。在這樣的文化下，失敗不會被汙名化，提出想法的人也不會因此被貼上標籤；相反地，這些經驗將被視為邁向新知、創造商機的墊腳石。」

「我十分認同你所說的。要做出一個好決定，通常都耗時又費力。」伊貝爾附和著。「是啊。不過，我們也不必每個決定都這麼大費周章。這套方法對於日常的決策來說，效率可能偏低。然而，當你面對的是全新的情境，且這項決策攸關重大時，情況就截然不同了。舉例來說，當議題涉及公司的存續、大型投資可能動搖整體資本結構，或是人事決策將影響員工的職涯發展與家庭生活，那麼，投入時間與心力來審慎處理，絕對是值得的。」伊芙提醒道。「這點我非常認同。伊芙，謝謝你和我分享這些觀點。」伊貝爾感激地說道。

「讓我來簡要總結一下今天討論的內容：我們的大腦會透過累積經驗來發展神經迴路，在這個過程中也會形成大量無意識的認知偏差。這些偏見的作用，是透過簡化決策流程來降低認知負荷，因此它們就像是決策時的『捷徑』。雖然在大多數情況下，認知偏差能提高效率、幫助我們快速做出反應。但是在面對全然陌生的情境時，它們反而可能降低決策的品質。因為認知偏差會誘導我們依循經驗做出判斷，導致我們的視野變得狹隘、難以看見更多可能性，最終做出了不夠理想的決策。為了對抗這個大腦機制，我們可以擴大『利用與探索』之間的選項。當我們擴大可選擇的空間，並且挑戰每個方案背後的預設立場時，我們就有機會打破原有的思考框架，進而激發出新的想法與解方，減弱認知偏差的干擾。此外，檢視每個方案背後所依賴的關鍵假設，也可以幫助我們挖掘出潛藏的預設立場，並透過事實來驗證它們是否成立。然而，這個過程勞心勞力，因此我們只需要在決策影響較為重大的時刻使用。」伊貝爾總結道。

> 雖然在大多數情況下，認知偏差能提高效率、幫助我們快速做出反應。但是在面對全然陌生的情境時，它們反而可能降低決策的品質。

「又是一個出色的總結呢，謝謝你的為我提供這麼有價值的回饋！」伊芙說道。「我才要謝謝你！這次的討論很值得我好好深思。我也希望能在 GET 團隊中嘗試你所描述的驗證方法，希望這能帶我們走出目前的困境。」伊貝爾說道，並且結束了這次的視訊會議。

本章重點

「偏見」很容易影響決策的品質。我們對資訊的詮釋、對情境的假設，以及所考慮的選項，底下其實都隱含了我們一生所累積的認知偏差。因為個人經驗與思維模式會影響大腦建立判斷基礎的神經迴路。這些偏見會誘導我們依循經驗做出判斷，導致我們的視野變得狹隘、難以看見更多可能性。在變動且充滿不確定的環境下，這種認知偏差很容易讓我們做出不夠理想的決策。

當我們擴大可選擇的空間，並且挑戰每個方案背後的預設立場時，我們就有機會打破原有的思考框架，進而激發出新的想法與解方，減弱認知偏差的干擾。你可以將利用與探索的七個捷思法則作為檢查清單，逐一辨別每個方案背後所需要的假設。當你列出最關鍵的幾個假設條件後，就可以進一步驗證這些假設是否成立。

現在，我們的決策工具共有五個步驟（圖 5.4）：
1. 辨識出「利用與探索」的兩難困境
2. 在「利用與探索」之間擴展選項範圍
3. 運用七個捷思法則，找出每個方案的背景假設
4. 用事實來驗證這些假設
5. 選出最終決定

擴展選項範圍、挖掘潛在的假設並對其進行驗證，是一個非常需要投入時間和精力的過程。因此在做出重要決策時，我們不能急於求成，用心走好每一步才是成功的關鍵。

超級決策者

1. 決策困境												
2. 在「利用與探索」之間的選擇	利用 ← → 探索											
	潛在選項				潛在選項				潛在選項			
七個捷思法則	3. 假設條件	4. 驗證結果	3. 假設條件	4. 驗證結果		3. 假設條件	4. 驗證結果		3. 假設條件	4. 驗證結果		
a) 想達成的目標												
b) 能創新的機會												
c) 可運用的時間												
d) 利害關係人及競爭對手的動向												
e) 企業價值觀與文化												
f) 企業的優勢與信心												
g) 團隊的「情緒」或集體認知狀態												

5. 最終解決方案

步驟一：決策困境
辨認「利用與探索」的困境。

步驟二：潛在選項
在「利用與探索」之間找出潛在的選項。

步驟三：假設條件
使用七個決策捷思法（a 到 g），辨識每個選項背後的隱含相關假設，也就是說，我們需要具備哪些背景條件，才適合執行這個方案。

步驟四：驗證
用事實來驗證方案背後的假設條件。

步驟五：解決方案
選出最終決定。

圖 5.4　五步驟決策工具

第6章
情境三：企業成長

克勞迪奧・費瑟（Claudio Feser）、大衛・雷達斯基（David Redaschi）
和凱洛琳・弗朗根柏格（Karolin Frankenberger）

面對 ATG 集團當前的挑戰，GET 團隊需要盡快決定如何應對，董事會也正在等著他們的具體提案。然而，團隊目前尚未達成共識。為此，他們決定投入更多的精力和時間來深入討論各個選項的優劣勢，並運用伊貝爾所提供的決策工具來推進決策的進展。目前所提出的四個方案各有擁護者：雨果支持選項一、亞歷山卓支持選項二、法蘭克和康妮支持選項三、康斯坦丁支持選項四。因此，討論的第一步就是讓各擁護者為其支持的方案進行辯論。

伊貝爾率先對雨果提出問題：「雨果，你為什麼支持選項一的『大規模的成本精簡和現金流改善計畫』？你的目標是什麼？」「我想迅速降低成本。」雨果回答。「為什麼你認為這件事很重要？」他問道。「如果我們不盡快降低成本、改善財務狀況，ATG 可能面臨破產、資金週轉問題，甚至可能成為被收購的目標。」雨果回答道。伊貝爾也事先準備好決策工具的紀錄表格，一邊聆聽雨果的意見，一邊記下這個論點。

「合理。那麼，你認為這麼做能帶來哪些機會呢？為什麼你認為我們能夠藉此快速實現成本精簡？」他繼續問道。「為了實現這一點，

我們需要盡快關閉那些表現不佳的據點。B2B 業務也是優先考慮關閉的業務之一，因為我不認為我們能在短期內扭轉公司在 B2B 上的劣勢。另一方面，我認為公司目前的營運量能過剩，許多後勤業務都存在空閒時間過多的現象。如果進行適度的調整，理論上縮編 25% 的成本還是可以維持公司的正常運作。」雨果回答。

「執行時間上有什麼考量嗎？」伊貝爾問道。「我認為我們應該立刻行動。」雨果回答。「原因是什麼？」伊貝爾繼續問道。「首先，現在公司正處於虧損狀態，改變刻不容緩。比起沒有賺取足夠的利潤，更危險的是面臨資金短缺的風險。再來，很可能已經有競爭者在密切關注我們的動態，緊盯著收購 ATG 集團的時機。所以我認為我們必須迅速採取行動，才能遠離這些危機。」雨果回答。「好，那麼你認為競爭對手目前的動向如何？」他問道。雨果回答：「這部分我不太確定。不過跟我們營運模式類似的傳統旅遊業者，應該也正苦惱於成長趨緩的困境，短期內也只能以降低成本的方式來減緩負面衝擊。」

「這個方案跟 ATG 的企業價值觀與文化有什麼吻合之處？」伊貝爾繼續問道。「我認為，如果我們能在整體推動的過程中保持溝通的透明度與順暢度，讓工會和員工也能參與到成本精簡的規劃過程，並積極幫助那些受到人事精簡衝擊的員工，那麼我們就能夠維持公司以人為本、關懷員工的企業價值。」雨果回應道。「了解。那從執行面來看，你認為公司具備推動選項一的能力嗎？」伊貝爾問道。「雖然我們從未實施過大規模的成本精簡計畫，但是憑藉著公司的專業能力和既有條件，我相信只要團結一致，我們一定能取得預期的成果。」雨果堅定地回應道。

「你有考慮過這個方案會如何影響員工的情緒和士氣嗎？」伊貝爾問道。「目前景氣低迷，許多員工都為此感到焦慮，期待公司採取

應對措施。與其讓大家焦急地等待公司的反應,不如盡快公布措施。雖然在施行過程中難免有陣痛期,但我認為這個方案還是行得通的。」雨果回答道。「為什麼你會這麼認為?」伊貝爾再次追問,試圖釐清雨果的支持理由。

「因為我相信選項一可以在解決問題的同時,保有公司優良的價值觀與企業文化。」雨果解釋道。經過這一番對話,伊貝爾對於雨果為何支持選項一有了通盤的瞭解。隨後,伊貝爾以相同的模式依次請選項二、三和四的支持者闡述他們的立場。經過伊貝爾犀利地提問,各方案支持者的支持動機都變得更加明確。伊貝爾依據捷思法的分類,將所有人提及的假設條件詳細記錄在評估表上(圖 6.1)。

將所有方案的成立條件寫下來之後,整體思路就變得更清晰了。這樣做不僅有助於推動討論的進度,也讓辯論不再是「誰對誰錯」,而是聚焦於「哪個假設是正確的、足以被採信的」。這種方法不僅降低了討論中的緊張氛圍,還能讓對話更具建設性。同時,它也幫助團隊釐清意見分歧的根源,發現成員之間潛在的認知差異。

在完成這張評估表之後,GET 團隊開始針對這些假設進行驗證。「讓我們用手上的事實來驗證選項一的假設吧。」伊貝爾建議道。「選項一假設我們必須立即採取行動,以防止破產或資金短缺。然而,根據我對公司財務運作的了解以及最新的財務預測,公司的資本體質良好、現金流為正。因此,事實上公司並沒有立即的財務風險。」法蘭克說道。

「事實雖然是這樣沒錯,」艾莉森說,「但我們真的可以完全不在意潛在的收購風險嗎?」沒有一個 GET 成員對此有明確的答案,於是他們向外求援。GET 團隊透過電話聯絡了兩位專門處理收購案件的投資銀行家,尋求防禦併購的專業建議。這兩位專家指出,如果 ATG

超級決策者

1. 決策困境	在景氣低迷的情況下，公司應該聚焦於降低成本（利用），還是投資具有成長性的項目（探索）？
2. 在「利用與探索」之間的選擇	利用 ← → 探索

	大規模的成本精簡和現金流改善計畫	將精簡下來的成本，用於培育創新的數位品牌 TravelTech	溫和的成本節約計畫，並全面數位轉型	以更能長期發展、維持成長動能的方式來應對危機
七個捷思法則	3. 假設條件	4. 驗證結果	3. 假設條件	4. 驗證結果	3. 假設條件	4. 驗證結果	3. 假設條件	4. 驗證結果
a) 想達成的目標	提高短期的帳面獲利（避免資金短缺及非自願收購）。		提高短期的帳面獲利（避免資金短缺及非自願收購）。		結合盈利的成長與成長動能，從中尋求企業價值最大化的平衡點。		聚焦於成長動能，以更長期追求企業價值極大化。	
b) 能創新的機會	大幅減少支出（關閉低效據點、裁撤B2B業務、縮減冗餘營運產能）。		大幅減少支出、推動數位轉型。		在不影響成長動能的情況下，以溫和的方式節約成本。		有許多成長機會。若關閉代理據點則會減少獲利成長。	
c) 可運用的時間	時間緊迫，因為競爭者正同機收購。		時間緊迫，因為競爭者正同機收購。		需要有充足的時間和資源。		需要有充足的時間和資源。	
d) 利害關係人及競爭對手的動向	同業普遍採取成本縮減策略。		兼顧「降低成本」與「投資成長」。		兼顧「降低成本」與「投資成長」。		僅聚焦於「投資未來」。	
e) 企業價值觀與文化	妥善規劃就能符合ATG的企業文化。		妥善規劃就能符合ATG的企業文化。		妥善規劃就能符合ATG的企業文化。		創造力、創新、創業精神。	
f) 企業的優勢與信心	成本管理能力及團隊合作。		成本管理能力、打造新品牌「TravelTech」並加強化其市場影響力的能力。		成本管理能力、創新開發與擴張業務的能力。		創新開發與擴張業務的能力、幫助企業加速成長。	
g) 團隊的「情緒」或集體體認知狀態	員工目前感到焦慮。但如果執行效果良好，該方案最終會獲得員工的認可。		員工目前感到焦慮。但如果執行效果良好，該方案最終會獲得員工的認可。		員工目前感到焦慮。但如果執行效果良好，該方案最終會獲得員工的認可。		員工們對公司的前景保持樂觀。	

5. 最終解決方案	

圖 6.1 運用五步驟決策工具找到情境二「戰略發展」的解決方案

集團能提出一個具有說服力的價值創造計畫，將成本縮減措施與成長策略結合，那麼被收購的風險將會大大降低。這個建議增強了 GET 團隊對收購風險的掌控力，讓他們能繼續推進策略制定的進度。

「讓我們繼續探討，選項一能創造什麼樣的改善機會？有哪些事實可以證明關閉 25% 據點是對的選擇？」伊貝爾發問。「我上週分享的財務預測報告中，就分析了每個據點的獲利能力。我依據每個據點的貢獻程度，由高到低分成十個組別（參考附錄 5）。這項數據能夠充分驗證關閉 25% 據點的合理性。」雨果回答道。

「我同意，」法蘭克回應道，「雨果所提供的這份報告，顯示了每個組別的平均設立時間，以及這個組別當中的新據點占比。需要注意的是，各組數據為平均值，因此代表的是整體趨勢，而非個別情況。我們可以從這份數據中看出，即使 ATG 集團要關閉 15%，甚至多達 20% 的據點，也不會削弱利潤成長的動能。這項數據不僅能支持選項一的架設，同時也能支持選項三的實施條件：我們可以在不影響成長動能的情況下，大幅減少營運據點，以溫和的方式達到節約成本的目標。」

於是這場驗證假設的討論，就在 GET 成員逐一分析佐證資料的過程中有條不紊地展開。驗證的結果除了「真」或「假」之外，在無法獲取相關數據的情況下，看似合乎常理的假設會註記為「R」，而完全無從判斷的假設則標註為「？」，以此提醒團隊此處有待進一步釐清。詳細結果列於圖 6.2。

分析結果顯示，選項三可能是目前的最佳策略。雖然這個決策在節省成本上的效果不會立即顯現，但它至少能在優化短期盈利上發揮一定作用。更重要的是，擁有一個具有說服力的計畫，本身就能讓公司抓住轉機，有效降低 ATG 集團被競爭者收購的風險。

超級決策者

T（真）、F（假）、R（合理）、?（有待釐清）

1. 決策困境	在景氣低迷的情況下，公司應該聚焦於降低成本（利用），還是投資具有成長性的項目（探索）？
2. 在「利用與探索」之間的選擇	利用 ←→ 探索

	大規模的成本精簡和現金流改善計畫	將精簡下來的成本，用於培育創新的數位化品牌 TravelTech	溫和的成本節約計畫，並全面數位轉型	以更能長期發展的方式來應對危機，維持成長動能的
七個捷思法則	3. 假設條件	4. 驗證結果	3. 假設條件	4. 驗證結果	3. 假設條件	4. 驗證結果	3. 假設條件	4. 驗證結果

七個捷思法則	3. 假設條件	4. 驗證結果	3. 假設條件	4. 驗證結果	3. 假設條件	4. 驗證結果	3. 假設條件	4. 驗證結果
a) 想達成的目標	提高短期的帳面獲利（避免資金短缺及非自願收購）。	F	提高短期的帳面獲利，從中尋求企業價值最大化的平衡點。	F	結合盈利目的與成長動能，從中尋求企業價值最大化的平衡點。	T	聚焦於成長動能，造就企業價值極大化。	T
b) 能創新的機會	大幅減少支出（關閉低效據點、裁撤B2B業務、縮減冗餘營運量能）	T	大幅減少支出、推動數位轉型。	T	在不影響成長動能的情況下，以溫和的方式節省成本。	T	有許多成長機會，若關閉代理據點則會減少獲利成長。	F
c) 可運用的時間	時間緊迫，因為競爭者正同機收購。	F	時間緊迫，因為競爭者正同機收購。	F	需要有充足的時間和資源。	T	需要有充足的時間和資源。	T
d) 利害關係人及競爭對手的影響傾向	同業遍採取成本縮減策略。	?	兼顧「降低成本」與「投資成長」。	?	兼顧「降低成本」與「投資成長」。	?	僅聚焦於「投資未來」。	?
e) 企業價值觀與文化	妥善規劃就能符合ATG的企業文化	R	妥善規劃就能符合ATG的企業文化	R	妥善規劃就能符合ATG的企業文化	R	創造力、創新精神	?
f) 企業管理能力及團隊合作信心	成本管理能力及團隊合作。	T	成本管理能力、打造新品牌「TravelTech」並強化其市場影響力的能力	T ? ?	成本管理能力、創新開發與擴張業務規模的能力。	T ? ?	創新開發與擴張業務的能力、幫助企業加速成長。	?
g) 團隊的「情緒」或集體認知狀態	員工目前感到焦慮，但如果執行效果良好，該方案最終會獲得員工的認可。	R	員工目前感到焦慮，但如果執行效果良好，該方案最終會獲得員工的認可。	R	員工目前感到焦慮，但如果執行效果良好，該方案最終會獲得員工的認可。	R	員工們對公司的前景保持樂觀。	F

5. 最終解決方案	採用選項三、溫和的成本節約計畫決策工具找到情境二「戰略發展」的解決方案

圖 6.2 運用五步驟（包括驗證結果）決策工具找到情境二「戰略發展」的解決方案

152

這個策略在成本精簡方面，除了減少 20% 的據點數量，還會全面關閉 B2B 業務。實際上，經過深入探討後發現，B2B 業務並非如康斯坦丁原先所聲稱的那樣，是 ATG 集團唯一的成長動能。近期的趨勢顯示，B2B 業務的成長空間有限，未必是最具投資價值的選擇。此外，這個策略還包括全面數位化前台顧客服務和後台業務處理流程，這有助於降低中長期的營運成本。

其實，ATG 集團擁有的資本、時間和資源都還有餘裕，目前能做的不單只是降低成本，還有能力在未來構建一個更強大的企業。康斯坦丁透過深入分析，發現某些領域不僅具有十足的市場潛力，也正好能發揮 ATG 集團的產業優勢，像是「旅遊諮詢」、「以體驗為導向的旅遊服務」和「客製化旅遊產品」，都是具備成長潛力的方向。因此，他也建議要盡快完成前台顧客服務的數位化，減輕員工的行政負擔。如此一來，員工便能有更多精力專注於提升客戶滿意度，在這些「以體驗為核心」的優勢領域中搶占市場。

雖然 GET 團隊目前無法掌握競爭對手的動向，但可以確定的是，如果選項三執行得當，就能發揮 ATG 集團在產業中的相對優勢。儘管發展 B2B 業務的經驗可能讓部分成員對公司的擴大創新能力存有質疑，但是不可否認地，ATG 集團長期累積的行業知識，依然能成為推動創新與成長的支撐力。此外，選項三也與 ATG 集團的企業精神相符，因此 GET 團隊相信，這個決策也會獲得員工的認可，讓員工看到公司有一個清晰而充滿希望的成長軌跡。

隨著討論進入尾聲，GET 團隊中支持第三選項的聲音越來越多。但是，康斯坦丁仍然不希望採用這一決策。細心的伊貝爾發現了他內心的糾結，於是引導康斯坦丁說出他反對的真實原因。康斯坦丁最擔心的是，選擇了選項三可能會讓 ATG 集團錯過一些市場正在塑造中的

重要趨勢。他認為，問題的關鍵在於 ATG 集團是否能在資金相對有限的情況下，找出有發展潛力的領域，並進行小規模投資，從而把握市場上的先機。為了讓團隊能在達成共識的情況下做出決策，GET 團隊決定在三天後重新召開會議，康斯坦丁承諾將在這段時間內完成事實調查，以彌補資料不足、難以釐清事實的窘境。

康斯坦丁認為 ATG 集團可以透過收購有潛力的公司，來建立未來市場上所需的相關能力。因此在這一段準備時間裡，他也找到了三個潛在的收購目標，這些目標是從事虛擬實境旅遊的新創公司。因此，他在三天後的 GET 會議中說明道：「人們渴望擁有獨特且難忘的體驗，而這正是虛擬實境旅遊所帶來的機會。我相信市場上存在一種需求，那就是能夠在不必忍受長途旅行的勞累、等待排隊辦理手續、被航班延誤打亂規劃、承擔行李遺失或入住飯店設備不佳等等的困擾下，仍然能夠享受各種旅行體驗。虛擬實境正是解決這項新興需求的理想方案。透過虛擬實境，顧客可以在居家舒適的環境中，享受如同度假的體驗，甚至能突破現實條件的限制，模擬各種遊憩活動。而且，虛擬實境還能讓人們造訪那些『不可能』到達的目的地。試想一下，你是否曾夢想過飛向月球？或者像鳥一樣在火山之中翱翔？那將會是多麼震撼的體驗啊！」

即便康斯坦丁的提案聽起來有點誇張、脫離現實，他又是整個決策團隊中最資淺的成員，但是他的演說仍然充滿了說服力。伊貝爾和其他 GET 成員都認為，即使這個構想目前看似不夠成熟，但仍然具有研究價值，至少可以作為未來發展的潛在方向。最終，GET 團隊一致決定向董事會提出第三個選項，而董事會也高度認同這個決策，授意管理團隊全力執行。

* * *

　　透過團隊的齊心合作，在接下來的 18 個月中，選項三的策略進展相當順利。其中當然也有一些比較有挑戰性的關卡，像是關閉績效不良的據點、讓長期對公司忠誠付出的員工離開等。所幸經過完善的規劃與事前準備，GET 團隊在這些危機中都扮演著積極溝通的關鍵角色，就連工會也對 GET 團隊的作法讚譽有加。尤其是 ATG 集團為離職員工所提供的幫助，像是豐厚的資遣方案、職能培訓和就業輔導的資助等，都讓大多數離職員工有充分的時間與資源找到其他理想工作。

　　另一方面，數位轉型的進展也很順利，尤其是在後勤業務流程的優化上表現尤為亮眼。雖然提供顧客服務的前台數位化進度較為落後，但整體而言差距不大，預計很快就能迎頭趕上。在產品轉型方面，開發更多體驗型服務和客製化套裝行程的策略也在穩步推進當中。雖然進度比預期的略為緩慢，不過有好幾個據點已經取得顯著的成績，充分證明了體驗型產品不僅符合市場需求，還具備了可觀的獲利潛力。

　　ATG 集團在伊貝爾的帶領之下，兩年之內就漸入佳境。此時的 ATG 集團不僅擁抱創新思維，還善於運用科技來優化前後端流程，既提升了整體工作效能，更成功打造了以體驗為核心的商業模式。ATG 集團在財務方面的表現同樣亮眼。儘管公司目前的規模較小，成長幅度不大，但發展趨勢穩定。即便歐洲旅遊業依然受困於經濟的疲軟和需求的停滯，ATG 集團的創新策略卻已逐步帶動營業利潤回升，股東權益報酬率（ROE）也回升至伊貝爾面臨接任危機前的水準。

　　因此，伊貝爾獲得了董事會與外部專家們的一致讚賞與認可。起初，這些專門研究和評估公司財務狀況的金融分析師們對 ATG 集團的前景抱持懷疑態度，但如今，伊貝爾及其團隊以具體成果證明轉型成

功,讓這些專家們轉而給予高度肯定。

這次成功不僅讓 GET 團隊在組織內的自信心大幅提升,也讓董事會更願意支持團隊跳脫歐洲市場的侷限,積極朝向國際市場布局。隨著亞洲、拉丁美洲和非洲等地區的高消費族群逐漸增長,這些地區正逐漸成為旅遊業的新戰場,對 ATG 集團而言更是不可錯失的機會。董事會深信,體驗型旅遊的商業模式具有高度擴展潛力,能夠在這些新興市場中掀起潮流。如果 ATG 集團能以收購新創企業等方式迅速拓展歐洲以外的據點,就能發揮數位化的優勢,快速將已經取得成功的商業模式擴展至全球市場。

儘管將 ATG 推往國際市場的工作量十分繁重,伊貝爾依然渴望為此效力。一年多以前,伊貝爾曾和丈夫馬可帶著女兒們在亞洲度過了兩週難忘的渡假時光。在探索當地景點的過程中,也讓他更加確信,體驗型旅遊能在亞洲市場引起巨大的迴響。目前亞洲的體驗型旅遊市場尚未成熟,許多顧客需求都尚未被滿足,而這正是一個具有潛力的投資方向。

隨著新一波的擴展計畫啟動,GET 團隊內部出現了兩派意見。第一個選項是由美國的冒險旅遊業務主管——馬修・克拉克所提出。他效力於 ATG 集團多年,是一位充滿活力且敬業的波士頓人。馬修經歷了公司在美國從無到有,成功建立在「冒險旅遊」這個小眾市場中的一席之地。他認為,擴展美國市場是擁有最佳投資報酬率的企業成長方針。儘管美國並非上述的新興成長市場,但是美國市場龐大,ATG 目前的市場占有率也偏低,這顯示公司仍有相當大的成長空間。只要公司願意投注更多資源支持這項業務,將有望充分運用 ATG 在冒險旅遊領域累積的商業優勢,迅速擴大在美國的市場版圖。此外,相較於其他海外市場,ATG 更加熟悉美國的文化與語言,市場趨勢也與歐洲

類似,這都為集團進一步擴展提供了有利條件。

法蘭克是負責海外銷售的主管,因此也是馬修的拓展提案能否通過審議的關鍵決策者。馬修向法蘭克匯報了他在美國運營的四家ATG據點的概況,這四處據點分別位於波士頓、紐約、芝加哥和洛杉磯。這些已經在當地深耕多年的據點,累積了豐富的市場經驗,能為公司接下來的拓展計畫提供重要線索。此外,馬修也強調,這些銷售據點已根據當地顧客的偏好,推出具有在地特色的體驗服務,逐步在各自的小眾市場中建立起品牌影響力。這些都是公司將來在美國市場進行拓展的良好基礎。

第二個選項則是由湯瑪士所提出。湯瑪士擁有中國與瑞士的雙重國籍,母親是中國籍物理學家,曾在瑞士聯邦理工學院任教,而父親則是一位瑞士私人銀行家。在蘇黎世長大的湯瑪士,在父母離婚後就搬到香港生活,隨後也在香港開始了他的職業生涯。他曾效力於當時亞洲首屈一指的旅行社 Lee Travels。他在該公司表現出色,尤其在策略規劃、業務拓展及商業計畫執行方面都迅速嶄露頭角。因此,法蘭克多次邀請湯瑪士加入 ATG,最終成功說服他轉戰新職。雖然此時的 ATG 集團在亞洲尚無業務布局,但是法蘭克、伊貝爾和湯瑪士身為亞洲旅遊的「內行人」,他們早已嗅到其中的商機。他們認為這個市場的特質非常適合發展體驗型旅遊,再加上亞洲市場規模龐大,成長潛力尚未被充分開發,這為 ATG 提供了不可多得的先機。

儘管目前 GET 團隊實行的種種措施都讓 ATG 集團的市值有所提升,但董事會還是沒有批准增資。在可用資金相對有限的情況下,只能將集團擴展計畫的下一步限制在單一地區,畢竟擴展過程的複雜性和所需資源都需要慎重考量。其中最關鍵的資源之一是 GET 團隊投入的時間,尤其是法蘭克,他既要管理在歐洲推廣的創新策略,還要監

督湯瑪士和馬修的海外業務。在 GET 會議及隨後的董事會會議中，討論的焦點一直集中在北美洲以及亞洲這兩個地區，其中討論美國和中國的擴展議題尤為熱烈。董事會一致認為，ATG 集團應該在北美洲或是亞洲之間二擇一，將集團的擴展資源集中於一個地區，進行有針對性的拓展。

一如既往地，當出現新的挑戰時，GET 團隊就會展開熱烈的討論。集團接下來究竟該在哪個地區擴展的議題也不例外，大家針對馬修和湯瑪士的提案都各有不同想法。這次的討論不僅持續了好幾個月，爭論過程甚至越演越烈，從意見分歧逐漸升級成個人的情緒化對立。對此，伊貝爾先是沉著應對，他請戰略長康斯坦丁和財務長雨果合力蒐集數據，製作這兩個選項的財務預測報告（見附錄 9）。實際上，伊貝爾關心的不僅僅是公司的戰略發展和財務狀況，他對這個問題背後的人際因素也感到十分擔憂。這個問題似乎演變成了要在湯瑪士和馬修之間做出抉擇。這兩位同事都是傑出的管理者，工作表現出色，堅守原則且全心投入。伊貝爾擔心，一旦做出選擇，他可能會失去其中一位人才。在更糟的情況下，兩人可能都會離開 ATG 集團。在公司面臨轉型的關鍵時期，他不想再失去任何管理人才，但 GET 團隊目前提出的各個選項，都無法讓他完全滿意。此刻，伊貝爾又再次面臨艱難的抉擇。

問題反思

　　如果你是伊貝爾或 GET 成員，你會做出什麼決定？ ATG 集團應該怎麼做？

- 公司應該在北美洲擴展還是在亞洲擴展新業務？
- 公司應該任命湯瑪士還是馬修來主導新業務？
- GET 團隊還需要繼續挖掘其他可能性嗎？

　　請先寫下你的答案，再繼續跟著故事的發展一探究竟。

第 7 章
發想出更好的選項

克勞迪奧‧費瑟（Claudio Feser）、丹妮拉‧勞雷羅‧馬丁內斯（Daniella Laureiro-Martinez）和斯特法諾‧布魯索尼（Stefano Brusoni）

「我唯一知道的事情就是我一無所知。」

——蘇格拉底（Socrates），引述自羅馬帝國時代作家
第歐根尼‧拉爾修（Diogenes Laertius）所著的《名哲言行錄》
（Lives of the Philosophers）

隨著時間的流逝、ATG 集團的發展步上軌道，伊貝爾和伊芙的通話頻率也逐漸減少。但是伊貝爾真心享受與伊芙的交流，因此總是期待著能再次與伊芙見面。儘管那次在飛機上的初遇，是他們唯一實際見到彼此的一次，但神奇的是，伊貝爾總覺得與伊芙之間有一種特殊的連結，就像是不存在血緣關係的家人一樣。伊芙既關心他、又會無私地分享自己所掌握的知識，卻不求任何回報，就像家人一樣。這讓伊貝爾感受到一股天然的信任感。在伊貝爾的人生中，除了目前最親密的丈夫馬可與女兒們之外，只有童年時期的好友奧斯卡曾帶給他這種安全感。因此，伊貝爾默默地在自己心中把伊芙稱作「書呆子妹妹」，一個熱愛研究又如同家人親密般的妹妹，這也是伊貝爾在原生家庭中未能感受到的溫情。

這次的視訊，伊貝爾迫不及待地想與他的「書呆子妹妹」分享在使用四步驟的決策工具時得到的一些新想法。他開場便說道：「我覺得你的四步驟分析表真的設計得很好，在實際的應用上確實很有幫助。但我認為它還有一些可以改進的地方。」

「你覺得這張表還不夠完整嗎？怎麼說呢？」伊芙略帶驚訝地問道，同時也開始憂心自己的研究可能有所疏漏。「是的，」伊貝爾回答道。「讓我先跟你分享 GET 團隊發生了什麼事。首先，我們將決策工具應用在最新的策略討論中，發現它對促進管理團隊和董事會之間達成共識非常有幫助。其次，在辨識假設並進行驗證的過程中，有條理地將討論內容紀錄下來是關鍵步驟。正如你所說的，它成功讓討論聚焦在選項本身是否合理，而非挑戰個人立場。這些決策工具的功效都讓我們的團隊協作更加有效能。」

「那真是太好了，我很高興這能幫上忙。」伊芙說道。

> 在辨識假設並進行驗證的過程中，有條理地將討論內容紀錄下來，能讓討論聚焦在選項本身是否合理，而非挑戰個人立場。這能讓團隊的協作更加高效。

「不過當我們第二次運用決策工具時，馬上就遇到了困難。當我們使用決策工具來分析公司的海外擴張計畫時，似乎有點力不從心。因此，我們嘗試對這個分析工具進行些微調整。」伊貝爾說道。「你們做了什麼調整呢？」伊芙好奇地問道，他迫切想了解自己忽略了哪個環節。

伊貝爾繼續說道：「GET 小組在討論目前的困境並設法擴充選項後，最終總結出三個選項。前兩個選項很直觀。選項一『交由馬修負

責擴展美國市場』；選項二『與湯瑪士一起開發亞洲市場』。但無論我們選擇哪以上這兩個選項的其中一個，都可能導致公司失去其中一位寶貴人才，這並非我們所期望的結果。因此，我們又開發了一個新選項：選項三『拓展亞洲的旅遊商品，並由馬修和湯瑪士共同擔任這項計畫的主導者。』因為我們考量到亞洲市場相比於美國市場可能更具潛力。」

伊貝爾接著分享了一張簡報：「這張圖表呈現了我們目前正在評估的三個方案，及其各自根據七個捷思法則所進行的分析（請參見圖 7.1）。」

伊芙說：「你做得很好，整理得非常棒！看到你這麼靈活地運用我的研究成果，我感到非常欣慰。」「謝謝你的肯定。」伊貝爾繼續說，「根據我們的分析，讓馬修和湯瑪士共同引導亞洲市場的開發似乎是最佳方案。不過要將業務擴展到我們較不熟悉的市場，當然也會伴隨著一定的風險。尤其這個選項的價值主張尚未被當地市場所驗證，我們也缺乏具體的佐證資料來支持這個選項的可行性。儘管如此，與其他兩個選項相比，選項三仍然是最有市場潛力的方案。」

「了解，那你們接下來是如何做出最終決策呢？」伊芙問道，他試圖釐清在決策過程中出現了什麼瓶頸。「為了做出最佳決策，GET 小組再次集思廣益，針對這個選項進行更深入的討論。從市場潛力來看，亞洲市場規模龐大，而 ATG 集團專注的體驗型旅遊領域在當地競爭相對較少，這讓我們可以在市場定位上占有優勢。在資源運用上，湯瑪士和馬修對於如何在當地招募合適人才充滿信心，我們相信這將會讓 ATG 在亞洲的發展有個很好的起點。雨果所提供的數據也清楚地顯示，亞洲市場的投資價值十分可觀。雖然初期投入成本較高，但是經過內部評估，我們擁有的資本和時間十分寬裕。我和 GET 團隊都一

第 7 章 發想出更好的選項

T（真）、F（假）、R（合理）、？（有待釐清）

1. 決策困境	該擴展美國還是亞洲市場？該讓馬修還是湯瑪士領軍？									
2. 在「利用與探索」之間的選擇	利用 ←			→ 探索						
	交由馬修負責擴展美國市場			交由湯瑪士負責擴展亞洲市場			由馬和湯瑪士共同擴展亞洲市場			潛在選項
七個捷思法則	3. 假設條件	4. 驗證結果		3. 假設條件	4. 驗證結果		3. 假設條件	4. 驗證結果		3. 假設條件	4. 驗證結果
a）想達成的目標	擴展至單一市場，且需留下馬修和湯瑪士	T F		擴展至單一市場，且需留下馬修和湯瑪士	T F		擴展至單一市場，且需留下馬修和湯瑪士	T T		
b）能創新的機會	美國市場具有成長潛力	T		亞洲比美國具有更大的市場發展潛力	T		亞洲比美國具有更大的市場發展潛力	T		
c）可運用的時間	公司目前的資金和管理量能有限	T		公司目前的資金和管理量能有限	T		公司目前的資金和管理量能有限	T		
d）利害關係人及競爭對手的動向	競爭對手正在擴展國際市場	？		競爭對手正在擴展國際市場	？		競爭對手正在擴展國際市場	？		
e）企業價值與文化	此選項的失敗風險較低（市場掌握度低、產品的商業價值已經過驗證）	R		此選項的不確定性較高（市場熟悉度低、產品的商業價值未經過驗證）	R		此選項的不確定性較比較高（市場熟悉度低、產品的商業價值未經過驗證）	R		
f）企業的優勢與信心	馬修是經驗豐富且深受認可的人才	T		湯瑪士很有能力，但不確定是否能融入公司	T		馬修和湯瑪士都很有能力	T		
g）團隊的「情緒」或集體認知狀態	公司高層並不認為我們能夠同時兼顧兩地的開發	T		公司高層並不認為我們能夠同時兼顧兩地的開發	T		公司高層並不認為我們能夠同時兼顧兩地的開發	F		
5. 最終解決方案				→						

圖 7.1 運用五步驟決策工具找到情境三「企業成長」的解決方案

163

致認為，這個決定將使我們在旅遊產業中取得領先。」伊貝爾接著說，「再來，從企業價值的層面來看，ATG 集團在前兩年的轉型成功後，就持續在體驗與諮詢導向的旅遊領域中穩定成長。選項三所著重發展的體驗型商品，正與 ATG 目前的品牌定位一致。過去 ATG 所取得的成績，正是這個商業模式具備可行性的最佳證明。而且運用已知的成功經驗，也能有效提升團隊對未來發展的信心。」

「從市場潛力、資源條件及企業價值等多方面的綜合考量來說，這個決策都充滿了說服力。經過討論後，GET 團隊一致決定採納這個選項，將未來的擴展重點放在亞洲市場，並任命湯瑪士和馬修為亞洲地區的聯合負責人。這不僅符合董事會希望在單一地區擴展的要求，還能避免人才流失的問題。因此，在 GET 會議結束隔天，我就立刻聯絡了董事長卡洛，希望跟他當面報告此次的決議結果。我打算先得到他的支持，再正式向董事會提案。」伊貝爾最後總結道。

「是啊，這聽起來是個正確的決定。你覺得這當中還有未解決的問題嗎？」伊芙略顯不耐地問道。「我本來也這麼覺得。但是，那個晚上我完全無法入睡。我總感覺哪裡怪怪的。」伊貝爾回答道。「你是說，你擔心到睡不著嗎？」伊芙問。

伊貝爾回答道：「對。我一想到這個決策就難以入眠，整晚都在翻身，我的丈夫馬可也在凌晨兩點時被我吵醒。他察覺到我的憂慮，於是輕柔地關心我：『你在煩惱些什麼呢？是關於公司在亞洲市場的擴張嗎？』我先是對吵醒他這件事表達歉意，然後就與他傾訴我的擔憂。我很期待 ATG 在亞洲市場的擴展，但讓湯瑪士和馬修擔任聯合負責人，還是讓我感到不安。這真的是正確的選擇嗎？放眼 ATG 中的人才，湯瑪士只能算是個新手，我真的能放心將目前最重要的成長策略交給他負責嗎？雖然還有馬修從旁協助，但是共同管理模式是否能成功也是

未知數。況且，如果湯瑪士和馬修的工作模式不合、爭執之下導致馬修選擇離開，那麼我們所面對的情況就和選項二沒有差別了。除了人才的選用是否合適的問題，我也擔心 ATG 的客製化能力是否足以應對亞洲的市場需求，畢竟當地的文化和價值觀可能與歐洲市場截然不同。GET 團隊當初認為能夠順利擴展亞洲市場的那些假設條件，現在回想起來，總讓我覺得不太踏實。」

「這真是個好問題。那你後續怎麼解決你的疑慮呢？」伊芙問道。伊貝爾繼續說：「隔天早上起床時，我依然感到心神不寧，便決定再次召開 GET 會議。我向同事們表達了我的疑慮，並告訴他們我想重新考慮是否要採用這個選項，希望團隊願意一同重新審視這個決策。我認為我們需要重新討論的重點在於，我們未能徹底檢討公司過去的商業模式有何利弊，無法證明它具備能在亞洲市場生存的特點。此外，湯瑪士雖然一直都擁有很高的聲譽，但是他能成功將過去的經驗套用到 ATG 目前的情況中嗎？他能與馬修順利合作嗎？馬修會同意這個安排嗎？選項三真的是我們的最佳選擇嗎？我總感覺這個決策仍然充滿了不確定性……」

「我很好奇你們後來是怎麼處理這些議題的呢？」伊芙問道。「我很慶幸 GET 團隊願意與我一起深入探索更多可能性與潛在風險。我們從開放式討論出發，最後聚焦在雨果的提案上。雨果提到，也許我們能向董事會確認一下，只能在單一地區擴展業務的規定是否真的不可更改，還是其實存有調整空間。也許我們可以考慮提出一個更好的選項，讓董事會同意我們同步進軍兩個市場。以雨果所負責的財務部門而言，他認為財務部門完全有能力支援兩地同時擴張的需求。他提議，也許我們可以將 80% 到 90% 的資源用於開拓市場掌握度較高的北美市場，並由經驗豐富且深受認可的馬修作為負責人，發揮『利用』的功能。

而剩下來的資源才投入亞洲市場進行小規模試驗，進行有未來性的『探索』。在發展北美市場的期間，我們就能同時驗證現有商業模式能否被亞洲市場接受、並且觀察湯瑪士是否能成功融入 ATG 的工作環境。這麼一來一往，擴張的綜合風險降低，董事會也更有可能接受這樣的『越界』。」伊貝爾仔細地解釋了接下來的情況。

「你們竟然想得到可以嘗試改變原本的限制條件，真了不起！」伊芙說道。「是啊，我也沒想到事情可以這樣發展。GET 團隊做出這項決議後，便交由我來向卡洛以及其他董事會成員報告。在此之前，我總是遵照董事長卡洛的指示行事，因此，要對他的判斷提出質疑，對我來說並不容易。我原本預計將會迎來一場激烈的爭辯，令人意外的是，卡洛馬上就理解目前處境的為難之處，也促使董事會同意撤銷只能在單一地區擴展的限制。不過，卡洛並沒有同意立刻展開擴展計畫，而是要求我們先確認各部門的量能，特別是由雨果、亞歷山卓和艾莉森負責的後勤支援單位，是否具備同時支援兩地擴張的能力。」伊貝爾說道。

「這代表著我們有機會發展其他更好的選項。」伊貝爾說道，「而其中讓我倍感欣慰的是，董事長也肯定了我在整合高層凝聚力上的表現。」「恭喜你，伊貝爾。」伊芙開始整理這段對話：「從你剛才的分享來看，我可以歸納出一個重點：當現有的選項都無法令人感到滿意時，我們可以嘗試創造新的選項，藉此改善原有方案的缺陷。為此，我們可以利用七個捷思法則，在『利用與探索』的選擇困境中，識別出哪些限制條件正在壓縮我們的選擇空間，並進一步評估這些限制是否有被調整的可能性。就像演算法中的最佳化方法一樣，倘若我們已經設定了邊界範圍，那麼演算法就只能在這個框架內尋找最接近正解的次佳解。一旦放寬限制，它就能在更寬廣的空間內尋找更佳解答。

我這樣理解正確嗎？」

> 當現有的選項都無法令人感到滿意時，我們應該嘗試創造新的選項。

「完全正確，這正是我們的策略！一開始，我們僅在既有的框架下尋找可行選項。但是當我們回頭檢視所有假設時，我們開始反思：那些看似無法動搖的前提條件，是否存在鬆動的可能？是否正是這些前提條件，阻礙了我們發展出更具潛力的選項？」伊貝爾說道。「在這個過程中，我們發現，有兩項彼此緊密相關的前提條件，大幅限縮了我們的選擇空間：

1. 依據董事會的指示，業務擴展只能在北美洲或亞洲之間二選一。
2. 公司的管理資源有限，可能無法同時支應兩地的擴張。

接著，我們嘗試找到這兩個背景條件的突破點：如果 ATG 能夠妥善運用現有資源，打破自我設限，結果是否會有所不同？也就是說，若管理階層能做好準備，透過增聘人力或引入外部支援，是否就能突破原有限制、徵得董事會的同意？在這個推論之下，一個全新的、更理想的選項便浮現了。」

「一個全新的選項？」伊芙問道。「是的，我們稱之為選項四。」伊貝爾解釋道：「在這個方案中，我們將大部分資源投入北美市場，由熟悉 ATG 的資深主管馬修領軍。而亞洲則由湯瑪士帶領，以較小的規模進行市場實驗。一方面驗證 ATG 的價值主張是否符合當地需求，另一方面觀察湯瑪士能否順利融入組織並發揮領導能力。在經過七項捷思法則的評估後，GET 團隊最終一致決定採用這項新方案（見圖7.2）。」

「以上，就是我們這次推導出最佳選項的來龍去脈！」伊貝爾說

超級決策者

T（真）、F（假）、R（合理）、？（有待釐清）

利用 ────▶ ◀──── 探索

1. 決策困境		該擴展美國還是亞洲市場？該讓馬修還是湯瑪士領軍？										
2. 在「利用與探索」之間的選擇		交由馬修負責擴展美國市場				交由湯瑪士負責擴展亞洲市場				由馬修和湯瑪士共同擴展亞洲市場		80%的資源分配給美國市場的開拓，20%分配給亞洲市場的小規模驗證
七個捷思法則		3. 假設條件		4. 驗證結果		3. 假設條件		4. 驗證結果		3. 假設條件	4. 驗證結果	
a)	想達成的目標	擴展至單一市場，且需留下馬修和湯瑪士		T F		擴展至單一市場，且需留下馬修和湯瑪士		T F		擴展至兩地市場，且需留下馬修和湯瑪士	T T	
b)	能創新的機會	美國市場具有成長潛力		T		亞洲比美國具有更大的市場發展潛力		T		亞洲和美國都具有市場發展潛力	T	
c)	可運用的時間	公司目前的資金和管理量能有限		T		公司目前的資金和管理量能有限		T		資金有限，但管理及後勤能量尚有餘給	T	
d)	利害關係人及競爭對手的動向	競爭對手正在擴展國際市場		？		競爭對手正在擴展國際市場		？		競爭對手正在擴展國際市場	？	
e)	企業價值觀與文化	此選項的失敗風險較低（市場掌握度高，產品的商業價值已經過驗證）		R		此選項的不確定性較高（市場熟悉度低，產品的商業價值未經過驗證）		R		能進行小規模的地區測試，並讓湯瑪士融入公司氛圍	T	
f)	企業的優勢與信心	馬修經驗豐當且深受認可的人才		T		湯瑪士很有能力，但不確定是否能融入公司		T		馬修和湯瑪士都很有能力	T	
g)	團隊的「情緒」或集體體認知狀態	公司高層並不認為我們能夠同時兼顧兩地的開發		T		公司高層並不認為我們能夠同時兼顧兩地的開發		T		我們認為在資源配置合理的情況下，能夠同時兼顧兩地的開發	F	
5. 優化		選項三隱含了一些不可控的風險。因此我們嘗試更改變限擴展單一市場的限制條件，檢查管理能力是否充足，並發展出選項四。										
6. 最終解決方案		採用選項四										

圖 7.2　運用六步驟決策工具找到情境三「企業成長」的解決方案

168

道。「你完全活用了捷思法則,甚至改良了決策表格呢!感謝你願意跟我分享你的心路歷程。」伊芙興奮地總結:「平常都是我在說、你在聽,今天卻是你來告訴我該怎麼優化這套決策工具,這次的角色互換真是太有意思了。那就換我來總結一下我們的討論重點。在我看來,你已經成功將決策工具升級為在動態且充滿不確定性的情境下也能使用的工具。現在我們的決策工具包含六個步驟:

步驟一:決策困境。辨認「利用與探索」的困境。

步驟二:潛在選項。在「利用與探索」之間找出潛在的選項,而且要開發多個選項,理想情況下至少提供三到四個選擇。

步驟三:假設條件。我們可以使用七個決策捷思法,辨識每個選項能成立的相關假設。我們需要持續提出疑問:「要讓這個選項生效,我們需要哪些背景條件的支持?」在這個過程裡,將隱藏在選項背後的假設條件寫下來是很好的視覺化方法。因為寫下來之後,我們就能運用推論的方式找出還沒被挖掘出來的假設,或是運用批判性思維來檢視假設的合理性。要徹底運用批判性思維,就要不斷地詢問「為什麼」,直到一切假設都能以邏輯自證。

步驟四:驗證假設。我們需要用事實來驗證方案背後的假設條件是否為真。不過,驗證需要投入大量時間和精力,因此,資源應集中在最關鍵的幾個假設上。對於明顯合理且影響不大的假設,可以跳過不做。在選擇驗證方法的過程中,善用資源也是很重要的一部分。像是最小可行性產品就是一種很有效率的驗證方法。

步驟五:優化。在這個步驟中,我們需要挑戰限制條件。當你找不到令人滿意的選擇時,可以嘗試在七種捷思法則中找出限制性假設,以此擴展選項範圍,便有機會優化原有的選項。

步驟六:最終解決方案。整合所有資訊與分析,選出最符合當下

情境的方案。

「伊芙，謝謝你的總結，我也很開心能將我的使用心得回饋給你！」伊貝爾感到自豪地說道。他很開心自己不只是單方面從伊芙那裡得到知識，他也能夠對伊芙的論文有所貢獻。「我還有一個小建議，我們可以為這個改良過的決策工具取一個好記的名字，或創造一個具有代表性的縮寫，這樣讀者就能輕鬆記住這一套方法。當我在聽你做總結時，我發現這六個步驟的第一個字母剛好可以連成『DOCTOR』這個單字：D 代表決策困境（Dilemma）、O 代表潛在選項（Options）、C 代表假設條件（Conditions）、T 代表驗證結果（Tests）、O 代表優化（Optimization of Options），以及 R 代表最終解決方案（Resolution）。因此，我認為可以將這一套適用於動態變化的決策方法稱為『DOCTOR 決策診斷工具組』！」

「哇，謝謝你幫我想出了這個名字，它充分展現出這個方法的『科學精神』呢！」伊芙表示贊同。「科學精神？」伊貝爾疑惑地覆述了一次。「是的，開發選項、辨識假設條件並進行驗證，這一整套流程其實就是一種具有科學精神的推理過程。研究顯示，這種以假設為基礎、透過實證驗證猜想的思維模式，能夠大大提升決策的品質。」伊芙說道。

「這竟然跟決策的品質有關係？」伊貝爾驚訝地問道。「讓我來向你詳細說明。最近，由阿諾多・卡穆佛（Arnaldo Camuffo）和阿方索・剛巴德拉（Alfonso Gambardella）所領導的研究小組在米蘭的博科尼大學（Bocconi University）進行了一項實驗，實驗對象為義大利一百多位來自各個領域新創公司的創辦人（Camuffo et al., 2020）。這些新創公司大多處於早期階段，有的僅有商業構想，有的才剛開始研發產品或服務，因此在實驗開始時，尚未有任何營收。這個實驗首先讓參與者集體

接受創業培訓課程，內容涵蓋四個重點主題：第一，學習如何製作商業模式圖（Business Model Canvas），也就是設計出一套能具體落實創業構想的企業架構；第二，學習如何訪談潛在客戶，藉此了解市場需求並蒐集回饋；第三，學習如何開發最小可行性商品（MVP），也就是具備核心功能的初步產品版本，讓顧客得以實際體驗並提供回饋；最後，課程的第四個主題，學習開發產品原型，進一步具象化商業構想。」

「在這個實驗進行的過程中，參與者會在未被告知的情況下被隨機分配到『科學思維組』和『對照組』。兩組所接受的課程內容基本相同，唯一的差別在於，『科學思維組』的參與者會被特別訓練，將他們的商業模式視為一種理論假設，而客戶訪談、MVP、原型測試則被視為一連串驗證這些理論的實驗。這種方式能幫助他們更有系統地測量與修正商業構想，用實際的數據來更新並優化原有策略。」

「在實驗進行的隔年，研究團隊針對兩組創業者的成果進行了追蹤與比較，主要從三個面向進行評估。你可以從這張圖表中查看這些評估指標的統計結果（請參考圖 7.3）。**第一個面向，進度分類**。他們將所有新創公司依據當時的進展情況分為三類計算占比。第一種是退場的新創公司。新創公司隨著商業理念在實踐中得到驗證，或是在面對資源與時間的限制時，最終選擇退場是相當常見的結果。第二種是已經推出產品或服務，並開始產生收入的新創公司。最後一種，則是尚未推出產品、仍在研發階段的新創公司。」

「**第二個面向，軸轉（Pivot）比例**。軸轉是指新創公司對原始商業構想進行重大調整的情況，例如，重新定義產品或服務的核心價值主張，或是重新定位目標客戶群。以我們之前提過的『利用與探索』的概念來描述的話，就是指企業的決策更加頻繁的進行『探索』。**第三個面向，營收表現**。針對已啟動營運的公司，統計他們實際產生的

營收數據。」

「從結果來看,『科學思維組』和『對照組』在發展進度的面向上,退場比例、產生營收比例、以及仍在研發中的比例上分布相近。雖然科學思維組之中,仍在研發階段的公司數量略低,但整體差異不大。」

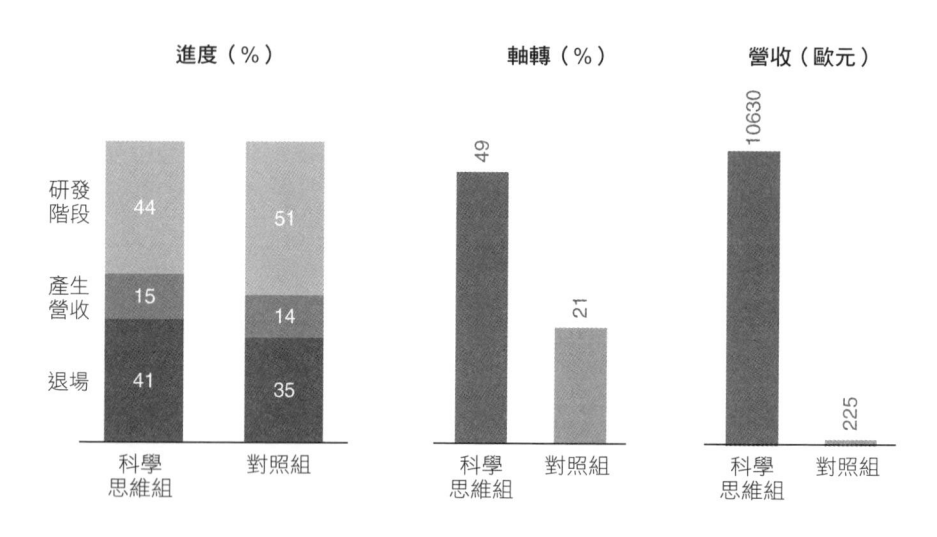

	進度(%)		軸轉(%)		營收(歐元)	
	科學思維組	對照組	科學思維組	對照組	科學思維組	對照組
研發階段	44	51				
產生營收	15	14				
退場	41	35				
軸轉			49	21		
營收					10630	225

圖 7.3　科學思維對創業成效的影響

「然而,『科學思維組』的軸轉比例就明顯高於對照組(49% 對 21%)了。就像『超級預測者』會比其他人更頻繁地更新預測一樣(請參考第 1 章「精準判斷力觀察計畫」,頁 49)。這些參與實驗的創業者,將自己的商業構想與商業模式視為未被驗證的預測,並透過嚴謹的實驗不斷進行修正與更新。也正因如此,他們最終獲得了更亮眼的成果:在產品或服務正式推出後,科學思維組的新創公司年均收入超過 10,600 歐元,而對照組的平均年收入則不到 250 歐元。如果我們將營收表現視為決策品質提升的間接指標,那麼在這次實驗中,我們幾乎可以說,科學思維具有將決策品質提升將近 40 倍的威力。」「哇!這結果真的

太驚人了！」伊貝爾由衷地感嘆道。

伊芙繼續說道：「而我們所研發出來的這套『DOCTOR 決策診斷工具組』獨特之處在於，它結合了兩種不同的科學研究與問題解決方法——歸納法與演繹法，並充分發揮了兩者的優勢。」「你可以再說明得詳細一點嗎？」伊貝爾發問。

伊芙回答：「讓我們先從歸納法說起。歸納法會藉由觀察現象與事實，找出既有的模式，進而推導出一套通用的理論。我們可以把它想成一種『由下而上』的問題解決方法。當我們遇到待解決的問題時，我們可以透過歸納法找出事物背後的邏輯，再經由這個基底來發展解決方案。這種方法是我們日常解決問題的常見方式，因為它既簡單又快速。在科學領域，歸納法經常用於具有探索性質的研究，因為它鼓勵人們深入觀察，從細節中尋找新發現，有時甚至能催生出令人耳目一新的想法。不過，這類從觀察得出的結論，往往容易受到個人主觀經驗的影響，進而導致結論產生偏頗。」

「相對地，演繹法則是一種『由上而下』的思考模式。我們首先需要根據問題提出一套理論或解決方案，並將其作為我們的起始假設，然後再透過尋找事實或進行實驗，來確認這個假設是否成立。演繹法的優點在於，它推導出的結論具有一致性與說服力——也就是說，只要事實基礎一致，其他人也會推導出同樣的結論。在科學領域中，演繹法主要應用於具有驗證性質的研究，因為它能帶來具有邏輯、經得起檢驗、且建立在事實基礎上的結論。這也正是卡穆佛和剛巴德拉在博科尼大學的研究中所採用的方法。然而，演繹法也有缺點：它很難能帶來新的觀點，還需要耗費大量時間求證。」伊芙一邊解釋，一邊在螢幕上展示圖 7.4。「你可以透過這張圖來縱覽這兩種方法的優缺點。」

伊芙繼續說明：「我們使用的這套決策工具，第一步是要針對單

一問題，設計出多種可能的解決方案。這本質上就是一種歸納式思考，因為它需要從經驗中推導出有系統的解法。這麼做的優勢，在團隊合作中尤為明顯，因為個體的差異性能激發出更多元、更有創意的選項。還記得我們曾談過要如何打造一支成功的團隊嗎？正是因為團隊中的每個人都有不同的經歷與思維模式，當團隊保持開放的態度，容許不同意見被聽見、被納入考慮時，決策的空間就被打開了。這其實是一種善用個體偏見與直覺的做法，透過戴有不同濾鏡的眼睛，團隊更容易捕捉那些看似零碎卻關鍵的訊號，也就更可能激盪出富有創意的選項。」

「接著，這套工具又會透過設定假設並進行驗證，來篩選出真正有效的選項。這就是演繹式思考的角色所在：它讓我們得以針對每個選項進行檢驗、消除偏見所帶來的盲點，最終做出符合邏輯、建立在事實基礎上的判斷。這也幫助我們克服人類在面對不確定性時，容易過度『利用』既有經驗、並陷入認知偏差的本能傾向。」伊芙說道。

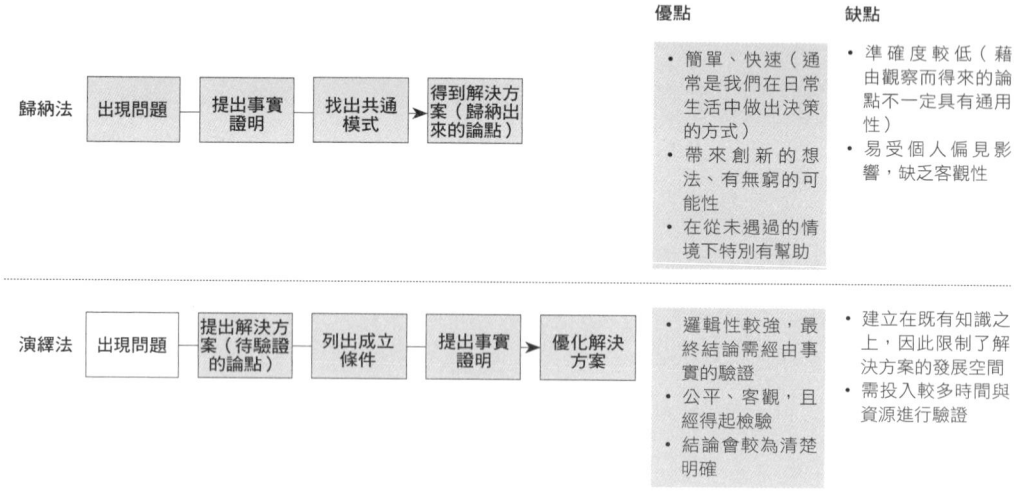

		優點	缺點
歸納法	出現問題 → 提出事實證明 → 找出共通模式 → 得到解決方案（歸納出來的論點）	・簡單、快速（通常是我們在日常生活中做出決策的方式） ・帶來創新的想法、有無窮的可能性 ・在從未遇過的情境下特別有幫助	・準確度較低（藉由觀察而得來的論點不一定具有通用性） ・易受個人偏見影響，缺乏客觀性
演繹法	出現問題 → 提出解決方案（待驗證的論點） → 列出成立條件 → 提出事實證明 → 優化解決方案	・邏輯性較強，最終結論需經由事實的驗證 ・公平、客觀，且經得起檢驗 ・結論會較為清楚明確	・建立在既有知識之上，因此限制了解決方案的發展空間 ・需投入較多時間與資源進行驗證

圖 7.4　歸納法與演繹法在決策應用中的優劣比較

我們應該相信直覺嗎?

人們常常會有這樣的疑問:「在決策當中,直覺扮演什麼樣的角色?」畢竟很多時候,我們並沒有辦法理性地分析每個選項的優劣後才做出選擇,而是單純「憑感覺」行動罷了。但問題來了,直覺到底是什麼?我們應該依賴它嗎?

這個問題其實遠比表面上看起來的複雜。研究指出,「直覺」並不是單一的心理概念,而是一個涉及多層認知運作歷程的總稱。不過,關於這種本能反應,學界存在著多種不同的模型與理論(Glöckner & Witteman, 2010)。比如,有學者將直覺定義為「透過快速、潛意識、整體性的聯想過程而產生的無意識判斷,而且是一種帶有情感色彩的反應結果」(Dane and Pratt, 2007)。整體而言,研究人員認為「直覺」的主要特徵之一,是它並不涉及積極的思考過程,而是一種自動發生的心理反應(Kopalle 等人, 2023)。這類反應通常不經我們主動控制,而是在大腦辨識出特定的模式後,迅速誘發我們對事物的決斷。這個過程還常常會受到情緒的影響。有研究指出,當人們心情愉快時,他們更傾向於依賴直覺,而不是透過邏輯分析來做出決策(Weiss and Cropanzano, 1996)。

直覺之所以重要,是因為它能幫助我們在面對複雜且模糊的情境時,迅速察覺其中隱含的規律,減少大腦在面對複雜資訊時過度運轉的壓力,同時也能加速決策過程。換句話說,直覺能夠在快速變化的環境中,幫助人們高效完成決策、及時應對挑戰。因此,許多企業的管理階層面對不穩定的情勢時,特別容易依賴

> 直覺來做出判斷（Kopalle 等人, 2023）。
>
> 　　但是，建立在直覺上的決策到底值不值得信賴呢？這仍是一項尚未定論的議題，許多相關研究都在持續進行當中。目前還沒有充分的實證證據可以明確界定，直覺在什麼條件下能發揮最大效益、或在哪些情況下可能導致嚴重的誤判。儘管如此，多數研究學者普遍認為，直覺還是應該要佐以實證分析，才會是比較理想的使用情境（Calabretta 等人, 2017；Kolbe 等人, 2020；Kopalle 等人, 2023）。換言之，當我們需要做一個影響重大的決策時，我們要有意識的將直覺與推理結合，以事實驗證假設，以達到更為精確且可靠的結論。

　　「我明白了，歸納法與演繹法雖各有優缺點，但妥善利用這些看似相互抵制的特色，就能讓這兩種問題解決方法變得相輔相成。而『DOCTOR 決策診斷工具組』正是成功結合兩者的範例之一。透過這樣的融合，我們能夠在保持創造力和靈活性的同時，讓決策建立在理性與客觀之上。」伊貝爾說道。

　　「完全正確！」伊芙回應道。

　　「不過，我很好奇，這套方法會不會過於『科學化』了一點？畢竟我是個企業家，不是科學研究員，我的團隊裡也沒有人負責進行科學研究。這種講求系統化思考和驗證的思維模式，對我們來說是完全不同的運作機制。」伊貝爾的發言，反應了他對 ATG 能否在實際狀況中應用這套方法的擔憂。

　　「科學思維並不僅限於特定職業。當然，我們知道研究人員是一

群被要求在工作中使用科學思維的職業。但是科學思維本身是一種心態和技能，而非一種身份。這種思考模式仰賴我們對已知事物的反思，保持開放心態，並在新事實出現時更新觀點。而這一套決策工具則提供了實務操作的參考，讓我們可以透過練習，將這種系統性的思考模式內化為自身的技能。」伊芙試圖透過解釋科學思維的核心概念，減少伊貝爾的疑慮。

伊貝爾回應道：「我想你說得對。我應該要把這種思維方式變成公司內部做出重大決策時的標準流程。不僅僅是在最高階的 GET 團隊中執行，而是要在整個組織中貫徹這種思想。」伊芙聽到伊貝爾放下心來之後，也跟著鬆了一口氣，並且提出自己的其他意見回饋：「我想真心地向你表達感謝，因為有你的交流與討論，才得以讓這套決策工具變得更加完善。我很喜歡你為這套工具所取的名字『DOCTOR 決策診斷工具組』，不過我希望給它一個更具象化又好記的名字，比如──『決策導航器』。」

「好特別，為什麼你會想到這個名字呢？」伊貝爾問道。「正如你這幾個月以來可能已經察覺到的，每一個決策從來都不是孤立存在的。它既是過去選擇的延伸，也是未來路徑的鋪陳。在這個充滿變動與不確定性的時代，決策就像是一場無法暫停的旅程，它們並不是一連串孤立的判斷，而是彼此交織、持續推進的過程。我希望這一套決策工具，對於那些在旅途中感到迷惘的人們來說，是一個像是行車導航一般的存在，給予人們必要的指引。」

「原來是這樣。我很喜歡『決策導航器』這個名字！」伊貝爾回應道。

謙而不卑的力量：科學思維與自省態度如何影響決策

要有效運用「決策導航器」這套工具，我們需要先培養一種特定的科學思維態度，也就是心理學家亞當·格蘭特（Adam Grant）所描述的「自信的謙虛」（Confident Humility）。它的核心精神在於，你可以對自己的判斷能力充滿信心，但是對於自己所使用的工具、理論或觀點，則不應視為絕對的真理（Grant, 2021）。我們需要對目前所掌握的知識保持開放的態度，願意虛心學習、但也不避諱對此提出質疑。這種科學心態鼓勵我們帶著好奇心，享受發現新知識的過程，從中不斷學習與成長。

舉例來說，舉世聞名的發明家湯瑪斯·愛迪生（Thomas Edison）在成功發明電燈泡之前，經歷了數千次失敗的實驗。當有人詢問他對這些失敗的看法時，愛迪生回答道：「我沒有失敗。我只是發現了一萬種行不通的方法。」而這正是「自信的謙虛」的最佳寫照。愛迪生對自己的能力充滿信心，但是不會盲從現有的知識，對於未知的領域保持敬畏，並且透過實驗反覆驗證自己的假設。這樣的態度也使他最終取得了突破性的發明成果。

更重要的是，這種心態還能幫助我們避免落入「達克效應」（Dunning-Kruger effect）的陷阱。（Kruger 和 Dunning, 1999）。這項心理學理論由大衛·達寧（David Dunning）和賈斯汀·克魯格（Justin Kruger）於 1999 年提出。這項理論指出，知識或能力不足的人，往往會傾向高估自己的判斷力與專業能力，也就是位於圖 7.5 中的「愚昧山峰」（Mount Stupid）。

其實在許多職場環境中，相較於一般員工，高階主管是更容易陷入「達克效應」的群體之一。由於高階主管往往將工作重心

放在營運與管理上，不見得還有足夠的時間與精力深入了解公司的技術細節、產線流程，或第一線所需的其他專業知識。然而，只要團隊運作順暢、公司表現穩定，主管的這些知識落差往往難以顯現。這就很容易讓主管誤以為自己對這些領域已有相當程度的理解，進而高估自身所具備的專業知識。

不過，達寧與克魯格也指出，陷入達克效應的人通常不會察覺自己正處於這樣的狀態。所以在他們專業能力不足的情況下，也難以進行補正，因為他們從根本上就喪失了自我衡量的能力。也因此，這些陷入達克效應的人常常會忽視他人觀點的參考性，甚至會抗拒接受建設性的建議。

事實上，我們每個人或多或少都曾登上過那座「愚昧山峰」。請試著回想一下那些自信過頭的時刻，並在腦海中仔細描繪出那一刻的畫面，就像幫自己拍下一張站在山頂的照片那樣。我們可以偶爾把這張照片拿出來看看，它能提醒我們：謙遜，才是讓我們持續成長的力量。

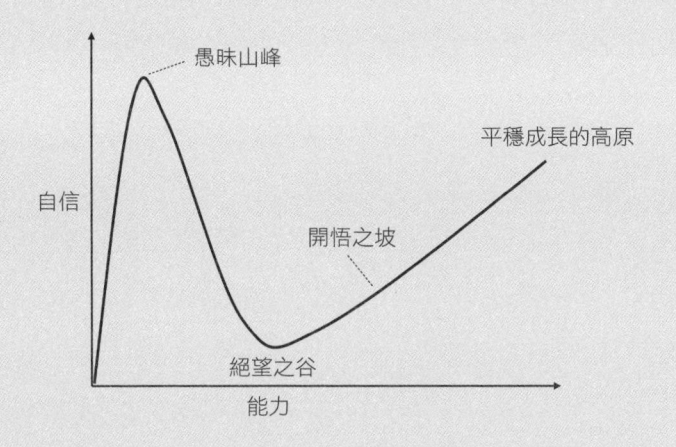

圖 7.5　達克效應示意圖：自信與能力的相對關係

「有你陪我一起聊聊我的研究內容真是太棒了。這不但讓我的研究變得更有價值，也變得更容易被人理解了。說真的，你可比那個總是惹麻煩的魔法師學徒厲害多了呢！」伊芙一邊笑著，一邊看著螢幕上的伊貝爾，眼神裡滿是感激與喜悅。「我們下次能不能見面聊聊？我很想給你一個真心的擁抱。」

伊貝爾也露出溫柔的笑容，語氣裡帶著一種久違的期待：「那會是我的榮幸！我會請助理法蘭聯絡你，看看什麼時候我們兩個都有空。我真的好期待見到你——我親愛的導師、也是我最珍惜的學習夥伴。到時候我們一定要聊個夠！」

本章重點

有時候，即使我們已經盡可能擴展選項空間，仍可能找不到真正令人滿意的選項。

這時，我們可以把所有的假設都清楚攤開。這樣一來，我們不僅能逐一驗證這些假設的合理性，還能讓反思這些前提是否有必要，甚至發現改變遊戲規則的可能性。把選擇的視野打開之後，我們就有機會探索出更好的選項，優化決策成果。

我們需要時刻提醒自己：「如果不存在這些前提條件，會出現什麼新的可能性？」我們的決策制定模擬作戰表，現在已經發展成六個步驟的「決策導航器」：

1. 辨識出「利用與探索」的兩難困境
2. 在「利用與探索」之間擴展選項範圍
3. 使用七個捷思法則，找出每個選項的相關假設
4. 用事實來驗證這些假設
5. 如果找不到滿意的選項，那就挑戰既有限制，開發出新的選擇
6. 選出最終決定

這個「決策導航器」之所以值得信賴，正是因為它結合了兩種思維方式的優點：歸納法的探索思維，以及演繹法的驗證思維。它一方面鼓勵我們廣泛探索可能性、激發創新的解決方案，另一方面又透過假設驗證，幫助我們去除偏誤、回歸事實，做出更理性、更可靠的選擇。

超級決策者

		潛在選項	3. 假設條件	4. 驗證結果
		潛在選項	3. 假設條件	4. 驗證結果
		潛在選項	3. 假設條件	4. 驗證結果
	潛在選項	3. 假設條件	4. 驗證結果	
	七個捷思法			
	a) 想達成的目標			
	b) 能創新的機會			
	c) 可運用的時間			
	d) 利害關係人及競爭對手的動向			
	e) 企業價值觀與文化			
	f) 企業的優勢與信心			
	g) 團隊的「情緒」或集體認知狀態			

1. 決策困境
2. 在「利用與探索」之間的選擇　利用 ← → 探索
5. 優化
6. 最終解決方案

步驟一：決策困境
辨認「利用與探索」的困境。

步驟二：潛在選項
在「利用與探索」之間找出潛在的選項

步驟三：假設條件
使用七個決策捷思法（a 到 g），辨識每個選項背後的隱含假設。也就是說，我們需要具備這些背景條件，才適合執行這個方案。

步驟四：驗證
用事實來驗證方案背後的假設條件

步驟五：優化
如果我們找不到令人滿意的選擇，那就嘗試挑戰既有的條件限制、擴展選項的範圍，我們也會優化原有的選項。

步驟六：解決方案
選出最終決定

圖 7.6　六步驟的決策導航器

NOTE

第三部分

在不確定情境下，
管理決策所帶來的張力

第 8 章
情境四：實施計畫

克勞迪奧・費瑟（Claudio Feser）、大衛・雷達斯基（David Redaschi）
和凱洛琳・弗朗根柏格（Karolin Frankenberger）

ATG 集團在通過美國與亞洲業務擴張的決議後，便開始逐步實施海外擴張計畫。初步的客戶回饋相當正向、市場動能也維持強勁的走勢，因此公司的業務發展走向也隨之穩定了下來。然而，就在 ATG 進行業務擴張的六個月後，這個轉型策略的問題卻逐漸顯現。不過，問題並不是出在海外擴張上，而是出在位處核心地位的歐洲業務上。

過去這幾年，ATG 一直將策略重心放在體驗式旅遊與客製化行程。伊貝爾與 GET 團隊不僅期望這股新趨勢能引領產業風潮，更希望藉此將 ATG 打造成歐洲旅遊產業中最具創新性、高成長潛力與穩健獲利能力的領導品牌。然而，再完美的藍圖，也終須面對現實的檢驗。

策略的推行不只是紙上談兵，它的成敗，取決於實施者所具備的能力與態度。為了實現 GET 團隊的願景，各個據點的前線員工必須培養一系列相應的技能，這些技能包括整合多元服務的能力，結合行程安排、導遊解說、在地活動等服務特色，才能推出具有吸引力的體驗行程。也就是說，員工必須要在銷售的第一線成為觀察敏銳的聆聽者，深入理解顧客的偏好與需求，再據此靈活地組合服務內容，才能在客戶眼前呈現出產品最好的價值。這些能力不只是一種技術，而是一種

創意與主動性兼具的態度。員工需要具有充分的創新思維與企業家精神，才能主動發掘、串聯，並創造新的體驗價值。

各項前台服務系統的數位轉型，也在亞歷山卓的帶領下順利上線。因為顧客互動與服務成果能夠透過系統完整留存與追蹤，使得決策能更仰賴量化數據分析、而非經驗判斷。因此，GET 團隊對內設定了提升顧客滿意度與忠誠度的營業目標，並選定了淨推薦值（Net promoter score）與顧客流失率作為主要績效衡量指標。

但理想與現實之間總會有落差。首先，公司至今尚未系統性地培養旗下員工上述的關鍵能力，使得原本期望深耕歐洲市場的策略步履維艱。其次，前線員工對於數位轉型似乎並不樂見其成，只是勉強在表面上維持這項轉型的基本運作而已。根據近期員工調查結果，公司內部對這項策略的認同度偏低（見附錄 10），這項策略的落實處處令人憂心。

此外，GET 也觀察到，ATG 的員工普遍缺乏「創新動能」。派駐於各據點的銷售人員似乎對於「新事物」缺乏興趣，全然沒有開發和探索的意願，反倒是想以提高傳統旅遊商品的銷售額來達成業績目標。儘管負責國內銷售及國外銷售的最高主管——康妮和法蘭克都親自下場參與這場變革的推動；艾莉森也積極強化了人力資源部門的培訓工作，讓 ATG 的銷售人員都能將體驗式旅遊套裝的銷售話術和服務理念熟記於心，並且能即時掌握產品的最新資訊。可惜的是，這些努力都未能帶來顯著的改變，ATG 最終還是未能如願在歐洲主場上華麗變身。

在進展停滯的困境之下，GET 團隊決定正視內部變革管理能力的不足，並投注大量的資源與精力進行改善。GET 團隊先是設立了專責的專案管理辦公室（Project Management Office, PMO），並重新調整了所有實施計畫的優先順序。每一項計畫都制定了明確的章程，詳細列

出目標、可交付成果、具體行動、責任分工與關鍵里程碑，一切井然有序地進行著。但是，儘管 GET 團隊採取了這麼多應對措施，延宕的轉型進度仍然未見好轉。

為此，伊貝爾邀請已經被晉升為「策略與創新部門」主管的康斯坦丁出席 GET 會議，希望他能提供團隊一些新的決策想法。在會議中，康斯坦丁提出了一個關鍵問題：這套以體驗為核心的新商業模式，是否已順利整合進 ATG 現有的組織與管理架構中？還是說，其實我們應該考慮成立一個獨立且平行的事業單位，專責推動體驗式旅遊，並擁有自己專屬的銷售據點與資源配置模式？

負責國內銷售的康妮一向行事謹慎，對於大幅度的組織調整顯得相對保守。他擔心，若在現階段強行推動組織結構轉型，恐怕會對他的部門帶來衝擊。他支持設立一個獨立的體驗旅遊事業單位，並補充說道：「我從沒看過哪個組織能一邊拓展創新，一邊又不影響現有營運業務。這種想法太不實際了。」

然而，財務長雨果對康斯坦丁和康妮的建議表示強烈反對：「作為財務長，我有責任提醒大家，如果要額外成立一個事業單位，這勢必會是一筆非常昂貴的投資。我們已經在 B2B 事業的擴展上吃過一次虧了，我們不應該再犯相同的錯誤。如果公司執意將體驗式旅遊從營運本體中切割出來，不僅會削弱資源整合所帶來的加乘作用，更是徒增組織的複雜度與營運成本。況且，如果新產品只能仰賴這個獨立單位銷售，而無法運用我們既有的銷售通路，那我們勢必得下修新產品的預期市場滲透率，甚至需要全面調整公司的預算編列安排。」

一聽到可能牽涉財務上的變動，伊貝爾迅速地回應道：「我完全不想再回去向董事會申請預算調整！」但康妮並沒有打算放棄他將原有 ATG 和「新 ATG」分開運作的構想──也就是將體驗式旅遊定位為

一個獨立的價值主張，並交付到對顧問式服務懷有熱忱的員工手上。倘若能明確劃分新舊的界線，那麼康妮為現有銷售模式所做的努力就不至於被一筆抹煞。

這使得伊貝爾開始動搖，是否要採納「新 ATG」的想法；或是至少擁有獨立的宣傳與推廣方式，好讓體驗式旅遊的獨特價值能更清楚地展現在市場中？康妮接著提議道：「如果我們不能獨立設立事業單位，那至少可以挑幾家據點來專門負責這項新服務吧？這樣一來，我們要說服及培訓的員工就會更少、更集中，也能更快打入市場。此外，這麼做還能在『新 ATG』與傳統據點之間激起一些良性競爭，促進創新的動能。」

不過，艾莉森從人資角度提出了異議：「我不認同這種做法！這會在公司內部形成所謂的 A 隊與 B 隊，不但容易造成分化，也會激起員工間的嫉妒與怨懟。畢竟，從員工中挑選合適的人選來參與公司的核心戰略，常常會被視為得到獎勵或受到偏愛。這樣做可能會為其他員工帶來挫折感。」他進一步補充：「此外，如果我們一開始只聚焦在少數據點，讓他們成為體驗式產品的專責據點，其他據點很可能會覺得自己被排除在公司的主要策略之外，這可能會嚴重打擊多數員工的士氣與對公司的認同感。」雨果也在一旁幫腔道：「而且這對公司的財務狀況也沒有幫助。」

伊貝爾注意到艾莉森主動站出來，清楚地說明他的論點，這讓他感到一絲欣慰。然而這份欣慰轉瞬即逝，他的思緒很快又被拉回到眼前真正的挑戰——如何突破這場停滯不前的轉型困境。其實，伊貝爾自己也還拿不定主意，到底是該將體驗式旅遊與傳統業務明確切分開來，還是應該繼續堅持內部整合轉型？他最擔憂的，其實並不是組織該以何種形式推行新業務，而是組織內部正在失去活力與凝聚力的現

實。說實話,他隱隱覺得,自己早已失去了大多數員工的心——尤其是位於歐洲總部的團隊,他們顯然無法對公司的轉型理念產生共鳴。

伊貝爾明白,設立一個獨立的業務部門或專責據點,的確可能讓「新 ATG」迅速獲得發展動力;但他也清楚,若是因此犧牲了內部的積極參與度與凝聚力,那將得不償失。伊貝爾收起思緒,望向艾莉森,問道:「我理解你的想法。那麼,身為人力資源部主管,你有什麼具體建議嗎?」

艾莉森沉思片刻後回應:「我認為我們可以先從各據點的獎酬機制著手,拉高銷售新產品的激勵比重,為第一線員工帶來即時的正向回饋。同時,我們也要積極分享那些已經成功落實『新 ATG』策略的分店經驗,讓大家看到具體成果,對『新 ATG』的轉型更有信心。另外,我也建議公司要在培訓方面投入更多的資源,確保員工能夠理解新策略的核心精神,並具備實戰能力。這些,其實都是我們力所能及的事情,我相信我們做得到。」

艾莉森又補充道:「還有一點,我們已經有一年多沒有召開全體員工大會了,或許現在正是時候。讓大家再次聚在一起,重新認識『新 ATG』的理念,也重拾彼此的連結。」這個建議聽起來合乎情理,但仍未完全打消伊貝爾的疑慮。

一直以來,伊貝爾對於『新 ATG』的價值主張都是非常看好的。他始終相信,這正是實現他宏大願景的關鍵,也就是將 ATG 打造成一家不斷精進、口碑優良、獲利穩健的歐洲頂尖旅遊企業。尤其,『新 ATG』中最讓他殷殷期盼的是,他們的價值主張不只是產品上的創新,更是對員工能力與心態的提升。ATG 的第一線人員必須學習以顧客為出發點,聽見顧客的擔憂、理解顧客的立場,「設身處地」為客戶著想。這麼一來,在規劃旅遊方案時,才能在行程、導覽、活動與其他特殊安

排中，為客戶帶來更深層的意義。要達成這個理想，員工需要擁有足夠的創造力，還需要具備創業家精神，勇於探索各項產品的潛在組合可能性。上述這些都是很棒的技能和心態，伊貝爾與高層都對此感到相當興奮。然而，員工卻未能感受到相同的熱情。能在一家持續成長、口碑優良、財務穩健的公司工作，本應是一件讓人感到驕傲的事才對。他完全無法理解員工們為什麼沒有跟著公司一起成長的動力。

想到這裡，伊貝爾的心情非常沉重。他真的不知道自己還能做些什麼了。因此，伊貝爾找到一家專業顧問公司，向他們尋求能跳脫既有框架的對策。然而，顧問公司卻提出了一個相對激進的建議：他應該「製造一場危機」。也就是說，他應該設法讓整個組織意識到，傳統銷售模式正在快速與市場脫節，甚至可能將公司推向非常危險的處境。顧問公司建議，ATG 可以透過一些「象徵性」行動來強化這個警訊，例如開除那些公開反對新策略或配合度較低的分店店長，讓員工深刻理解到轉型的急迫性與必要性。

但伊貝爾對這種做法感到相當反感。透過懲罰式手段來達成目標，與他一向所堅持的「以員工為本」的價值觀背道而馳。他完全無法接受這種殺雞儆猴的作法。負責海外銷售的法蘭克也認為公司不需要過於躁進，畢竟馬修與湯瑪士在海外業務擴展上的表現十分亮眼，公司的整體發展步調相當穩定。法蘭克表示：「轉型本來就不可能一蹴可幾，我們應該給 ATG 的員工更多適應時間。我相信再過十二個月，情況一定會有所好轉。屆時，大部分同仁都已經充分熟悉新產品的價值理念，自然就會開始主動推銷。」他頓了頓，又補充說道：「也許我們該回去和董事會談談，重新爭取更多預算空間。」

此時的伊貝爾正被兩種截然不同的聲音夾擊：一方面，外部顧問建議他「製造一場危機」，以激化組織對轉型的警覺；另一方面，法

蘭克則主張「給予更多時間」，讓變化自然發酵。他的內心也陷入了拉鋸，一邊是推動轉型的壓力，一邊則是對組織現狀的顧慮。其中，令他最無法忽視的是，儘管轉型策略設計得再好，組織內部對改變的抵抗情緒似乎正在緩慢地蔓延。伊貝爾明白，他沒有時間猶豫了，他必須盡快做出決定。

經過 GET 會議討論，團隊彙整出四個能夠用因應轉型困境的選項：

1. 放慢轉型腳步，以降低內部的不安與抗拒感。
2. 成立一個專責部門，將新產品從組織中獨立出來，使其聚焦於體驗式產品的創新與發展。
3. 從現有據點中挑選 30% 擔任轉型先鋒，率先導入體驗式產品與服務，作為示範據點。
4. 強化正向回饋與培訓制度。透過獎勵機制、成功案例分享等「慶祝成功」的方式，重新點燃員工對轉型的熱情與認同。

問題反思

　　根據你目前對 ATG 集團情況的了解，你認為哪一個選項可以為 ATG 鋪墊歐洲市場的轉型之路？

- 選項一？
- 選項二？
- 選項三？
- 選項四？
- 又或者 GET 應該尋找其他更適合的選項？

　　請先寫下你的答案，再繼續跟著故事的發展一探究竟。

第 9 章
推動組織改革

安娜・普羅科皮奧・捨恩（Ana Procopio Schön）、克勞迪奧・費瑟（Claudio Feser）、丹妮拉・勞雷羅・馬丁內斯（Daniella Laureiro-Martinez）和斯特法諾・布魯索尼（Stefano Brusoni）

「宇宙中一切有形與無形，每個剎那都在流轉與蛻變。」

——古希臘哲學家，赫拉克利特（Heraclitus）

伊貝爾時常想起伊芙這位「書呆子妹妹」，也很珍惜每一次對話的機會，但是他最近卻有點疏於聯絡對方。因為伊貝爾身為ATG的執行長，工作幾乎占據了他的所有時間。忙碌的行程從週一清晨一直排到週五傍晚，一刻也不停歇，有時甚至連週末也無法休息。伊芙也同樣思念與伊貝爾的交流。他總是會在看著伊貝爾時，一邊欽佩對方的果斷、堅毅與行動力，一邊期許自己也能擁有這些特質。不過，伊芙最近也處於博士後論文的關鍵時期，為了即將到來的論文發表會忙得不可開交。

兩人一直期待著能再見上一面，也在百忙之中擠出了見面的時間。可惜的是，伊貝爾突然接到緊急任務，必須立刻出國處理公務，這場久違的見面又再度落空。為此，伊貝爾的助理法蘭特別來電說明情況，並提議改為線上視訊：「伊貝爾感到非常抱歉，但他臨時有些緊急工

作必須出國處理，因此由我來協助兩位安排視訊通話的時間。」經過一番波折，他們終於得以再次透過視訊通話進行交流。電話一接通，伊貝爾立刻向伊芙表達歉意，並希望此事沒有造成伊芙太大的困擾。伊芙也一如往常的善解人意：「別擔心，事情處理好了比較重要。」

在彼此都釋懷之後，他們自然地聊起了各自的近況。伊芙笑著說起自己的好消息：「我訂婚啦！」伊芙語氣藏不住的開心，「婚禮日期也敲定了！」他的未婚夫羅爾也是一位學者。一年前馬德里舉辦了一場關於認知偏差的研討會，兩人就是在這場學術討論中認識了彼此。「恭喜你！這真是天大的喜事！」伊貝爾興奮地說道，「我跟我的先生有沒有這個榮幸參加你的婚禮呢？」「當然，你們一家都在賓客名單裡，包括你家那兩位可愛的小姑娘。」伊芙開心地說。

輕鬆的話題結束後，伊貝爾將話題帶到 ATG 現在面臨的轉型阻礙上。他坦言對於目前如此緩慢的進度感到十分沮喪，也對組織內部為何會抗拒改變感到困惑。這讓他開始懷疑，自己和 GET 團隊在制定整體策略時，是否忽略了某些關鍵因素。「其實，你現在所面臨的狀況並不少見。」伊芙見怪不怪地說道，「這些都是在快速變動的大環境下進行決策時會產生的自然結果。」「那是什麼意思？」伊貝爾略感驚訝地問道。

伊芙繼續解釋：「當我們在高度變動的環境中做決策時，必須在『探索』與『利用』之間找到平衡點。這通常會促使組織同時推動兩種性質相反的活動：一種是著重現實執行層面的短期措施，例如，關閉表現不佳的據點；另一種則是以創新為導向的長期發展，比如將重心轉向客製化與個人化的旅遊服務。這些計畫往往會同時推進，彼此競爭資金與管理層的關注，進而導致組織內部出現緊張的對立關係。」

「緊張的對立關係？」伊貝爾疑惑地反問道。伊芙回答：「是的，

我在論文中將其稱為『緊張關係』。這類內部矛盾，往往源自組織試圖同時推動這兩種性質迥異的業務策略。一旦部門之間的目標出現衝突，就很容易引發彼此的誤解與對立。以『矩陣式組織』（譯註：一種結合「職能部門」與「專案導向」的組織結構，員工通常需要同時向兩個不同主管，如部門主管與專案主管報告。在此架構中，組織可同時兼顧資源的高效運用與跨部門合作的靈活性，但也容易產生權責不清、衝突頻繁等問題，因而常伴隨較高的內部協調成本。）為例，部門管理與專案開發之間便時常需要為這種對立關係進行協商。部門管理者通常會將注意力放在既有資源的開發與利用上，較為關心短期內是否能如期達成績效目標；而專案開發者則重視未來成長性，較為關心有利長期發展的人才培養與創新思維。」

「在『功能型組織』（譯註：一種依據專業職能，如行銷、研發、生產、人資等劃分部門的傳統組織形式。這種結構有助於專業技能的累積與標準化流程的執行。但在推動創新或跨部門協作時，容易出現資訊孤島與協作瓶頸，進而產生部門間的對立與矛盾。）的運作中，這種矛盾也十分常見。像是生產與銷售部門關注的是現有產品的銷售與營收，也就是資源的有效利用；而研發部門則致力於新技術與產品的開發，代表著未知的探索活動。彼此的工作重心及規劃視角有著相當明顯的差異。」「這種內部分歧的情況也可能體現在不同銷售通路之間。例如：代理經銷商往往更願意推廣現有產品、追求可預期的利潤（利用）；而需要直接面對消費者需求的業務開發單位，則會更積極了解新產品在市場上的接受度（探索）。類似的矛盾亦常見於技術世代的轉換，比如在汽車研發上，是該優化已經很成熟的內燃機引擎技術、還是該嘗試具有潛力的電動車技術？這些正是典型的『利用與探索』之間的拉鋸。」

> 緊張的對立局勢，是同時推動兩種性質相反的業務模式時很常見的一種現象。

伊貝爾回應道：「我明白了，ATG 現在正是被這種緊張關係所影響：員工一方面被要求推動『新的』價值主張，也就是銷售創新的產品與服務，拓展未來市場；另一方面，卻仍需維持『舊的』商業模式，持續行銷既有產品，以維持現有的營收穩定度。」

伊芙接著說：「是的，從 GET 團隊的決策過程中可以發現，『利用』與『探索』這兩種策略有著截然不同的特徵與運作邏輯（Tushman and O'Reilly，1996）。在不同類型的組織之下、或者經由不同人格特質的領導人帶領之下，策略施行的方向也會有所不同。以利用導向的企業為例，其業務發展核心在於成本控制與利潤最大化。企業的關鍵任務通常圍繞著如何提升營運效能，或是如何在現有流程當中找到可優化之處。這類型的組織通常會有一套清楚定義的標準流程，而且相當重視營運能力；在績效評估上，利潤與生產力通常是最重要的關鍵績效指標（KPI）。在文化風格上，強調以客戶為中心，重視效能與品質，且有風險趨避的傾向。而在領導風格方面，則多採用由上而下的指導模式（Tushman and O'Reilly，1996）。」

「相較之下，探索導向的企業則更聚焦於創新與成長。它們的關鍵任務在於培養韌性、開發新產品，並勇於突破現狀，因此，團隊需要具有足夠的創業精神與實驗思維。這樣的組織結構通常比較鬆散、具有彈性。在組織文化上也會偏向鼓勵進行實驗與嘗試，敢於承擔風險。而在領導風格上，則傾向聘用具有遠見的管理者，目標為引導團隊並帶來啟發（Tushman and O'Reilly，1996）。」「希望這樣的對比，能讓你對 ATG 目前的內部緊張為何形成有點概念。」伊芙在此停頓，

做出小結。

「我想我大概知道這是怎麼回事了。但是，ATG 以前從來沒發生過這麼強烈的內部矛盾，為什麼現在才突然浮現呢？」伊貝爾問道。伊芙解釋道：「這可能是因為 ATG 正處於轉型的階段。你們在『利用』舊有策略帶來穩定收益的同時，又需要同步『探索』創新方案所帶來的機會與風險。這時，公司內部會產生兩組目標相斥的團隊，內部的緊張氣氛也就會隨之升高了。一個組織若未能妥善處理這種策略之間的衝突，就很容易導致轉型受阻，甚至以失敗告終。」

「而且，這個問題可能比你想像的更嚴重一些。回顧過往的統計資料就可以了解到這件事有多困難。過去四、五十年來，不管學者們如何進行研究與測試，企業的轉型失敗率始終居高不下，約有 60% 到 70% 的企業轉型計畫都以失敗收場（Beer and Nohria，2000；Ewenstein et al.，2015）。即便今日的我們，對於組織改革及組織心理學已有更多了解，但還是無法有效降低轉型失敗的風險（Ashkenas，2013）。」伊芙補充道。

「這聽起來很像是我所面臨的狀況……那麼，我們到底該怎麼辦呢？」伊貝爾問道。「如果一間企業希望成為具有『雙元性』的組織，也就是能同時推動利用型與探索型策略，那麼有三種做法可以管理內部的緊張局勢：**第一，分離利用與探索的業務活動，讓兩者獨立運作、互不干涉**；第二，將內部矛盾交給具有高度領導能力與整合能力的高階主管來處理；第三，透過改變內部人員的行為模式與心態，建立支持雙元運作的企業文化。這裡我想特別提醒的是，這三種做法並不互斥，可以依據實際需求相互搭配運用。」伊芙說道。

「我對第一種方法有點困惑。『分離利用與探索的業務活動』實際上是指什麼？」伊貝爾問道。「我們剛才提到要促進組織的雙元性，

而『分離』就是其中一種很有效的做法。」伊芙接著解釋道，「一般來說，人們並不擅長同時進行『利用』與『探索』，想要員工兼顧這兩種截然不同的任務並不實際（Sana et al.，2013；Janssen et al.，2015；Laureiro-Martinez et al.，2015）。我們可以回想一下我們在幾個月前討論過的研究。在承受壓力的情況下，人們會下意識地使用他們最熟悉的預設行為模式，也就是以『利用』為導向的行動。雖然這是一種能減輕認知負擔的自然反應，但是卻會明顯增加人們進行『探索』的阻力。為了解決這個問題，組織可以透過明確的任務分離，讓員工各自專注於單一的思維模式。如此一來，無論是現有業務的利用，或是對未來潛力的探索，都能擺脫彼此的牽制，擁有獨立運作的空間。」

「具體而言要怎麼執行呢？」伊貝爾問道。「有三種常見的分離策略可以幫助組織兼顧利用與探索活動：**第一種是『結構型雙元（Structural Ambidexterity）』**，透過設計組織架構，將利用與探索活動分配給不同部門，讓人員能在明確分工下專攻各自的重點任務。**第二種是『脈絡型雙元（Contextual Ambidexterity）』**，人員雖然待在相同部門或職位中，但是依照工作任務的脈絡與需求，還是會在利用與探索之間切換。**第三種則為『循序型雙元（Temporal Ambidexterity）』**，透過階段性安排，讓組織在特定時期聚焦於利用，在其他時期轉而推動探索，以適應外部環境或戰略方向的變化。」伊芙回答。

「你提到的第一種分離策略──結構型雙元的特點是什麼？」伊貝爾問道。「採用『結構型雙元』作為發展策略的組織，會透過調整部門設計或設立專責單位，將『利用』與『探索』的職能加以明確劃分（O'Reilly and Tushman，2004）。在這樣的架構下，一部分員工專攻於提升現有業務的效能與績效（利用），而另一部分則致力於發展創新

方案與開拓新市場（探索）。這種類型的職能分工，在實務上並不少見，最經典的例子就是功能型組織。在這樣的組織架構中，銷售部門會聚焦於達成短期營運目標、優化現有流程，這類任務屬於『利用導向』；而研發部門則負責新產品或技術的開發，儘管其成果可能在數年後才會對銷售業務產生影響，但卻是『探索導向』中重要的一環。」

「另一種常見的結構型雙元，則是設立獨立的新創部門。比方說，母公司如果仍須透過原有的核心業務維持營收穩定度並進行漸進式改良，就可以成立獨立事業部門或子公司來負責進行創新發展。這些單位不僅能將重心放在研發工作上，而且運作上相對自主，可以在產品線、商業模式或銷售管道上做出更多不同於以往的嘗試。」「臭鼬工廠（Skunk works）也是結構型雙元策略的另一個典型案例。所謂的臭鼬工廠，是指遵照公司高層指示而設立的獨立單位，通常被賦予高度的自主性與運作彈性。成立這種單位的目的在於，公司期望這個團隊的成員能在發現新機會時快速採取行動，以更靈活的方式推動足以顛覆市場現況的創新技術。」（譯註：臭鼬工廠源自於美國一家航空製造業洛克希德馬丁公司的一個機密研發部門，因為工廠的周邊環境極為惡臭而得名。後泛指具高度創新、自主與實驗性的特設研發團隊。）

「舉例來說，吉立亞醫藥公司（Gilead Sciences）就選擇將其子公司『Kite 藥品』作為一個獨立的業務單位來營運。Kite 藥品深耕於近期備受矚目的細胞療法，如今已站穩業界領頭羊的位置。在吉立亞公司所發布的新聞稿中，執行長表示，細胞療法是一個極度競爭且瞬息萬變的領域，因此 Kite 需要日以繼夜地思考與試驗，才得以在業界保持領先。他特別指出，唯有賦予 Kite 足夠的營運自主權，才能確保團隊在高度競爭的市場中保持靈活、持續創新（Barba，2019）。」

「另一個著名案例則是蘋果公司所開發的麥金塔個人電腦

（Mac）。這個大獲成功的產品，其實背後的研發團隊也並非直接隸屬於公司主體，而是出自一支相當精簡且高度自主的創新團隊。這個團隊不僅有獨立的辦公空間，據說他們甚至在屋頂插了一面象徵獨立精神的海盜旗呢（Beinhocker，2006）。」伊芙津津樂道地分享著。「我懂了。ATG 其實也正在考慮採用類似的策略。那第二種的脈絡型雙元又是如何進行的呢？」伊貝爾問道。

伊芙回答：「採用『脈絡型雙元』作為發展策略的組織，會透過營造高度彈性的工作環境，使員工能根據情境與任務需求，在『利用』與『探索』這兩種活動之間靈活切換（Gibson and Birkinshaw，2004）。這種模式強調的是階段性專注，也就是說，員工可能在某段時間內全力投入創新與探索，並在另一個階段轉而聚焦在現有資源的應用與優化上。舉例來說，企業進行策略規劃的過程，就是一種階段性的探索活動。在這個過程中，企業高層需要暫時抽離日常的營運工作，重新思考組織所面對的挑戰與產業的趨勢，並從中挖掘商機。等到規劃完成後，這些待執行的策略便需要『利用』現有資源，才能實現理想中的計畫成果。」

「另一個脈絡型雙元的例子來自『精實生產方法（Lean Production）』中的『看板管理法（Kanban）』，這個方法常見於生產線上的管理系統中。在這種管理方式下，團隊需要定期召開會議，盤點現有流程中存在的問題與瓶頸，並條列於會議看板中，藉此激發出改良的辦法。舉例來說，生產線上的成員在日常工作的觀察中發現，某部分製程所造成的良率問題最為明顯，並在團隊會議中提出這個待優化事項。因此，團隊就能集思廣益，針對這部分的製造機器進行研發與調整，最後便能將這些新發明應用於生產流程的改良上。這種在問題中尋找解法（探索）、再回到實務應用（利用）的循環，就是脈

絡型雙元的實踐方式之一。」

「最後，還有一個常見的脈絡型雙元策略，就是『敏捷團隊（Agile teams）』。這些團隊通常會在短期內密切合作，專心解決指定的議題。他們通常會以短期衝刺、即時回顧的工作節奏，讓創新方案能在有限的時間與資源下順利落地。」

伊貝爾點頭道：「謝謝你用這麼清楚易懂的方式解釋與舉例。那第三種策略——循序型雙元又是怎麼運作的呢？」伊芙回答：「採用『循序型雙元』作為發展策略的組織，會隨著時間推移與外部環境的變化，逐步調整自身的組織架構，藉此回應不同階段所面臨的需求（Tushman and O'Reilly, 1996）。許多新創企業一開始都會採用脈絡型雙元的運作模式，強調彈性與創新。但隨著規模擴大、營運趨於成熟，這些新創企業就會透過更明確的職能分工、專業角色配置，讓組織運作變得更有結構性和穩定性。」

「以上就是有關分離策略的三種可行辦法。」伊芙說道。「那什麼情況下適合採取分離策略呢？我們目前內部也在討論是否要把新、舊產品的銷售通路劃分開來，把資源集中到新產品的示範據點。藉此，我們也能集中心力在少數員工身上，建立新產品理念的銷售手法。」

「還記得我們為什麼要發展分離策略嗎？因為我們想要緩解內部在『利用與探索』之間的緊張關係。而你提到的銷售通路分割，正是最直接也最常見的一種做法，也就是從結構上進行分離。我們剛才在分析『結構型雙元』的具體案例時，已經了解到這個做法的許多優點了。但是，我們需要注意的是，它只有在利用與探索活動之間的整合程度本來就不高時，方能見效。」

「整合程度不高具體是指什麼情況？」伊貝爾追問。「意思是說，當利用與探索這兩類活動之間，無法為彼此帶來加分作用，或是它們

所需的專業能力、商業模式大不相同時，才適合採用分離策略。」伊芙回答道，「舉例來說，一家公司的『利用活動』與『探索活動』若使用不同品牌名稱、不同銷售通路、不同行銷手法、甚至目標消費者是完全不同的客群，就很適合完全獨立運作。」

> 若要緩解組織內部「利用與探索」之間的緊張關係，從結構上進行分離是最直接的一種做法。

「我明白了，綜合以上的考量點，結構型的分離策略不一定最適合現在的 ATG。不過我們還是可以從規劃階段性任務的部分下手，對吧？」伊貝爾問道。「當然，我們可以使用脈絡型雙元與循序型雙元的做法來規劃團隊的階段性任務。然而，領導者需要適時引導員工在利用與探索的活動之間轉換注意力，這相當考驗領導者的管理能力。」伊芙回答道。「我想我大致理解分離策略的優點與背後所需的背景條件了。那麼我們可以談談關於緩解內部緊張關係的第二種方法嗎？我該怎麼『將內部矛盾交給具有高度領導能力與整合能力的高階主管來處理』？」伊貝爾問道。

伊芙回答：「沒問題，就讓我們來仔細看看第二種方法的應用情境。有時候，我們無法將利用與探索活動完全劃分在不同的業務單位中。即使劃分出不同的部門了，它們之間往往仍存在密切的連結，像是共享專業知識、數位系統等，或是在資源運用與營運流程上相互依賴。在無法採用分離策略的情況下，這時就可以採取另一種做法：將這兩種活動之間所產生的緊張關係，交給核心高層團隊來處理，由他們負責吸收與協調這些策略上的衝突。因為高層團隊成員通常各有各的專責領域，依據各自的職責形成不同的觀點。若我們將這些相互衝突的

觀點放到高層的會議桌上討論，就能以綜觀全局的方式重新審視問題，通常能促成較有建設性的協商結果，也能藉此減少基層處理對立關係的壓力。」

「讓我們以實例來說明具體的實施方式與背景假設。假設我們現在主要的利用與探索活動分別由業務部與研發部負責。業務部主管主要將重心放在達成季度銷售目標（利用），而研發部主管則致力於推出新產品（探索）。從業務部的觀點來看，他們可能會覺得研發部所推出的產品沒有顧及目前的市場趨勢，暫時無法銷售，或是需要花費大量的時間與精力才得以提高銷售額，這就與業務部想要達成的短期目標背道而馳了。與此同時，產品經理則可能抱怨銷售團隊缺乏配合度，甚至懷疑對方刻意冷處理、暗中抵制新產品的上市。不過，如果雙方代表彼此信任，且真心希望公司能取得成功，他們就有機會找到讓雙方都能接受的折衷方案。比如，對新產品做些微調整、採取分階段上市的策略，或是調整前線業務團隊的優先任務等。這些都能促進合作，達成雙贏。」

「你這樣說明，我就能理解了。」伊貝爾點頭說道。伊芙接著說：「研究顯示，高層團隊是組織實現雙元性的關鍵推手（Carmeli，2008；Carmeli and Halevi，2009；Lubatkin et al.，2006；Tarba et al.，2020）。一個優秀的高層團隊必須具備『行為複雜性（behavioral complexity）』，才能在高度變動、充滿不確定性的情境下，處理來自組織內部的矛盾與緊張（Carmeli and Halevi，2009）。」

「什麼是『行為複雜性』？」伊貝爾問道。「簡單來說，行為複雜性指的是團隊包容多樣性的能力。能夠展現高度行為複雜性的團隊，通常擁有融合不同成員背景、經驗與工作風格的本領，即便在各種視角激烈碰撞之下，也能夠找到協調與整合的方式。一般來說，團隊的

多元性越高，應對複雜局面的韌性與靈活度也就越強。」伊芙回答道。

「原來如此。」伊貝爾說道。伊芙繼續說道：「近年來，多元化已成為高階管理團隊與董事會人事決策中的熱門議題。許多企業的高層團隊雖然在形式上具備多元的組成，然而，唯有在團隊欣賞彼此的差異、善用多元觀點與思考模式的基礎上，才能真正發揮多元性的價值。換句話說，多元化不僅取決於成員的背景組成，更是一種心態的展現。我們不只是關心『團隊裡有誰』，而是關心『團隊如何互動』。」

「在學術上，這種團隊有效互動的現象被稱為『行為整合（behavioral integration）』。根據賓夕法尼亞州立大學管理學教授漢布里克（Hambrick，1998）的定義，行為整合指的是團隊成員之間的互動模式與集體參與的積極度。行為整合度越高，代表團隊互動越緊密，運作上也會越有動力。在環境劇烈變動的情況下，那些具備高度協作與互信機制的團隊，往往能展現出更強的領導力與決策效率（Carmeli & Halevi, 2009）。」

> 多元化是一種思維與態度的展現，唯有在團隊欣賞彼此的差異、善用多元觀點與思考模式的基礎上，才能真正發揮多元性的價值。

伊貝爾說：「我懂，我認為這可能也是董事長卡洛當初找我進ATG時，特別重視我是否能融入既有GET團隊的原因。老實說，一開始真的非常不容易，尤其那時的亞歷山卓還抱著非常強烈的抗拒心態，所有事情的進展都相當緩慢。所幸，隨著相處的時間拉長，團隊逐漸找到協作的節奏與默契。現在，即使成員們在討論策略時偶有分歧，仍能在彼此尊重的前提下，理性溝通並促成互利互惠的合作結果。我可以感受到，GET團隊的每一位主管，是真心希望公司朝向更好的方

向發展，只是每個人最初所設想的『更好的方向』不盡相同。只要團隊理解彼此的最終目標一致、立意良善，就有機會找出彼此想法中的最大公約數。」

「聽起來是個很棒的團隊呢。伊貝爾，你做得很好！」伊芙說道：「我想，每個成員都在以不同的方式對團隊做出貢獻。」「沒錯！」伊貝爾點頭回應道，「像康斯坦丁和雨果就是一個很鮮明的對比。康斯坦丁年輕又有遠見，總是充滿了樂觀的期待；而雨果則非常務實，尤其在談到成本控制時又更加保守。儘管兩人在決策上的態度截然不同，但是他們對 ATG 的未來卻有著同樣的真誠與堅定，這也讓他們願意成為彼此支援的盟友。」

「不過，你也不要低估了你身為領導者的重要性，伊貝爾。」伊芙提醒道，「想要建立一支高效運作的團隊，領導者需要投入極高的專注力與行動力，而你做得非常出色。領導者需要注意的事情包括以下幾項：**第一、設定明確的共同目標，並確保團隊成員之間能夠頻繁見面討論、鞏固共識**（Carmeli & Halevi，2009）；**第二、讓每個人都有平等的發言機會，確保每個聲音都被聽見**（Woolley et al.，2010）；**第三、鼓勵同儕或部門之間進行合作與交流**（Zaccaro et al.，1991）；**第四、讓不同成員都有參與決策過程的機會，這樣才能真正包容不同的觀點與需求。**（Hambrick，1994）；**最重要的是，領導者需要營造一個安全的場域，讓大家即使有不同意見，仍能安心表達**（Edmondson，1999；Duhigg，2016）。」

「由此可知，GET 團隊能有這麼好的互動氛圍，你的領導功不可沒。」伊芙由衷地向伊貝爾表達他的欽佩。「感謝你注意到這一點。要讓他們好好合作，真的花了我不少心力。」伊貝爾苦笑著說道。「但這些投入絕對值得。」伊芙點頭接著說：「一個具備多元性與良好互

動模式的團隊，往往能孕育出一種『集體智慧』──這不只是個人智慧的總和，更是一種透過彼此激盪所催生的更強大、更深刻的判斷力與創造力（Woolley et al.，2010）。」

「我很慶幸，我們真的培養出這樣的團隊能力了。每當我們面對挑戰時，團隊總能從不同視角出發，找出更多可行的選項，也就有機會對現況做出更好的判斷。」伊貝爾反思道，「雖然這個團隊是我從前人手中承接而來的，我沒有機會親手挑選自己的團隊成員。但是，也正因如此，我學會了放下預設，接納團隊原有的多元樣貌，也學到了如何用更開放的眼光去發掘每位成員的獨特價值，讓他們各自發光。」

「這說不定也是一種因禍得福呢。」伊芙補充道，「如果當初你只選擇自己熟悉、契合的人選，反而可能錯過這些多元背景所帶來的火花。而你的領導成果也正好證明了──只要有包容的基礎與互信的氛圍，團隊就能凝聚出正向的互動能量，這就是所謂的集體智慧，也有人稱之為『團隊力（teamness）』（Hambrick，1998）。」「我們剛才談過，透過專業分工或其他形式來進行業務分離，也談到了高階團隊在應對這些緊張時所扮演的關鍵角色。除此之外，要緩解組織內部的緊張關係，還有第三種方法，對嗎？」伊貝爾問道。

「是的。」伊芙回答道。「有時候，光靠分工或高層協調，仍然無法化解組織內部真正的癥結點。在某些情況下，『利用』與『探索』這兩類活動都必須紮根於組織整體中，甚至需要落實到所有員工的日常工作中，才足以達成最終理想結果。這也是我所看到的 ATG 現況──你們的前線員工不但要持續推動既有產品的銷售，同時也要開始介紹與推廣新一代的體驗式產品與服務。這並不是單靠流程或制度就能解決的問題，而是需要從根本改變人們的行為模式。員工需要培養更敏銳的傾聽能力，更善於整合多元產品與服務的能力，還要有創業家般

的實驗精神，才能真正把新的價值主張推向市場。他們需要學會從過去被動回應需求，轉向主動發掘需求。站在顧客的角度思考，才能為顧客提出更貼切、更具吸引力的消費建議。」

「我完全認同你的看法。」伊貝爾說道。伊芙接著說：「但是，改變行為本身就是一項非常艱鉅的任務，不僅在組織轉型時如此，在我們的日常生活中亦然。這個問題幾乎存在於生活中的各個角落。就拿控制體重來說好了。很多人都希望自己能瘦下來，不論是想變得更好看，還是希望身體更健康。為了達到這個目標，他們訂下了運動目標，也開始嘗試改變飲食習慣。然而，真正能恪守計畫的人並不多，而且還會為自己的行為找藉口。」伊芙語氣一轉，模仿起那些常見的口吻：「『唉，這週有太多推不掉的飯局跟應酬了，這也不是我願意的啊。只能下週再開始減重了。』」

「這句話我每週都會對自己講一次⋯⋯。」伊貝爾笑著附和道。伊芙繼續說道：「有時候就算攸關生死，人們依然難以改變自己的行為。舉例來說，醫學上的『服藥遵從性（medication adherence）』，就是一種會高度影響病情變化的行為因子。研究顯示，大約有 40% 到 50% 的慢性病患，並未依照醫囑持續服藥（Kleinsinger，2018）。其中比較常見的像是糖尿病或高血壓患者，不按時服藥的健康風險顯而易見，但是病人還是常常會擅自中斷療程，導致病情無法妥善控制。更讓人震驚的是，連那些剛做完冠狀動脈繞道手術的病人，也是如此。即使這些病人很清楚如果不照規定服藥，會引發中風或其他致命疾病，還是有不少病人沒有遵照處方服藥（Feser，2011）。」

「哇，連這麼嚴重的後果都無法使人改變行為，這件事真的比想像中困難得多呢！但為什麼改變會這麼困難呢？」伊芙繼續說：「正如我們在幾個月前討論過的，人們之所以會抗拒改變，主要是出於本

能地想要『減少認知負荷』。但這還不是唯一的原因，改變之所以困難，是因為它需要高度的自我控制能力。儘管我們平常用來處理探索型活動的大腦區域是新皮質區（譯註：大腦各區域的基礎運作機制，請參考第5章說明），但是在面對改變時，邊緣系統經常會出來『攪局』，甚至直接『劫持』利用與探索之間的調節機制。也就是人們在面對變化時，所感受到的恐懼、壓力與焦慮等情緒反應（Laureiro-Martinez et al.，2015；Brusoni et al.，2020）。讓我們複習一下邊緣系統中的杏仁核的作用。杏仁核負責調節大腦對情緒的反應，它會觸發神經傳導物質的釋放，進一步活化負責記憶儲存的海馬迴，因此情緒和記憶總是緊緊交織在一起。當人面臨高度壓力或潛在威脅時，大腦會立刻啟動警報模式，點燃掌控情緒的杏仁核和感知威脅的島葉（insula），直接跳過深層思考的路線。就像電路瞬間短路一般，反射性的本能反應取代了冷靜的思考。在這種情況下，理性往往會被壓制，感性戰勝理性，思緒就會不由自主地被情緒牽著跑。」（譯註：島葉位於大腦的深層區域，被額葉、頂葉、顳葉包圍著，像是「藏在腦內的一片小島」，因而得名。它負責感知身體內部器官的狀態，以及解釋情緒所蘊含的意義。我們能夠「意識到」自己目前的情緒狀態，就是島葉正在運作的表現。許多研究也發現，大腦中產生慾望、渴求與成癮現象，都與島葉的活化高度相關。）

「這些大腦運作機制和企業營運有什麼關係？」伊貝爾問道。伊芙繼續說道：「組織中的例行工作，通常已經被內化成一種『慣性』，所以人們的行為模式、互動方式、工作流程與決策過程，本質上都是一種『利用型活動』。以白話來說，就是『我們這邊向來就是這樣做的』。一旦想要改變這些既定做法，就得投入大量的認知資源與心理能量。但問題是，人一旦處在壓力之下，就很容易產生不安或焦慮，接著本能地抗拒任何變動。與其投入精力去嘗試未知的新方式，人們寧可選

擇回到那些既熟悉、又安全的標準程序，也就是再次回到利用的循環裡。」「哇，你把企業內的互動描述得很戲劇化呢。」伊貝爾評論道。

> 組織中的例行工作，通常已經被內化成一種「慣性」，這些行為模式本質上是一種「利用型活動」。以白話來說，就是「我們這邊向來就是這樣做的」。

伊芙回答：「我並不覺得這些描述太誇張。管理者往往低估了，員工在面對環境變動時，心裡可能產生多麼強烈的焦慮與恐懼。舉例來說，當員工聽說同行公司破產、看到朋友或家人因經濟不景氣而失業，或是自己因組織重組而面臨職務變動，這些情境都會無形中累積心理壓力。這些情緒負擔會削弱大腦的理性分析和探索能力，讓員工在最需要適應改變的時期，反而更容易緊抓著舊觀念不放，陷入原地踏步的窘境。」

「了解。那麼，當員工需要依據新計畫而改變原有行為時，我們該如何幫助他們克服內心的不安呢？」伊貝爾問道。「你記得我們之前討論過的捷思法則嗎？那時我們討論過，在某些情境下，個體會更傾向於把利用與探索之間的平衡，調整到『探索』這一邊。我們或許可以運用這個概念，來回答你的問題。」伊芙微笑地提醒道。「好主意！」伊貝爾想了想，接著說道：「讓我來試著將七個捷思法應用到『促使員工改變行為』這個目標上」：

一、**想達成的目標**：員工有了比以往更大的野心，單靠既有的「利用策略」無法實現新目標。

二、**能創新的機會**：員工能看見改變行為可能帶來的機會或可以獲得的實際獎勵。

三、可運用的時間：員工擁有足夠的時間與資源，能夠嘗試新的行為模式。

四、利害關係人的影響：當員工看到身邊的人也在改變行為時，周圍的環境氛圍會鼓勵他們跟進。

五、企業價值觀與文化：企業的新方向與員工的價值觀、企業文化以及個人道德感相符。

六、企業的優勢與信心：員工具備進行這些改變所需的能力與信心。

七、團隊的情緒或集體認知狀態：員工感覺自己身處具有充分福利保障的環境中，能大膽進行探索與嘗試。」

「伊貝爾，你應用得很好！」伊芙說道，「你總結出來的這七項關鍵要素，也與近年來的研究結果高度吻合（Lawson and Price，2003；Basford and Schaninger，2016；Feser et al.，2018）。研究顯示，要促使員工改變行為，組織通常需要具備以下四個條件：

一、組織要用明確的目標和誘人的獎勵來推動改變。

二、領導者以身作則，親自演示這些被鼓勵的行為。

三、公司要用鼓舞人心、清楚易懂的方式，把改變的願景講到員工心坎裡。

四、組織要積極投入培訓，幫助員工發展所需的新技能。」

「你可以講得更詳細一點嗎？」伊貝爾問道。「當然沒問題，讓我們一個一個來看。」伊芙點點頭，「首先是目標和獎勵。學者們在分析了大約 600 個轉型案例後發現，當組織不只訂出清楚的目標，還給出實質誘因、讓員工看得到改變的好處時，轉型的成功率就會明顯提高。研究指出，採用這種做法的組織，成功率是其他組織的 4.3 倍（Feser et al.，2018）！」

「目標和獎勵機制，目的是幫助員工在新舊交替之間，找到穩定

前進的方向。不過，人們常常誤會『報酬是最有效的獎勵』。進一步來說，其實『利用』和『探索』所需要的獎勵方式也不一樣。讓我們先來了解財務獎勵在哪些時候較為有效。目前有一些研究發現，針對探索行為，財務獎勵確實非常有用。尤其在注重績效的企業文化之下，影響更為顯著（Stajkovic and Luthans，1997；Peterson and Luthans，2006）。當員工相信，自己的行動和公司的目標之間有明確的因果關係，而且這個成果又可以被清楚量化時，金錢激勵的效果就會非常明顯。以保險業為例，當公司依照成交金額發放業務獎金時，通常就能激發員工的最大銷售潛能。」

「然而，有三個原因可以說明為什麼財務誘因，在推動探索行為上的效果有其侷限性。」伊芙解釋道，「首先，這類獎勵通常讓人專注在能帶來報酬的特定活動和成果上，也就很容易忽略其他同樣對組織影響深遠的任務。例如，當財務獎勵政策導致員工把年度業務目標放在第一位時，他們可能會過度追求短期績效，從而犧牲了對長遠規劃的投入。第二，財務誘因有可能削弱探索行為中很重要一環，也就是組織內的正向互動模式，像是跨部門合作、建立共同成長的合作關係等（Fehr and Falk，2002）。第三，金錢獎勵可能改變人們對正向互動模式的認知，削弱原本出於內在動機的行動力（Gneezy et al.，2011）。」

伊芙接著說，「另一方面，非財務性激勵，像是社會認可、績效回饋，或是指派有挑戰性又有吸引力的任務等，主要是由內在動機所驅動，往往比財務誘因更能激勵員工進行深入的探索行為（Peterson and Luthans，2006；Fehr and Falk，2002）。」「我理解了。」伊貝爾點點頭。「那促使行為改變的第二個成功條件，具體來說是什麼呢？」

伊芙回答：「第二個成功條件，就是領導者要成為改變的榜樣。領導者可以在日常工作中以身作則，甚至在領導風格中融入新的改變元

素。也可以透過成功案例分享，或是定期舉辦『慶功儀式』，讓員工有具體的仿效對象。透過這些做法，領導者不僅能清楚傳達什麼行為是組織所推崇的，更是在親自示範，該怎麼把組織裡追求穩定與創新的雙元性，真正落實為企業的核心價值（Gist，1987）。研究發現，當領導者親身示範企業所期望的行為時，轉型的成功率就會提升 4.1 倍！」

「原來如此。那麼，第三個成功條件呢？」伊貝爾點點頭，繼續問道。伊芙回答：「簡單、清晰且正向鼓勵的溝通方式，是最能打動人心的。領導者需要懂得觸動員工內心的價值觀與理想，而不只是單向灌輸一套制式的目標（Yukl et al.，2008；Feser，2016）。事實上，一個組織的願景，蘊含了它想打造的理想空間。比如，一家醫療服務機構，可能致力於幫助病人過上更長壽、更健康的生活；一間保險公司，則希望幫助客戶保有對生計的安全感。」

伊芙繼續說道，「當領導者能透過生動的案例，或是能引發共鳴的故事來傳遞這些訊息時，就能發揮更大的影響力。在前面提到的研究中發現，當領導者能以這種方式傳達目標與願景時，轉型計畫的成功率能提高 3.8 倍。相反地，假如領導者只是發布一些制式的公告，堆砌一堆空泛的語彙來包裝企業願景，往往難以激發員工的改變動機。畢竟，人類的腦袋並不擅長記憶抽象概念；但是，對於一個動人的故事，我們卻能留下深刻的印象。」

「實際上，大多數人的思考、經驗與知識，都是以故事的形式進行組織與建構的（Turner，1996）。從好萊塢到寶萊塢、從聖經到童話，世界上那些能廣為流傳的作品，無一不是透過故事來打動人心的。就連歷史上那些影響深遠的領導者，也幾乎都是說故事的一把好手。像美國前總統約翰·甘迺迪（John F. Kennedy）就很擅長用隱喻和充滿希望的演說來激勵民眾（Feser，2011）。這種表達方式所產生的力量絕

非偶然。透過故事來傳遞價值觀與理想，不僅能激發正向動機，也能緩和人們面對變動所帶來的壓力、焦慮與恐懼。」

「哇，這真是太有趣了！」伊貝爾眼睛一亮，「那麼，促使人們改變行為的最後一個成功要素是什麼？」伊芙回答：「就是提供訓練和發展關鍵技能的機會。研究發現，當組織願意投入資源在員工培訓、幫助員工培養所需的新技能時，轉型計畫的成功率能提升 2.8 倍。」

「哇，我今天一下子就獲得了好多有用的資訊呢！讓我整理一下我的思緒。」伊貝爾開始對今天的討論進行總結：「組織在面對快速變動的大環境時，往往需要同時推動『利用』與『探索』兩個不同導向的經營策略。可是，這兩種策略經常彼此競爭，導致內部產生對立的緊張關係。有三種常見的方法可以管理這種局勢：第一，將相互衝突的活動加以分離；第二，由高層團隊來協調與整合資源；第三，推動員工行為和心態的轉變。」

說到這裡，伊貝爾沈默了片刻，並開口問道：「但是，我該怎麼判斷，在不同情境下，應該採取哪一種方式呢？」伊芙回答：「每種方法都有它最適合的使用時機、也有必須滿足的實施條件。讓我們一起回頭看看每個方法的特點吧。整體而言，挑選應對策略時，有三個特別重要的考量要素：第一，利用與探索之間的整合程度。若這兩種不同性質的活動並沒有整合的需求時，採取『結構性』分離是最直接且有效的方式。這可以避免互相干擾，更專注在追求各自的目標上。但是，如果兩者之間需要共享資源和專業知識，那麼就不能忽略兩者之間可能產生的加乘效應。我們可以改以『時間』來切割任務階段，或是將這些衝突轉交由高層管理團隊來協調，就會是更好的選擇。如果推進策略所需要的內部整合程度非常高，也就是說，大多數員工必須同時兼顧利用與探索這兩個方面的任務時，單靠分離或高層協調已

經遠遠不夠。這時候，促使全體員工改變行為模式、調整整個組織的文化與思維方式，才是最有效的做法。這是選用策略時的第一個考量要素。」

「第二個考量要點是實施計畫所需的時間。」伊芙接著說，「分離策略是一種直接且能迅速見效的策略。但如果想要培養出真正高效的團隊互動模式，就需要比較長的時間來累積信任、建立部門間的協調機制，推動計畫所需的時間與精力又更多了。想要徹底改變一個組織，沒有長期投入心力和資源，是很難做到的。」

「最後一個因素，則是管理者的全方位領導能力。」伊芙說道。伊貝爾皺了皺眉，「全方位領導能力？那是什麼意思？」「如果你所領導的組織採用『結構型雙元』，也就是將利用與探索活動分別安排在不同的業務單位中，那麼你作為管理者，就需要時常切換看事情的角度，並且根據指導對象調整領導方針。舉例來說，跟銷售部門主管開會時，你可能需要比較務實、目標導向的討論方式；但面對研發部門主管，可能就得用更鼓勵創意的溝通風格。」

「在結構型雙元的組織架構下，領導者本身需要先有很強的自我調適能力，根據不同部門的需求切換思考模式。再來，如果你需要依賴高層團隊來整合利用與探索活動，那麼你同時也要具備靈活的啟發能力，懂得理解每個人的差異、用不同的方法去激勵不同性格的成員。最後，如果你選擇推動整體的行為改變，那麼你需要具有企業轉型的綜合領導能力。你得打造一個鼓舞人心的美好畫面、制定清晰有力的策略、設計有效的酬賞制度，還要能夠進行真誠且開放的溝通。」

伊芙一邊說，一邊在螢幕中分享了一張概念示意圖。「我把以上提到的這三個考量要素，與不同策略之間的關聯整理在這張圖表裡了（請參考圖 9.1）。從中我們可以看到，當組織內部的整合程度越高、

可用時間越充裕、領導者又擁有全面的領導能力時，我們就越能從核心價值層面來推動組織的改變。

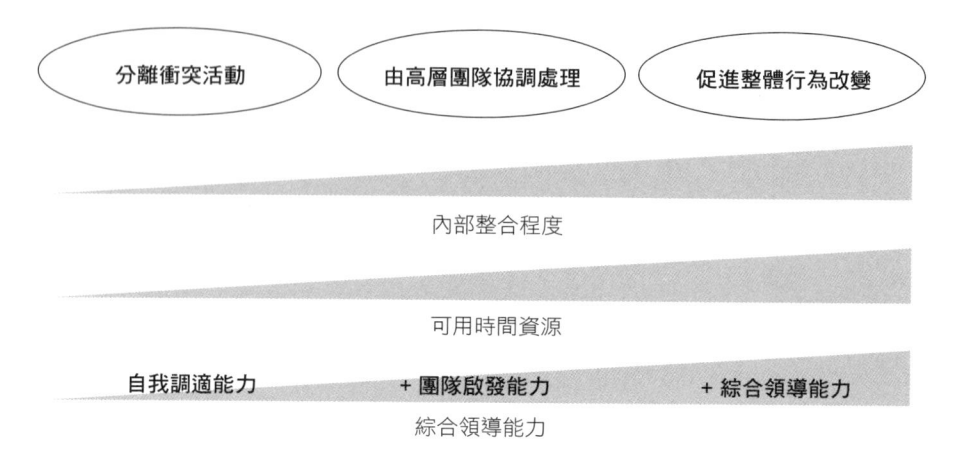

```
   分離衝突活動         由高層團隊協調處理         促進整體行為改變

                      內部整合程度

                      可用時間資源

   自我調適能力      + 團隊啟發能力        + 綜合領導能力
                    綜合領導能力
```

圖 9.1　管理組織內部緊張關係的方法

伊貝爾歪著頭思索了一下，然後問道：「這些方法能一起使用嗎？比如，我一邊帶領高層團隊協調內部運作，一邊從組織架構上推動雙元性──像是把員工安排到不同的職位，分別負責利用或探索的任務？」

「當然可以。這三種方法並沒有互相排斥，你完全可以視情況結合運用。」伊芙回答道。

> 組織在面對快速變動的大環境時，往往需要同時推動「利用」與「探索」兩個不同導向的經營策略。可是，這兩種策略經常彼此競爭，導致內部產生對立的緊張關係。有三種常見的方法可以管理這種緊張局勢：第一，將相互衝突的活動加以分離；第二，由高層團隊來協調與整合資源；第三，推動員工行為和心態的轉變。

「伊芙，謝謝你提供我這麼多值得深思的觀點。我也從中獲得了如何處理 ATG 轉型議題的具體想法。」伊貝爾充滿感激地說道，「我真的很想找個機會和你當面聊聊！雖然我的行程總是緊湊得不得了，但或許我該試試我們今天討論的『內部激勵』技巧——比如，安排一頓豐盛的午餐來獎勵自己，順便跟你碰個面！」

「我很期待！」伊芙笑著回應，然後語氣一轉，輕柔地說道：「不過，我發現你在工作上有點拼命……我知道你比任何人都努力，想讓 ATG 變得更好，但是有時候，你可能讓自己過於努力了。我想提醒你，工作與生活的平衡也會對決策能力造成影響。有機會的話，我很樂意與你分享我在這個主題上的研究成果。不過作為朋友，我會一直默默為你加油。」

「太好了，那我們就有了第二個必須要見面的理由了呢！這次我一定會積極跟進，盡快敲定午餐約會的時間。我真的很期待能和你面對面好好聊聊！」伊貝爾微笑著說道，結束了這次的通話。

本章重點

組織在面對快速變動的大環境時，往往需要同時推動「利用」與「探索」兩個不同導向的經營策略。可是，這兩種策略經常彼此競爭，導致內部產生緊張的關係。雖然這些相互競爭的活動可能帶來創新與進步，但前提是它們必須被妥善管理與協調，否則只是徒增混亂。

要管理組織內部的緊張局勢，常見做法包括：
1. 利用結構調整或階段性任務，將相互衝突的活動加以分離。
2. 由具有多元背景的高層團隊來協調與整合資源。
3. 推動員工行為和心態的轉變，讓組織能在不同活動中切換自如。

要提高組織內部適應變化的能力，可以使用以下四種機制：
1. 以目標和獎勵來推動改變
2. 領導者以身作則
3. 用清楚且正向的方式傳達理念
4. 積極投入員工培訓

NOTE

第四部分

成為超級決策者

第 10 章
情境五：在工作與生活之間取得平衡

克勞迪奧・費瑟（Claudio Feser）、大衛・雷達斯基（David Redaschi）和凱洛琳・弗朗根柏格（Karolin Frankenberger）

這段時間以來，伊貝爾不斷思考，為什麼 ATG 的轉型進度會停滯不前、他該如何扭轉現況。他越來越擔心，若情況沒有及時改善，ATG 可能會逐漸失去在體驗導向、客製化旅遊市場中的競爭力。為了釐清思路，他運用了「決策導航器」來分析目前的四個待定方案，並結合上次與伊芙對話時所獲得的知識，重新審視不同選項的可行性與風險（圖 10.1）。

儘管伊貝爾在理性判斷下，認為第四個選項是最具有潛力的方案，但他仍難以忽視內心的疑慮。畢竟，ATG 一直不擅長推動改革。這個方法真的行得通嗎？公司真有能力帶動員工推廣新產品嗎？使用獎酬制度或其他激勵手段，看似百利而無一害，但是背後是否隱藏了其他風險呢？要是連這些措施都無法發揮效果，那又該怎麼辦呢？

懷著這份懷疑與不安，伊貝爾決定主動尋求協助。他請董事長卡洛抽空與他見面，並誠懇地傾吐了自己的擔憂：「我真的不明白，為什麼 ATG 的員工無法理解這個願景的價值，不論是在企業成長、提高顧客忠誠度、創造更高的營收上，這些價值都可以讓 ATG 成為歐洲最頂尖的旅遊品牌。這不是一件好事嗎？可是為什麼大多數員工卻沒有同樣的嚮往呢？」伊貝爾嘆了一口氣，接著問道：「對於目前的僵局，

第 10 章　情境五：在工作與生活之間取得平衡

T（真）、F（假）、R（合理）、？（有待釐清）

		利用				→ 探索		
1. 決策困境	我們是否應該放慢轉型步調，還是改變做法？							
2. 在「利用與探索」之間的選擇		放慢轉型腳步			將新產品從母公司中分割出來，建立獨立的營運單位			從現有據點中挑選 30% 做為示範據點，專攻於新產品的推廣　進行徹底的組織改革
七個捷思法則		3. 假設條件	4. 驗證結果		3. 假設條件	4. 驗證結果	3. 假設條件	4. 驗證結果
a) 想達成的目標		重塑內部的向心力、降低新產品的銷售目標	T F		盡快建立「新 ATG」事業單位、放寬初期目標	F F	盡快建立「新 ATG」事業單位、維持目前所設定的目標	T T
b) 能創新的機會		協助員工重拾改變的信心	T		搶在競爭對手之前，讓市場率先接受「新 ATG」	R	協助員工重拾改變的信心、建立「新 ATG」事業單位	T T
c) 可運用的時間		有 12 個月的觀察期	F		必須加快腳步、盡速行動	T	需要盡快採取大規模的改革行動	T
d) 利害關係人及競爭對手的動向			？			？		？
e) 企業價值觀與文化		管理層具備足夠的關心與耐心	R		強調執行效能與行動速度	F	員工有足夠的安全感可以嘗試改變	R
f) 企業的優勢與信心		推動改變的能力有限	T		可以實施「結構型雙元」策略	R	有能力推動複雜且深入的轉型計畫	F
g) 團隊的「情緒」或集體認知狀態		整體氛圍較為悲觀、內部不認為公司能在短期內影響員工的行為與意願	T		團隊氛圍樂觀，認為「新 ATG」能促使一部分員工改變	R	團隊整體氛圍樂觀，相信心能帶動整個組織一起改變	F
5. 優化	None							
6. 最終解決方案	採用選項四							

圖 10.1　運用決策導航器找到情境四「實施計畫」的解決方案

我最近也思考過很多解決方式。我在想，我們是否應該將新產品分割出來，讓獨立的部門進行營運，至少能讓『新 ATG』有點進展？還是應該如專業顧問所建議的，試著透過製造危機感來逼著員工做出改變？」

卡洛先是耐心聽完伊貝爾的想法，接著才不急不緩地開口說道：「獨立經營的確是一種很好的策略。如果這項新業務和 ATG 現有模式差異極大，大到需要用一個全新品牌來包裝，那麼將產品切割出來、另起爐灶，也許真的有它的意義。但是，那並不是我們現在所面對的處境。」卡洛頓了一頓，語氣略微加重：「你的目標並不是去創造一個和 ATG 平行的新公司，而是要帶動整個組織的進化：讓 ATG 從一間提供大眾旅遊方案的公司，真正轉型成一個遍布歐洲、能大規模提供個人化體驗的旅遊品牌。這種轉型，不能單靠結構上的分離來完成，而是要建立一個暢通的價值傳遞管道。」

「至於『製造危機』嘛⋯⋯它在某些情況下確實有效。但這種做法最多只能奏效一兩次，因此得用在真正關鍵的時刻。」卡洛語氣凝重地提醒道，「我們現在處在一個高度動盪的時代，如果每次推動改變都要靠危機引爆，久了，員工只會感到麻痺，甚至不再相信你是真心想帶他們變好。況且，我們在內部放火的行為，員工其實都看在眼裡。這把火會把信任燒得一乾二淨，最後換來他們的冷眼與防備。」

「那我該怎麼辦呢？」伊貝爾問道，語氣裡透出一絲無力。「我們手上明明握有一個非常有潛力的商業構想，這足以讓我們一躍成為市場的領先者，也能大幅提升公司的整體獲利。這不只是對公司有利，同時也會為員工帶來好處啊！他們有機會接觸到更多具有挑戰性、能帶來價值的任務，還能學到新的技能。為什麼這些優點無法被大家看見呢？」

卡洛仔細地聽著伊貝爾訴說，語氣溫和地關心道：「這應該讓你

覺得蠻不好受的，對嗎？」「我不想向任何人承認這件事，但是……老實說，我確實為此感到很挫折。」伊貝爾嘆了口氣，「我每天都拼命工作，也找了各種方法向下說明公司目前的願景。無論是大型的員工說明會、還是面對面的小組餐會，我已經盡力用不同的形式和語言來解釋了。甚至在企業內網上，我也親自撰寫了兩篇長文，分享我們為什麼要轉型、員工可以從中得到什麼，以及這會如何影響未來幾年的發展方向。但無論我說了多少，員工們似乎還是沒能接收到我的訊息。」

伊貝爾低聲嘀咕道，「員工難道不希望自己服務的公司是全歐洲最頂尖的旅遊公司嗎？」一向沉著冷靜的他，此刻卻顯露了自己內心最真實的失落與氣餒。卡洛沉默了一下，然後看著他，語氣平靜卻堅定地說道：「我不認為那是員工們真正想要的。」「你說，這不是員工們真正想要的？」伊貝爾愣了一下，他還聽不出卡洛話裡的意思。

「這是『你』和『GET』想要達成的目標，但不是員工的。」卡洛繼續說道，並且散發出比以往更加強大的冷靜和沉著。「你很有野心，你希望 ATG 成為歐洲旅遊業的領導品牌，這沒有任何問題。但是你有沒有想過，我們的員工，每天早上為什麼走進辦公室？他們為什麼選擇在 ATG 工作？什麼事能讓他們感到自豪？當他們晚上回到家時，他們想向自己的孩子分享什麼故事？」

伊貝爾好像明白了卡洛想表達什麼，他說道：「他們根本不會討論什麼市場占有率和獲利能力，對嗎？」「沒錯。」卡洛點點頭。「我們的員工之所以選擇這個行業，是因為他們熱愛服務顧客，享受為人們創造獨特的旅遊體驗。他們熱衷於幫助旅客開拓視野、連結不同的文化。最重要的是，他們想為顧客帶來獨一無二的喜悅。」

「他們真正需要的，是感受到 ATG 的企業價值與自身的使命感產

生連結,而不是自己對 GET 的績效指標有什麼貢獻。」卡洛的話語看似輕輕落下,卻在空氣中留下沉甸甸的重量。看著卡洛說出這番話的樣子,伊貝爾不禁回想起上次與伊芙的對話。他這才真正明白,伊芙所說的「能激勵人心的領導者」是什麼樣子。

卡洛繼續說道:「你嘗試過不同的實施策略、績效指標(KPI)、獨立管理和一連串可能的行動方案,你用盡了各種手段來促成這場轉型,這些確實是轉型過程中不可或缺的實務面做法。但這顯然還不夠。你不妨和艾莉森坐下來,好好談談這場改變中更深層的『人性面』。試著思考我們的真正目的是什麼、推動這場轉型的核心動機是什麼,以及最重要的,員工真正關心的是什麼。去感受他們的情緒,去理解他們的立場,那才是真正能讓組織動起來的關鍵。」

伊貝爾向卡洛道謝並離開他的辦公室後,隨即邀請艾莉森共進午餐。他們約在伊貝爾最喜歡的那家咖啡館裡,並且挑了一個安靜的角落坐下。「我剛剛和卡洛談過了,」伊貝爾一坐下就開口說道,「我意識到我一直在用錯誤的方法推動轉型。我想靠理性來說服員工接受它——我講策略、講目標、講成長機會,但我根本沒有把員工的感受考慮進去。」

「如果你認為這是問題產生的根本原因,那麼我想告訴你,要解決這件事根本不是什麼困難的事。我們當然可以在說明會或內部宣傳內容中加入這些元素,打感情牌來說服員工支持這場轉型。」艾莉森先是回應了伊貝爾所提出的想法,但是他也立刻直率地指出:「但是說真的,我認為問題根本不在這裡。恕我直言,這根本不只是『溝通』的問題。問題出在『你』和『GET』身上。」

「我和 GET?這是什麼意思?」伊貝爾一時反應不過來,有些錯愕地問道。「如果我們只是想靠幾句溫柔的話語,就讓員工接受現在

的安排,卻不去檢討我們自己的心態到底出了什麼問題,那麼再高明的溝通技巧也只是空洞的包裝,根本打動不了人心。員工不是傻子,他們有足夠的敏銳度能覺察公司的真實動機。如果我們在意的依舊還是業績、利潤,甚至是我們自己的官位,那我們終究還是會被員工看穿。」艾莉森語氣平穩地說道,眼神卻透出一股篤定。「我們應該要深入思考,我們為什麼要推動這場改變、這場轉型對員工來說到底意味著什麼。不然再多的包裝,到頭來也只會激起更強烈的抵抗情緒。」

這場對話對於伊貝爾來說,簡直是個當頭棒喝。震驚之餘,他猛然意識到,卡洛與艾莉森的引導,其實都在提醒他,是時候改變身為上位者的心態了。不只是他,整個 GET 團隊都應該要放下身段,學會從員工的角度看待事情。與其堅持用高層的語言講願景,不如試著去理解員工心中真正在乎的是什麼,才能真正引起員工的共鳴。

隨著思緒一層層梳理開來,他過去那些單純以商業邏輯來運作的信念也開始動搖。伊貝爾誠懇地向艾莉森提出了請求:「艾莉森,你願意幫我主辦一場 GET 的工作坊嗎?我想邀請大家一起反思:我們每天早上是為了什麼來上班?工作中有哪些片刻,是我們願意在晚餐桌上和家人分享的?我希望透過這個過程,讓我們重新找回那份共同的信念,不只是 KPI,不只是市場占有率,而是真正值得我們投入的理由。」他停頓了一下,語氣誠摯地說道:「也許,真正屬於全體 ATG 員工的願景,就能從這裡出發,慢慢成形。」

「當然沒問題。不過,在我向大家說明目前的員工調查結果和組織現況之後,真正該帶領這場對話的人,是你。因為這場轉變,是從你的自省開始的,你有力量讓改變成真。」艾莉森回應。「我會的。」伊貝爾點頭,穩穩地接住了艾莉森對他的期許。

當他們正準備離開咖啡廳時,伊貝爾忽然放慢了腳步。他想了想,

轉過身來看著艾莉森，語氣真摯地說道：「我真的很感謝妳今天願意對我這麼坦白。我知道自己有時候太過強勢，也許會讓身邊的人不敢說出真話。但妳還是選擇用最真誠的方式，給我最直接的建議。我很感激你願意說出心裡話，幫助我更快找到自己的盲點。這份坦誠和信任，這對我來說無比珍貴。」艾莉森輕輕一笑，回道：「有時候說實話的確會帶來一些麻煩。但是，你值得我這麼做。」語畢，兩人有默契地相視一笑，並肩走出咖啡廳。

在接下來的幾週內，伊貝爾與艾莉森攜手 GET 團隊，一步步推動改變的落實。透過與員工的溝通與同理，他們為 ATG 建立了一個真正能引起所有人共鳴的願景。他們也重新設計了組織與成員互動的方式，讓每個人都能為這場策略轉型做出看得見的貢獻，而不單只是站在場邊觀望。他們還調整了高層的溝通模式，不再只講 KPI 和標準流程，而是加入更多真實的故事分享。透過這些成功經驗的分享，員工們就更能想像得到，倘若能引導客戶找到專屬於他們的旅行體驗，員工自己將能獲得多大的情緒滿足。自此，願景不再只是口號，而是一種帶有溫度的服務態度。

而這一系列的蛻變活動不僅止於第一線員工的參與，GET 團隊本身也以身作則、積極投入，讓轉變成為一場「由上而下」的全員行動。在法蘭克與康妮的協助下，這套新方法也迅速在銷售團隊之間擴散開來，帶動一股嶄新的工作氛圍。與此同時，艾莉森所帶領的人資團隊也開始著手調整 ATG 的培訓體系與獎酬機制，確保每一個支持轉型的行動都能被看見、被肯定，並進一步鼓勵更多人主動參與其中。

當然，這些改革行動一開始並非毫無阻力。雨果對於轉型所需投入的額外心力與成本表達了強烈質疑，他認為這些措施過於理想化，短期內既難衡量成效，也可能拖累現有業務的穩定運作。但隨著轉型

的成效陸續顯現,他的態度也逐漸軟化,最後甚至成為改革的重要支持者。此外,讓伊貝爾倍感欣慰的,還有亞歷山卓的主動投入。為了讓銷售策略能更快速地反應客戶的真實需求,亞歷山卓重新整合了現有的營運流程與 IT 系統,搭建出一套更靈活的數位支援系統。這次的系統升級不只是技術上的優化,更是為整場轉型注入了活水,也讓伊貝爾看見 ATG 邁向未來的潛力。

短短幾週之內,員工的抵抗情緒逐漸減弱,ATG 在歐洲的各個據點也陸續傳來捷報。在接下來的六個月內,ATG 的整體局勢徹底改變。馬可聽到伊貝爾對 ATG 現狀的描述後,形容 ATG 現在就像一具全速運轉的引擎,馬力十足。在此期間,艾莉森也在員工調查中發現,員工現在已變得更加積極參與公司事務,團隊氛圍也煥然一新。人們開始以身為 ATG 的一員為傲。而且 ATG 獨有的創業精神、以客戶為中心、關懷且尊重彼此的文化等等,都讓 ATG 在業界中成為獨樹一幟的存在。不僅顧客的滿意度持續提升,營收穩步增長,ATG 在各方面都取得了出色的成果,在北美與亞洲的擴張也同步開花結果。看來體驗導向與客製化的旅遊理念,在東西方市場都得到了驗證。這一次,ATG,不只是走回它曾經引以為傲的領導地位,而是以全新的姿態,重新主宰了整個產業舞台。

隨之而來的新危機

正當 ATG 站穩腳步、風頭正盛之際,一場突如其來的風暴卻悄然逼近。因為經濟進入衰退期,旅遊業也出現了整併潮。ATG 的轉型成功及國際擴張的速度,吸引了媒體爭相報導,但同時也帶來了另一種「關注」。就在某個平靜的早晨,一家規模遠大於 ATG 的競爭對手,未經任何通知就對外發布一則非自願收購要約,試圖在沒有公司內部

支持的情況下，強行透過收購外部股份的手段取得控制權。

這一波惡意併購的攻勢來得又急又猛，一時之間讓伊貝爾和 GET 團隊措手不及。還好伊貝爾當機立斷，立刻聯絡了董事長卡洛商討對策。卡洛身為一名前銀行家，深知這種收購行為的意義，對於如何迎戰這類突襲式併購非常有經驗。初步交換意見之後，伊貝爾與卡洛第一時間就聯絡了幾位主要股東，並邀請財務長雨果一起加入討論。雨果在併購方面經驗豐富，是應對這場挑戰不可或缺的關鍵人物。

於是，一場沒有預警的企業攻防戰正式開打。卡洛率先啟動與 JC Logan 銀行的接洽，為這場防禦戰尋求戰略支援。接著，全公司上下都進入緊急備戰狀態，所有人都在為如何守住 ATG 研擬各種可能的方案。在如此緊繃的氛圍中，董事會與高層團隊的商討會議，從早到晚都沒有停過，伊貝爾也每天都忙得焦頭爛額。

這天，他照例忙到晚上十點還沒下班。此時他的手機亮了起來，螢幕顯示的是丈夫傳來的簡訊：「你沒趕上我們的結婚紀念日晚餐呢。雖然有點惋惜，不過沒關係，因為我一個人也吃不完那道法式香煎鴨胸。我把料理留在冰箱裡，回家後別忘了吃點再睡。」伊貝爾看到簡訊的當下，才意識到原來時間已經這麼晚了。況且，結婚紀念日這麼重要的日子，他怎麼可以忘記？伊貝爾突然感到深深的懊惱與自責，並且著急地準備下班。但是這個夜晚遠比他想像的更漫長，令伊貝爾煩心的事情接踵而至。

伊貝爾回到家時已經將近十一點，一身倦意還未卸下，就看到馬可坐在客廳，神情平靜卻隱隱流露出一絲疲憊與悲傷。馬可總是體貼又溫柔，他總能穩穩地接住全家人的情緒。但是今天，他卻難得表現出消沈的一面。「瑪麗今晚的情緒很激動，」馬可低聲說道，「他說他不想再跟你說話了……至少短時間內不想。」馬可沒有責備，只是

緩緩站起身說道：「我睡前會再去看看他的情況。不過我得先上樓準備休息了，因為我明天一早還有一場跟出版社的視訊會議。你吃點東西再上來休息吧……你看起來也累壞了。」語畢，馬可就離開了客廳。

　　瑪麗一直以來都是個對自己的信念充滿熱情的女孩，對於自己相信的事堅定不移。他積極參與氣候保護行動，常在社區與網路發聲。但是他最近卻常在面對伊貝爾時，感到強烈的不安與矛盾。他在乎的不僅是伊貝爾沒有花時間與家人相處，回到家也時常神情緊繃、語氣急躁……這些家庭議題而已。對於心中懷有理想的瑪麗來說，旅遊業，尤其是牽涉到航空運輸的產業，是全球二氧化碳排放的主要來源之一。他早就希望自己最敬愛的母親，能與他一同支持環境保育的理念，並且為此做出改變。他期望伊貝爾不只是作為一家大型旅遊公司 CEO 的身份，更是要作為一個身為母親的地球公民，在營造美好家園這件事情上做出貢獻。此刻的伊貝爾感到前所未有的挫敗感。這幾個月來，他一心為公司奔走，試圖贏下這場收購防禦戰、守住公司的獨立性，也保住自己作為執行長的位置。然而，每當他拖著疲憊的身體回到家中，迎接他的不是成就感，而是一個越來越難以逃避的現實：他正在一點一滴失去與家人之間的連結。

　　伊貝爾和女兒之間的對話空間，似乎早在數月前就停擺了。伊貝爾開始思考，在九月瑪麗踏入瑞士聯邦理工學院、投身環境科學的學習之前，他是否還有機會修復這段逐漸冷淡的母女關係。那麼安娜莉絲呢？這個熱愛運動的小女兒，如今整天沉浸在網球世界裡。練習、比賽、再練習，每天幾乎都泡在校隊裡，臉上總帶著神采飛揚的笑容。但他心裡又在想些什麼呢？他只是喜歡這項運動，還是懷抱著更遠大的夢？他想的是參加地區性比賽？還是，他想站上的是全國的舞台？而馬可——那個多年來始終默默在背後撐起家庭的人，他的耐心，還

能撐多久？

伊貝爾癱坐在餐桌前，腦中被各種問題塞滿。他身心都累壞了，甚至連將紀念日晚餐拿去加熱的力氣都沒有。他只是打開冰箱，隨手倒了些牛奶進麥片裡，勉強吃了幾口。他很想找人聊聊，但整屋子的人都已入睡。安靜的房子裡，只剩下他獨自坐在昏暗的廚房裡。他有滿腦子疑問，卻一個答案也找不到。

問題反思

根據你目前對伊貝爾情況的了解，如果你是伊貝爾的話，你會選擇怎麼做？

- 離開現職，並將重心放在家庭上？
- 在工作中尋求他人的協助，並透過任務分配來減輕自己的工作負擔，藉此撥出時間解決家庭危機？
- 依然將重心放在工作上，稍後再煩惱家裡的事情。但也可能就此無限期擱置？
- 又或者伊貝爾應該尋找其他更適合的選項？

請先寫下你的答案，再繼續跟著故事的發展一探究竟。

第 11 章
提升決策能力

克勞迪奧・費瑟（Claudio Feser）、丹妮拉・勞雷羅・馬丁內斯（Daniella Laureiro-Martinez）和斯特法諾・布魯索尼（Stefano Brusoni）

「每個人都想改變世界，但卻沒有人想過要改變自己。」

──俄國著名思想家，托爾斯泰（Leo Tolstoy）

儘管前一晚才剛經歷家庭關係的低潮，伊貝爾仍然如約走進蘇黎世一間充滿設計感的巷弄咖啡館，與伊芙共進早餐。對伊貝爾而言，這頓早餐是他在繁忙日程中難得的喘息時光。更重要的是，他一直很期待這場見面。即使現在正值收購危機的關鍵時期，他也不想取消這場約會，因為這也是他近期唯一能擠出的空檔。考慮到 ATG 目前的風波牽涉到許多公司機密，他並不打算在這次見面中提及任何公事。這次，他只是想親自見見伊芙，和他一起好好吃一頓早餐，再給他一個真心的擁抱。

不過，伊貝爾還是遲到了幾分鐘。因為他前一晚失眠，所以早上就睡過頭了。這並不是偶然發生一次的事情，他近期頻頻出現類似的狀況，而且困擾他的也不僅只是睡眠不足這麼簡單。最近幾個月，他的身心狀況都不太穩定，總是感到坐立難安、難以集中精神，情緒也

變得敏感易怒，總是懷疑自己的判斷能力與存在意義。他對原本熱愛的事物也逐漸失去興趣。

看到伊貝爾進門，伊芙站開心地起身迎接他，臉上依然掛著那抹熟悉而燦爛的笑容。伊貝爾也開心的拉著伊芙說道：「自從那次我們一起飛往倫敦後，已經好久不見了。我很想抱抱你，由衷感謝這一年來，你帶給我那些溫暖又具有啟發性的對話。」伊芙說道：「我也很高興能跟你見到面，不過你看起來很疲倦呢。你過得還好嗎？」

「你怎麼看出來的？」

「我無意冒犯，但我看到你剛進門時在打哈欠，而且你的臉色真的不太好。」「目前公司的情況的確比較艱難，所以我必須長時間將心神投入在工作上。一直以來，我都很享受在 ATG 擔任執行長的角色。儘管一路上遇到了不少嚴峻的挑戰，但是我都真心為自己以及 GET 團隊所取得的成果感到驕傲。不過，成功總是要付出代價的。我想我已經開始慢慢接受，如果要成為一個成功的企業領導者，就勢必要在某些方面有所取捨——尤其是要在私人生活方面做出犧牲。所謂『天下沒有白吃的午餐』，可能就是我目前的最佳寫照了。」伊貝爾一邊說，一邊又打了個哈欠。

「你說得好像工作與生活之間只能二選一。好像在工作上越成功，就越無法顧及家庭一樣。」「難道不是這樣嗎？」伊貝爾問道。「我不曾站在你的位置、感受你所遭遇的一切，因此我無法對你的情況妄加評斷。不過，作為一位研究學者，研究主題又與個人做決策的過程有關，也許我可以分享一些觀點給你參考。我們都知道，無論是工作上或生活上，持續做出高品質的決策都是我們畢生的追求。不過，人們很常忽略了，這兩者並不是獨立事件。根據研究發現，工作與生活的平衡，對決策品質有相當正面的影響。在私人時間裡得到充分休養

的人，在決策時的表現也會越穩定。所以，也許我們不必把工作與生活想成一場你死我活的競賽，而是一種彼此相互成就的智慧。」伊芙回應道。就這樣，一場發人深省的對話就此順勢展開。

伊芙接著分享道：「我在研究中一直試圖了解『超級決策者』的特徵。也就是那些能夠穩定做出高品質決策的人，他們都有哪些共同特質、以及這些特質是否可以透過訓練逐步提升。要做到這項研究，首先，我們必須辨識出誰是『超級決策者』。因此，我運用了一個名叫『多臂式吃角子老虎機（multi-armed bandit，以下簡稱 MAB）』的測試工具，以此對數百位高階主管進行測試與行為分析。」

他接著解釋道：「MAB 的基礎結構就像是一款結合了多個賭博機台的遊戲。受試者需要在有限的時間內，從眾多機台中找到勝率最高的那幾個，極大化可以獲得的報酬。但是一個人只有兩隻手，現在玩了這一台、就無法分身去玩另一台。因此，這些不同的選項會彼此競爭，受試者需要持續調整資源分配與選擇的方式，才能提高最終表現。我們身為觀察者，就能從中發現他們在動態環境中進行判斷與調整的能力，並用以衡量受試者在『利用與探索』中的決策表現。」

「MAB 透過賭博機台的特性，模擬出現實生活中的決策背景：具有高度不確定、選項變動快速、大環境也在不斷演化，因此人們很難看清事物的全貌。而且，所獲得的報酬還會隨時波動，不時夾雜了干擾的噪音，很難找到一個明確的運作模式可以一勞永逸。也就是說，受試者永遠無法百分之百確定哪一台機器是『最好』的，只能不斷在資訊不完整的情況下做出判斷與行動。」「理想的決策者應該要懂得在特定機台帶來高報酬時加以『利用』；一旦該機器的報酬開始下降，就需要果斷地進行『探索』，尋找其他可能帶來更好回報的機台。要找到最值得投入資源的賭博機台，受試者必須持續嘗試，並根

據不斷變化的資訊調整策略。而且，現實世界還充滿了隨機的干擾訊息，受試者必須對各個選項反覆測試，才能更準確地評估各個選項的潛力與趨勢——也就是判斷某台賭博機的報酬是逐漸上升還是正在遞減（Laureiro-Martinez, 2022）。」

「假設你的公司需要從 A、B、C 和 D 這四個供應商中擇一，而你決定要透過測試供貨品質來找出最佳選項。根據初期的測試結果，你選擇了品質最好的供應商 D。」伊芙邊說邊向伊貝爾展示了一個圖表（圖 11.1），並且示意他注意箭頭 1 所標示的 D 趨勢線。伊芙繼續說：「這就好比你在操作一台賭博機，一開始你找到表現最好的機台，並從中獲得相對豐碩的報酬。但過了一段時間後，你注意到回報變少了。這時你會開始思考：我應該繼續沿用目前的選項，還是開發其他的策略呢？（參見箭頭 2 的 D 趨勢線）

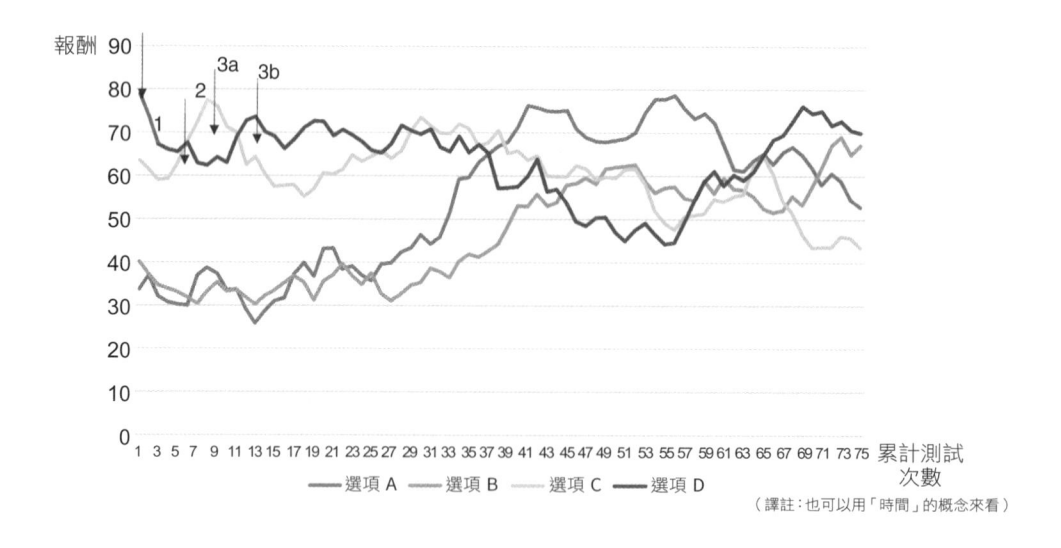

圖 11.1　MAB 測試

「假設你決定探索另外三家潛在的供應商，這時供應商 C 的供貨品質更好，你於是轉而採用 C。但過了一段時間，C 的品質也開始下滑了，於是你再次陷入同樣的難題：要堅持使用目前的供應商，還是再次投入時間和資源去尋找新的選項？這正是典型的『利用與探索』抉擇困境。」

「時機決定一切。如果你在 3a 這個時間點進行測試，選項 C 依舊是最好的選擇。但如果你在 3b 這個時間點蒐集測試結果，選項 D 又會變成品質更優的選項。與供應商合作的時間越長，就像玩賭博機台的時間越久一樣。隨著時間的累積，你會越來越有能力辨識出潛在的趨勢，不過，定期檢視成效是維持勝率的關鍵。如果你已經發覺某個選項近期表現不佳，維持現況並不是好事，應該儘早轉向其他更有潛力的選擇（Laureiro-Martinez, 2022）。」

「所以，MAB 其實是在模擬一個人如何在『利用與探索』之間做出取捨，對嗎？也就是說，它反映了人們在面對具有不確定性的風險時，如何做出判斷與調整。」伊貝爾問道。「沒錯，」伊芙回答道，「MAB 所要呈現的正是人們在進行資源分配時，無可避免的矛盾關係：一邊是選擇當下回報最高的方案，也就是『利用』策略；另一邊，則是願意暫時放棄眼前的利益，去嘗試可能在未來帶來更大報酬的『探索』策略。由於每個決策都會伴隨著潛在的收益與損失，因此，MAB 模型能夠以非常貼近真實的方式，呈現領導者們在面對決策兩難時的真實心理與行為反應。也因此，MAB 被視為是一種具有高度擬真性的表現評估工具。」

「我明白了。也就是說，我們可以根據受試者在 MAB 中的得分，來對決策能力進行排序。分數越高，就代表這個人越可能是優秀的決策者。那麼，在完成這個評估之後，下一步你做了什麼呢？」伊貝爾問道。

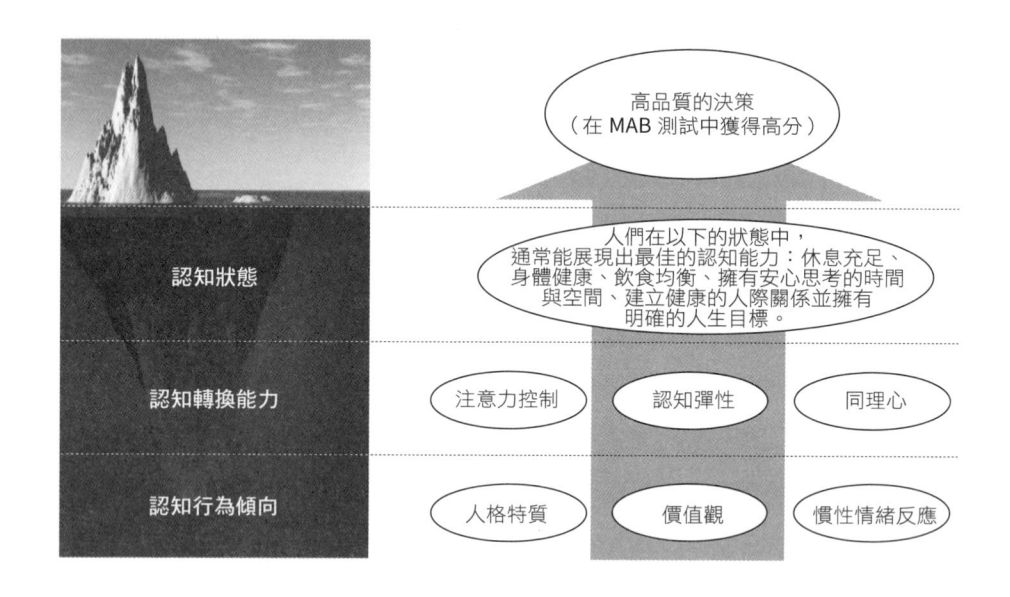

圖 11.2　隱藏在決策表現之下的冰山：個體在面對「利用與探索」時所牽涉到的七大內在因素

「我參考了很多研究與文獻，試圖找出哪些個人因素會對 MAB 分數造成影響，並將結果整理在這張圖裡。」伊芙一邊解釋，一邊把圖 11.2 拿給伊貝爾看。「從這裡我們可以看到，有七個因素會在我們面對『利用與探索』困境時，影響我們做出決策的品質。這裡我又把這七個主要因素，進一步分類為三個核心層面：認知狀態、認知轉換能力，以及認知行為傾向（Brusoni et al., 2023）。」

「這張圖很有意思。不過，為什麼左邊會有一張冰山的圖片？」伊貝爾好奇地問。「我借用了奧地利精神分析學家佛洛伊德（Sigmund Freud）的冰山理論來闡述類似的道理。佛洛伊德用冰山來形容，人類做出的每個看似有意識的行動，實際上深藏在水面下的驅動因素，遠比我們想像中的更多更深。決策也是一樣，這七項影響決策品質的因

素，也不是單從表面就能觀察到的。不過，就算看不見，每個因素卻都在悄悄發揮各自的作用。」

「原來如此。」伊貝爾接著問道，「我想知道第一層『認知狀態』，具體是指什麼？」伊芙回答：「在周邊環境會持續動態改變的情況下，『認知狀態』是第一個會影響人們選擇『利用或探索』的重要因素。當人們感到安全、放鬆、精力充沛或受到啟發時，就會更傾向於主動探索未知的領域；但相反地，當你感到疲憊、低落、焦慮或壓力沉重時，就很容易過度放大負面資訊，陷入悲觀的情緒與判斷當中。這時的人們會更偏向保守、安全的選擇，並避免具有風險的探索行為（Sharot, 2017）。以下這些狀態，都是經過研究證實會明顯降低決策品質的負面因子：

1. **睡眠不足**：若每晚僅睡 6 小時，且持續超過兩週，大腦的認知表現將下降至等同連續清醒 48 小時的程度（Durmer and Dinges, 2005）。眾所周知，睡眠不足會損害前額葉皮質的運作（Chee and Chuah, 2008），而這個區域正是掌管高階認知與理性決策的核心部位。一旦這個功能受損，決策過程便容易受到情緒主導，喪失理性調節的能力。這時的決策風格就會帶有濃厚的個人傾向：有些人變得過度冒險，有些人則過度保守（Killgore, 2015）。

2. **身體狀況不佳**：根據研究，體適能良好的人在認知功能測驗（例如反應時間、注意力測試等）中的表現，比缺乏運動的人高出 36%（Tomporowski et al., 2008）。維持體能表現除了能提升大腦的認知功能，還有對抗大腦老化、延緩神經退化等功效。此外，規律運動本身就能促進情緒穩定與整體心理健康，是維持決策品質不可忽視的一環（Mandolesi et al., 2018）。

3. **飲食不均衡**：營養攝取不良會導致壓力與疲勞上升，進而損害思考

與工作的效能。不僅如此，飲食內容也可能直接影響決策行為的偏好。以血清素（Serotonin）為例，這是一種跟幸福感有關的神經傳導物質。若想要以不靠藥物的形式提高體內的血清素，高碳水化合物和蛋白質的飲食組合就是一種很有效的方法。透過改變飲食習慣，我們能夠調控情緒，並做出更理性的決策行為（Liu et al., 2021）。

4. **長期認知負荷過重與缺乏反思時間**：研究發現，經常做冥想或其他能清空認知負載的活動，海馬迴中的灰質含量就會提高，（譯註：灰質（Gray matter），是大腦中負責處理與傳遞資訊的區域，包含神經元的細胞本體、樹突及突觸等結構。當灰質減少時，可能會影響記憶、學習、情緒調節及語言能力等認知功能。）而皮質醇（譯註：皮質醇（Cortisol），是一種在身體面對壓力或威脅時自然分泌的荷爾蒙，又被稱為「壓力荷爾蒙」。它能促使身體進入緊急應對模式，產生「戰或逃」的反應。）濃度與感受壓力的程度也會相對降低（Congleton et al., 2015）。此外，刻意保留時間進行「發散思考（diffuse thinking）」，也能帶來許多方面的益處，例如增強創造力（Kounios et al., 2008）及促進更有效率的學習能力等（Parker-Pope, 2014）。

5. **缺乏人生目標與人際連結**：研究指出，幫助他人能促進大腦中與幸福感相關的生理變化（Post, 2014），有助於建立歸屬感、友誼與社會連結（Brown et al., 2012；Pilkington et al., 2012）。換句話說，與他人產生正向互動，不僅能提升情緒與心理的健康，也能維持穩定的認知狀態。」

「有這樣的研究結果並不讓人感到意外，但我之前的確沒想到這些因素會對認知表現、甚至對決策品質帶來這麼大的影響。」伊貝爾說道。「是啊，我們常會忽略這些因素所帶來的負面效果。」伊芙直視著伊貝爾，謹慎地問道：「我想問你一些比較私人的問題……就這幾個面向來說，你最近的狀況如何？」

第11章 提升決策能力

「嗯，說實話，並不是很好。」伊貝爾回答道，「過去幾個月我吃不好、睡不好。一天下來常常只是隨便吃點微波食品應付過去，有時甚至什麼也沒吃。而且，我根本沒有時間運動。最讓我感到難過的是，我覺得我和女兒們之間的關係正在慢慢疏遠。」

「你和你的女兒關係變差了？」「是啊，還有我的丈夫馬可。儘管他總是默默在背後支持著我，可是我們已經有好幾個月沒好好坐下來聊聊了。我很擔心，他這陣子獨自承受了許多不好的感受。」伊貝爾沈默了一下，才接著開口說道：「我想，這就是身為執行長的代價吧。我並不認為個人生活會影響我在 ATG 的決策能力。不過，我也很清楚，那是因為我擁有團隊的全力支持。GET 團隊的同事們以及董事長，在我決定要推行重大決策時，總是給予我最大的支持與幫助。」

「能在職場上擁有這種戰友是很幸運的事情，但我還是想建議你正視自己的身心健康。你不能總是以一句『這就是執行長的生活』輕鬆帶過，然後就一再忽略自己身體發出的警訊。這種情況如果持續了太久，很可能會出現職業倦怠或過勞、甚至是憂鬱傾向。」伊芙回應道。

「我覺得……我可能已經有這些症狀了。」伊貝爾說完這句話後，就陷入了沈默。伊芙靜靜地陪著伊貝爾覺察自己的感受，約莫兩分鐘後，才緩緩打破沉默：「也許，現在的你可以嘗試做出一點改變，而且是做出『看得見』的改變。好在，認知狀態其實可以在相對短的時間內被調節回來。像是以上我們所提到的這些行動，包括睡眠充足、營養均衡、規律運動、冥想練習和改善人際關係等，都是可以立即見效的好藥方。」

「具體的行動包括：每晚維持七至八小時不間斷的規律睡眠、白天安排短暫休息以幫助放鬆與充電、每週進行二至三小時的中高強度運動、以及攝取充足且多樣的營養來源。除此之外，定期練習正向思

考、避免同時處理多項雜事、每天保有適量的社交互動，並且與丈夫或其他親密的朋友談談你的情緒與煩惱，這些都能有效改善你的認知表現與心理狀態（Durmer and Dinges, 2005；Masley et al., 2009；Moore and Malinowski, 2009；Tucker et al., 2010；Khodarahimi, 2018；Honn et al., 2019）。」

「這我真的做不到！我找不到時間完成這麼多額外的事情啊！」伊貝爾驚呼道。「我並不是要你每一項都要做到，」伊芙笑了笑，「而是希望你能找到適合自己的組合，在你覺得舒服的節奏裡，持續而穩定的執行，這樣就足以產生明顯的效果了。有些人喜歡冥想，但是有些人就是無法從中得到同樣的感悟；有些人熱衷運動，但也有些人覺得那是在折磨自己。這些都沒有標準答案，你可以慢慢嘗試，從中找出最適合自己的舒壓方法。我感覺家人之間的連結對你來說似乎特別重要。也許，這就是專屬於你的起步點。」

「這個問題我需要再想一想……。不過我認為你說得有道理。」伊貝爾點點頭，話鋒一轉，問道：「那麼，我們能繼續討論隱藏在決策冰山之下的其他因素嗎？你剛剛提到『認知轉換能力』也是一個重要的影響類別，這具體是指哪些能力呢？」

「第二種會影響決策表現的類別，主要跟認知資訊的處理能力有關。這些能力雖然人人都有，但是每個人對它的掌握程度都有所不同。不過，只要找對訓練方法，其實大多數人都可以進一步培養與強化這些技能。其中，有三項認知能力，對做出良好決策的影響特別重大，他們分別是：注意力控制、認知彈性，還有同理心。讓我們一項一項來看吧。」

「首先，讓我們從注意力控制開始講起。這項能力指的是將注意力放在眼前的任務上，並長時間維持專注的能力。這也包括能夠評估

不同的行動方案的優劣勢，並從中做出最適選擇的能力。這項技能之所以重要，是因為它們負責協助我們篩選內外部訊息，並將相關內容儲存在短期記憶中，使我們得以繼續將注意力放在眼前的任務上，不需要急著對蒐集來的資訊進行處理（Laureiro-Martinez, 2014；Laureiro-Martinez, 2015）。」

「注意力控制也包括抽象思考、類比推理、未來布局，行為抑制與衝動控制……等多項高階功能。因此，掌管注意力控制的大腦神經網絡，可說是大腦的『執行總管』，影響範圍跨越多個腦區。其中，前額葉皮質是最關鍵的腦區之一，因為它負責整合來自全腦的訊息。它不僅是注意力的控制中樞，也是影響決策品質與行為選擇的關鍵角色。」

「這套神經系統在兒童時期便已初步成形，並隨著年齡逐步成熟，在成年早期達到最為穩定的狀態。儘管成年後這套系統在功能上已發育完成，但仍具有可塑性與調整空間。事實上，在人的一生之中，任何時期都能對注意力控制能力進行強化訓練（Posner et al., 2014）。當我們反覆執行需要啟動注意力神經系統的任務時，注意力的控制能力就會逐漸被鞏固。換句話說，如果我們想要提升維持專注的能力，可以透過從事那些需要集中精神的活動來自我鍛鍊。其中，活動身體、運動或是冥想練習等，也都被證實有助於提升注意力的控制（Posner et al., 2015；Dodich et al., 2019）。研究指出，只要每天花十三分鐘進行冥想，就能明顯改善這項能力（Tang et al., 2017；Basso et al., 2019；Landsberg, 2023）。此外，花時間進行反思，也就是『思考自己為什麼用這種方式思考』，也有助於培養更強的注意力控制。這種自我反思的行為又被稱為『後設認知（Metacognition）』。根據腦部斷層掃描的影像，我們可以發現，擁有較強後設認知能力的人，其前額葉皮質中的灰

質密度通常也較高,也就是他們擁有更複雜的神經迴路系統(Fleming, 2014)。」

「原來是這樣啊。」伊貝爾說道,「我一直以來都認為注意力控制是我的強項,因為我一直擅長保持專注、壓抑衝動行為……不過我也不得不承認,最近我確實會發現自己比以往更難以集中精神。」

「現在我們知道注意力控制是認知轉換能力中的其中一種能力了。那麼,第二個關鍵能力是什麼?」伊貝爾問道。「『認知彈性』是第二種重要的認知技能。它指的是一個人能根據環境變化調整思維與行動的能力(Geurts et al., 2009),這也包括了在面對不同任務或環境需求時的靈活應變能力(Deák, 2003;Diamond, 2013)。認知彈性高的人,不僅能從多個角度分析問題,找出不同面向的觀點,也會善用同理心,設身處地從他人立場看待事情(Brusoni and Laureiro-Martinez, 2018)。」伊芙說明道。「既然這是一種技能,那應該也是可以透過訓練來培養和強化的,對吧?」伊貝爾問道。

「沒錯,」伊芙回答道,「我們在這一生中都有機會增強我們的認知彈性。不過它很容易隨著年齡增長而逐漸下降,因此需要刻意透過一些方法來維持它的活躍度。兒童可以透過促進創造思考與問題解決能力的遊戲來培養這項能力;成人則可以藉由冥想、瑜伽、藝術創作,或是學習一項全新的技能來強化認知彈性。像是學習一門新語言或樂器,都是非常有效的做法。」

「順帶一提,」伊芙說接著說道,「如果你願意接觸來自不同領域的觀點,並且真心欣賞其中所蘊含的價值與差異性,這本身就是一種有效提升認知彈性的方式(Laureiro-Martinez & Brusoni, 2018)。這個歷程常被稱為『體驗式學習』,也就是透過與他人合作的過程,從他人的經驗中獲得新的認知刺激。當人們需要和來自不同專業背景與社

會文化環境的人一起做決策時，他們往往會被迫跳脫原本慣用的思維框架，進而促進認知彈性的成長（Greene, 2014）。」

「另外，像是『設計思考（design thinking）』這類以人為本的問題解決流程，也是一種非常實用的訓練途徑。因為它本身要求我們在發散思考（探索）與收斂判斷（利用）之間來回切換。這樣的反覆確認不僅可以帶來創新的發明，同時也能培養我們的認知彈性。若你的工作環境採用了這類方法，那麼你自然就處於一個有利於彈性思維成長的系統之中。久而久之，這些能力甚至有機會被你內化為長期穩定的思考習慣（Randhawa et al., 2021）。」

「我明白了，我覺得這方面我還蠻擅長的。從小我就習慣遇到困難時，從各個角度找方法突破，這樣的經驗也確實幫助我一路走到現在的位置。」伊貝爾點點頭，繼續問道：「那麼，最後一項認知轉換能力是什麼呢？」伊芙繼續說：「影響決策表現的第三種認知轉換能力則是『同理心』。從心理學角度來說，它指的是一種人與人之間的移情作用。在這種互動之中，其中一方願意傾聽對方經歷了什麼，以及這些經歷引發了什麼樣的內在反應。無論對方所體驗到的情緒是正向還是負向，具有同理心的人都能察覺並且產生共感。同時，他們也能保護好自己的心理界線，清楚知道現在所體會到的情緒來自於對方，而非自己。」

「再來，從決策的角度來看，作為一個有同理心的人，也就是有能力『站在他人立場思考』的人，往往更願意接納多元的觀點，他們就能接觸到更廣泛的資訊來源。具有高度同理心的人，會花時間去理解他人的想法與情緒，因此也更能洞察他人行為背後的動機，甚至推測出可能的後續反應。這樣的人在社交互動中，更能敏銳察覺周遭的動態變化，並靈活調整自身的應對策略。因此，這些人也就有機會從

他人的觀點中汲取養分，做出更周全的判斷與決策（Laureiro-Martinez, 2022）。」

「如果你想更深入了解同理心的展現形式，我們可以從兩個面向來切入：『情感同理心』與『認知同理心』。」「『情感同理心（Affective empathy）』指的是，當我們看到他人展露情緒、述說自身的遭遇時，會自然而然地產生情感上的共鳴。例如，看到別人傷心時，我們會感到難過；看到別人身處困境時，我們會心生同情。這樣的共鳴通常伴隨慈悲、憐憫的感受，還會激發我們想要幫助他人的衝動。因此，具有高度情感同理心的人，在面對他人情緒時，通常更願意傾聽、安慰，並主動提供協助。」

「但是，並不是所有『感同身受』的經驗都能稱得上是同理心的展現。有時候，過度捲入他人情緒之中，也會為我們自身帶來困擾。換句話說，同理心的前提是我們能夠清楚區分：哪些感受來自自己、哪些感受來自他人、以及哪些是我們與對方共享的情緒狀態。一旦這層心理界線未被妥善建立，我們就很容易陷入一種名為『同理愁苦（empathic distress）』的心理防衛反應。這兩者的差別在於，真正的同理心是在可承受的範圍內理解與關懷他人，並保有心理上的穩定與界線；而同理愁苦則是被他人的痛苦所淹沒，轉向自我保護，最終引發情緒耗竭、逃避或內在退縮等反應。」

「舉例來說，如果你的同事因為私人因素而導致工作表現不佳，你可能會對他的處境感到同情，並主動提供協助。但如果這樣的情況一再發生，而你總是投入大量情緒與精力去共感、代勞、協助。長期下來，你就很可能會陷入同理愁苦的困境，產生心理疲乏、甚至是身體上的倦怠感（Laureiro-Martinez, 2022）。」

「除了情感層面的同理能力，另一種常見的同理形式是『認知同

理心（cognitive empathy）』，也有學者稱之為『心智理論（Theory of Mind）』。擁有高度認知同理心的人，即使自己未曾經歷相同情境，也能透過推理與想像，理解他人正在想什麼、感受什麼，並在心中模擬對方的心理狀態。這與情感同理心的不同之處在於，認知同理心是透過推理與判斷來理解他人，而非透過情緒共鳴。這樣的人能在社交情境下更冷靜地進行分析，也較有能力推測出他人行為背後的動機。然而，如果一個人無法辨別自己與他人在心理狀態上的差異，也就是缺乏認知同理心，那麼就很可能會把自己的情緒反應及固有的觀點套用到他人身上；反之，也有可能過度吸收他人的情緒反應，進而影響自己的自我認知與價值判斷能力（Laureiro-Martinez, 2022）。」

「原來同理心還能分成不同的類型啊！」伊貝爾若有所思地說，「仔細想想，我以前好像從沒特別留意過這些同理行為之間的差異。」伊貝爾接著說道：「不過剛剛你所描述的那些例子，讓我聯想到我的丈夫馬可，他總是在情感上帶給我很多安慰與支持。還有董事長卡洛也是，他總能運用理性分析與推理來陪伴我度過難關。」

「是啊，每個人展現同理心的方式都各有不同。有些人天生情感共鳴特別強；有些人則在理解與推論他人想法上表現得更好。這兩種同理心分別涉及大腦中不同的運作區域，所以擅長其中一種，並不表示自然就能駕馭另一種。這兩種同理心在神經結構與學習歷程上，有各自獨立發展的路線（Laureiro-Martinez, 2022）。」伊芙說道。

「我覺得，馬可應該就是那個同時擅長兩種同理模式的人吧。」伊貝爾寵溺地笑了笑。「不過你提到了這兩種同理心有各自獨立發展的路線。這樣聽起來，好像只要用對方法，人人都能變得更有同理心。難道這不完全是與生俱來的特質嗎？」伊貝爾問道。

伊芙回答：「沒錯，就跟其他兩項認知轉換能力一樣，同理心也

是一種會隨著人生軌跡而逐漸發展的能力。我們可以透過刻意練習來增強同理心（Teding van Berkhout & Malouff, 2016）。比方說，練習讓他人感覺被接納的傾聽技巧、或嘗試為他人的心理狀態『建模』，都是可以強化同理心的實務方法之一。不過，就算不使用這些專業訓練手法，日常生活本身就能成為同理心成長的土壤喔！只要我們帶著好奇心來觀察周遭的人事物，那麼光是生活經驗的累積，就能對同理心的養成產生深遠的影響了。簡單的例子像是旅行、結交新朋友、嘗試新事物或學習新技能等，這些能拓展我們視野的活動，都會自然地促進我們對他人的理解與共感。還有其他能帶來深層心理影響的例子。比如說，你從未體會過暈眩的感覺，那麼你可能就難以完全理解懼高症者所面對的恐懼；但如果你曾親身走過癌症的療程，那麼你可能會對那些正在接受治療的患者們，產生更真切且細膩的情感共鳴。」

「原來如此，」伊貝爾若有所思地說道，「所以這三項認知轉換能力其實都可以透過練習來培養呢……」「沒錯！」伊芙立刻回以肯定的答覆。「不論是注意力控制、認知彈性還是同理心，持續練習都是增強的關鍵。其實大部分的認知功能都是一樣的道理，大腦的『神經可塑性』讓我們可以透過訓練來提升大部分的認知功能。」

「正因如此，我非常相信『體驗式學習』所能帶來的價值。當人們身處於真實的情境之中，並且直接以實際案例進行練習與調整時，他們就能以更深刻的方式強化這些認知能力。這種訓練方式不只對需要做出重大決策的高階主管有幫助，甚至能讓任何渴望成長的人，都有機會成為更好的決策者（Haney et al. , 2020）。」

「我明白了。那麼圖 11.2 中最深層的『認知行為傾向』指的又是什麼呢？它之所以會位於水最深的區域，我猜，應該是因為這是我們最難察覺的層面，對嗎？」伊貝爾問道。「你可以這麼理解。」伊芙解

釋道：「認知行為傾向，通常指的是一個人根深柢固的性格特質與價值觀。這可能包括：一個人是否喜歡冒險、是否擁有開放的心態（Keller & Weibler, 2015）、是否對新事物保持好奇、是否樂於學習（Kauppila & Tempelaar, 2016），以及他是更關注未來，還是比較容易陷在過去或當下的情緒之中。這些傾向，會影響我們在面對不確定性時，選擇更穩定的『利用』，還是跨出舒適圈的『探索』。」

「而價值觀同樣也會影響我們做決策的方式。如果你是一個重視道德及忠誠度的人，那麼在你處理人際關係時，你就會把這些價值觀融入到你的行為之中，讓你不自覺地採取更為正直的行動。」「另外，還有一項十分關鍵卻常被忽略的因素，那就是我們對自己的期待與想像。白話的說，就是『我希望自己成為怎樣的人？』。這些潛意識中的自我期許，也會悄悄影響我們所選擇的方向。」伊芙補充道。

伊芙的這番話讓伊貝爾陷入了沉思。他的思緒不由自主地飄到了他的家人身上，現在他滿腦子都是他所深愛的丈夫與女兒。他開始思考，作為妻子和母親的他，是否有朝著自己理想中的方向努力？這個問題，連他自己都不敢肯定的說出答案。這讓他不由得感到深深的悲傷，也開始對自己感到失望與懊悔。伊貝爾因過於沉浸在自己的思緒裡，幾乎完全沒有把伊芙接下來說的話聽進去。「認知行為傾向雖然不像其他認知能力那麼容易被調整，它們往往具有高度的定型性，一旦形成，就不太容易改變。」伊芙說道，「不過，正因為這些傾向來自於我們內在最深層的價值與性格，它們反而能在我們找不到方向時，成為我們內在的指引或靈感來源。」

說到這裡，伊芙停頓了一下。他察覺到伊貝爾的神情飄忽，心思明顯不在這裡。於是，他柔和地開口問道：「伊貝爾，你還好嗎？」「啊，抱歉，我剛才走神了。」伊貝爾這才回過神來，帶著些許歉意地說道。

「最近有些事一直困擾著我……我想，這大概是在提醒我，是時候該正視它們了。」「今天妳說的話讓我獲益良多，也讓我重新思考自己與家人之間的關係。」伊貝爾一邊說道，一邊看著自己的手錶。他該離開了，但是他不想就這樣草草結束這次的對話。

「我現在得走了。不過在離開之前，我想簡單整理一下我們今天的對話。如果我們想要提升決策品質，就得留意自己在『認知狀態』、『認知轉換能力』以及『認知行為傾向』，這三個認知層面所展現的樣貌。其中，認知狀態是最容易在短時間內逆轉負面影響的。我們可以透過高品質的睡眠、白天的短暫休息、每週固定的高強度運動、均衡飲食、正念練習、避免多工處理、以及適度的社交活動等方式進行改善。只要能從中找到適合自己的自我關照組合，就能讓判斷力迅速回升到最佳狀態。」

「需要依靠中長期累積的，則是認知轉換能力，這包括了注意力控制、認知彈性和同理心。只要我們穩定且持續的訓練腦力，就能增強這些會影響決策品質的關鍵技能。相比之下，藏在冰山最深層的認知行為傾向，就沒這麼容易改變了。因為我們的人格特質、價值觀與慣性情緒反應，通常是無意識地在影響著我們的行為。不過，這些因素對決策表現的影響同樣不可忽視，因此，認知行為傾向還是非常值得我們深入探討。」

「哇，你的總結還是一如既往的精闢呢！」伊芙由衷地讚嘆道，「謝謝你的整理，我也在跟你討論的過程中得到很多收穫呢！」「這次我們沒來得及深入談論更多關於認知行為傾向的運作機制，我稍後會再把這部分的補充資料寄給你。我建議你花點時間看看這份資料，因為認知行為傾向對決策所帶來的影響相當關鍵。它們不只是我們的內在資產與天生特質，更像是老天悄悄送來的禮物，讓我們在面對困

境時，手中多了一把足以應戰的祕密武器。」在伊芙說話的同時，伊貝爾也已經站起身來，穿好外套。

伊芙最後的那番話，引起了伊貝爾許多的好奇，但他已經沒有時間多做停留。他一邊整理包包，一邊想著，或許等收到伊芙的補充資料時，他就能理解伊芙所說的「認知行為傾向是一份禮物」這句話背後的意思了。「那就麻煩你寄給我這些資料了，我很期待！」伊貝爾說完，輕輕抱了伊芙一下，隨後便匆匆離去。

走在前往辦公室的路上，伊貝爾滿腦子都在想 ATG 的工作進展和家中的混亂，心中的焦慮仍然揮之不去。但是，突然有那麼一瞬間，他意識到自己竟然在「觀察」自己的思緒。這個念頭讓他微微一愣——也許這正是伊芙所說的「思考自己為什麼用這種方式思考」？這是不是代表我正在控制自己的注意力？說也奇怪，當伊貝爾能夠看見自己那些翻湧不安的念頭時，他竟然感到一絲平靜。他彷彿能暫時從那團雜亂中抽身出來，站在另一個更高的位置，俯下身來把自己的內心看清楚。

隱藏在決策裡的生物學：神經傳導物質

人體內的神經傳導物質（Neurotransmitter），是一門相當有趣的新興研究領域。它主要是透過進行化學反應，在神經細胞之間傳遞信號，就像個負責收信與送信的郵差一樣。但是這個領域目前仍存在許多未解之謎，研究人員仍在努力深究它的運作機制。或許，在我們掌控了這些神經傳導物質的奧秘之後，就能利用這些知識來提升我們的決策品質。

人體內透過神經傳導物質來影響神經元表現的機制，被稱

為「神經調控（neuromodulation）」。雖然我們剛才以「郵差」來形容神經傳導物質的職責，但是它並是不像郵差一樣，挨家挨戶地送信；反而更像是以直昇機空投的方式，把信件廣撒到整個社區。也就是說，在神經調控的過程當中，神經傳導物質是在神經系統中以擴散的方式向外傳送，最後影響到整區神經元的活動模式。常見的代表性物質包括：組織胺（Histamine）、俗稱「壓力荷爾蒙」的去甲腎上腺素（Norepinephrine/Noradrenaline）、以及被稱為「快樂荷爾蒙」的多巴胺（dopamine）與血清素（serotonin）等。

臨床上，醫師們也經常利用藥物，來幫助患者被動啟動神經調控。例如注意力不足過動症（ADHD）、嗜睡症、憂鬱症與焦慮症等身心疾病，都可以透過這種「神經增強劑（neuroenhancers）」來達到緩解的效果。然而，除了醫療用途之外，有些健康的人也會出於「非處方用途」而服用這些神經調節藥物。他們的目的並非治療疾病，而是試圖調整自己的精神狀態，以改善工作表現與行動效率。儘管這些藥物的原始用途並非為了使人「變聰明」，但人們還是選擇利用它們，以提升自己的記憶、學習、專注、覺察或其他認知表現（Bloomfield and Dale, 2020）。也因此，這類藥物常被稱為「聰明藥」或「認知強化劑」。

如今，神經調節藥物正悄然地滲透進職場文化之中。在美國，這類藥物被認為已在各行各業之中廣泛流行，無論是醫生、銀行家，還是軍事人員，全都不乏使用神經調節藥物的痕跡。根據 2018 年的一項調查顯示，在英國，每十二位成年人中就有一

位，承認曾服用神經調節藥物以提升智力表現。這項趨勢在大學生族群中也越來越明顯。在近期的一項調查中，劍橋大學有將近五分之一的學生坦承，曾為了提升學業表現而使用神經調節藥物（Sharp, 2018）。而且這種藥物使用行為還有持續上升的趨勢。

近年來，神經科學研究也越來越關注，神經傳導物質會對決策造成什麼影響（Addicott et al., 2014）。研究指出，在面對不確定性風險的情境下，決策通常會受到以下三種神經傳導物質的影響：多巴胺（dopamine）會帶來滿足感、乙醯膽鹼（acetylcholine）具有鎮靜與穩定的作用、而去甲腎上腺素（noradrenaline）則可以緩解疼痛並提高活動力（Schacter et al., 2011）。值得我們關注的是，這些也正是菸癮或其他成癮行為的形成原因。香菸會刺激神經釋放以上這三種神經傳導物質，使人不知不覺對此產生依賴，並且持續採取已知行為（利用）並拒絕改變，也就破壞了人們在「利用與探索」之間取得平衡的本能（Addicott et al., 2014）。因此，癮君子們雖然明知吸菸有害健康，卻仍然無法讓自己停止這些行為。

這種有害的利用行為，十分耐人尋味。有句話是這樣說的：「同一件事能為我帶來今天的成功，卻不見得能帶來明天的勝利。」我們有時會不自覺地堅持某些行為模式，是因為這些模式過去曾經幫助過自己。但是，這並不代表這些行為永遠有用，有時甚至會為自己或他人帶來傷害。令人費解的是，即使我們意識到自己在從事「有害的利用行為」，我們卻仍無法輕易改變自己的行為。

舉例來說，某些領導者可能在職涯早期，以威權型的做事風

格取得成功，於是就一直沿用同一套管理方式。但當他們轉職到另一家風格迥異的公司，或開始與多元背景的團隊合作時，原本的行為模式可能已經不再適用。縱使他們察覺到自己過去的方法不再有效，卻仍舊無法因應外在環境的轉變而調整作法，最後讓自己卡在這種「有害的利用行為」當中。

雖然這些神經調控的機制，可以養成一些自動化處理的模式，幫助我們減少認知負擔、做決策時更快速、更省力。然而，一旦這些自動化的反應過度定型，就可能演變成「心理上的成癮」，在關鍵時刻阻礙我們做出必要的改變。此外，這些神經傳導物質的影響並不僅止於形成習慣的利用行為，多巴胺同時也參與了探索行為的調節。研究指出，大腦裡負責做出複雜判斷的前額葉區域，若多巴胺濃度較高，在執行有明確目標的探索行為時，往往更容易受到「相對不確定性」的影響。也就是說，這些人在選擇是否要探索新選項時，會更敏感地感受到風險與變化（Gershman and Tzovaras, 2018）。在其他科學研究中也發現，當負責提供獎勵機制的紋狀體中，多巴胺的濃度較高時，無論是否在執行有明確目標的探索行為，探索的意願都會明顯下降。這些發現都進一步說明了，在面對不確定性影響時，多巴胺在「利用與探索」中扮演的關鍵調節角色。

近年來，雖然有多項研究探討了多巴胺和去甲腎上腺素對不同決策策略所帶來的影響（Gershman and Tzovaras, 2018；Dubois et al., 2021），也證實了神經傳導物質確實會影響人們的決策。但是對於它們在不同大腦區域中，如何具體產生作用，仍有待後續進一步釐清。在目前的醫療臨床研究中，針對神經傳

導物質所進行的長期研究仍相對不足。這也是中樞神經系統疾病的研究無法快速推進的主要原因之一。若我們能借助長期的研究與觀察，就有機會深入理解這些神經調節物質的具體運作機制，也就有能力以科學方法來提升決策的雙元性。

在近期的研究當中，有一個十分具有潛力的研究方向，就是利用藥理學實驗來分析各類藥物在神經傳導作用上的調節效力。這種研究方法是一種主動干預式的實驗設計，會透過藥物來阻斷特定神經受體，以觀察大腦或行為的變化。相比於過去的基因變異相關研究，這種藥理操控的實驗方法，更能清楚地釐清神經傳遞與行為之間的因果關係。不過，在這類的研究中，研究人員必須針對我們想測試的目標，精準選擇要進行測試的藥物，才能準確作用於我們想研究的神經受體上，因此也不太容易取得進展。另外，設立實驗組與對照組，透過比較結果來辨識特定神經傳導物質在決策行為中的貢獻，也是一種很常見的研究方法。

總結來說，目前我們仍需要更多實證研究，才能進一步釐清神經傳導物質是如何影響我們進行「利用與探索」，甚至於它們是否真的是影響決策的直接因素，尚且存疑。在此之前，我們不妨先試試一些更經濟又實用的替代方案：少吃漢堡和披薩、多出去跑跑步、好好睡一覺——這些不僅比神經調節藥物來得更安全，而且帶來的效力完全不亞於藥物攝取！

本章重點

- 認知狀態、認知轉換能力與認知行為傾向是影響決策品質的三大核心要素。
- **認知狀態**會受到睡眠、飲食、運動、冥想、人際關係與人生目標等因素的影響,而且這些條件多半可以在短時間內進行調整。即便只是幾晚良好睡眠與適當的營養補充,也能明顯改善心理狀態與決策表現。
- **認知轉換能力**主要包含注意力控制、認知彈性與同理心這三種能力,能透過持續練習加以培養。因此,只要我們以開放的態度接觸新事物、從他人的經驗中汲取知識,就能在這些能力上持續增長。
- 相比之下,**認知行為傾向**是三者中最難改變的。因為其中涉及的人格特質、價值觀與慣性情緒反應等,通常是在無意識中形成的。想要扭轉這些潛意識裡的信念,就必須有意識地進行自我覺察的練習。儘管認知行為傾向難以改變,但是在充滿不確定性風險的情況下,卻常常成為我們做出判斷的重要依據。

第 12 章
情境六：「不得不」做出的決定

克勞迪奧・費瑟（Claudio Feser）、大衛・雷達斯基（David Redaschi）
和凱洛琳・弗朗根柏格（Karolin Frankenberger）

伊貝爾一邊思考如何處理 ATG 的收購問題，同時也思考著如何改善家中低迷的氣氛、找到自己的定位。他決定使用決策導航器來評估目前的三個選項：一、離開現職，並將重心放在家庭上；二、在工作中尋求他人的協助，並透過任務分配來減輕自己的工作負擔，藉此撥出時間解決家庭危機；三、依然將重心放在工作，稍後再煩惱家裡的事情。但也可能就此無限期擱置。

伊貝爾從來不向他人分享自己的脆弱。因為成長的經歷讓他把「展現脆弱是危險的」這個殘酷的道理深深刻在腦中，他學會獨立、學會不要期待他人帶來救贖。不過，他唯一的例外是馬可。因此，他選擇與馬可坦承自己的憂慮。在馬可的鼓勵下，伊貝爾決定向董事長卡洛及 GET 團隊成員坦白自己目前的私人情況。儘管伊貝爾還不太習慣對外人坦露內心的煩惱。但是這一次，他似乎別無選擇了。於是他終於鼓起勇氣跨出這一步。

就在伊貝爾小心翼翼地向卡洛與 GET 團隊坦白自己的掙扎時，他萬萬沒想到，迎接他的竟然是毫無保留的支持與溫暖。事實上，馬可早已預料到了這群夥伴會伸出援手，這也是他鼓勵伊貝爾對同事們敞開心扉的原因。「伊貝爾，我們既然是夥伴，就會挺你到底。我們會

1. 決策困境　　家庭或事業？

2. 在「利用與探索」之間的選擇

利用 ←——————————————————→ 探索

T（真）、F（假）、R（合理）、？（有待釐清）

	離開現職，並將重心放在家庭上。		在工作中尋求他人的協助，並透過任務分配來減輕自己的工作負擔，藉此騰出時間解決家庭危機。		依然將重心放在工作，稍後再煩惱家裡的事情。但也可能就此無限期擱置。		潛在選項
七個捷思法則	3. 假設條件	4. 驗證結果	3. 假設條件	4. 驗證結果	3. 假設條件	4. 驗證結果	
a) 想達成的目標	拯救家庭危機	T	拯救家庭危機，維護 ATG 的營運獨立性及他的執行長職位	T	維護 ATG 的營運獨立性及他的執行長職位	T	
b) 能創用新的機會	無法委託他人代理部分職務	F	有機會委託他人代理部分職務	R	無法委託他人代理部分職務	F	
c) 可運用的時間	處理家庭情況更為急迫	T	處理家庭情況更為急迫	T	家人願意給他緩衝時間	F	
d) 利害關係人及競爭手的動向	（此處不適用）		（此處不適用）		（此處不適用）		
e) 企業價值觀與文化	家庭比事業重要	R	家庭和事業都非常重要	R	事業比家庭更重要	F	
f) 企業的優勢與信心	能力有限，無法兼顧家庭與事業。工作上也找不到值得委以重任的人。	F	其他人有餘裕提供協助	T	能力有限，無法兼顧家庭與事業。工作上也找不到值得委以重任的人。	F	
g) 團隊的「情緒」或集體認知狀態	對家庭現況非常悲觀	T	雖然帶著擔心，但他也有信心能兩者兼顧。	R	一心想著拯救 ATG	?	

5. 優化

6. 最終解決方案　　None　　採用選項二

圖 12.1　運用決策導航器找到到情境五「在工作與生活之間取得平衡」的解決方案

盡力為你爭取所需要的空間與時間，讓你能專心處理家務事。只要你沒有放棄 ATG、沒有放棄我們，我們就應該一起並肩走過這段旅程！」亞歷山卓代表 GET 團隊，語氣堅定而真誠地表達了大家的心聲。

雨果率先主動提出，他可以接手目前的反併購應變小組，並且每天向他與卡洛報告執行進度；亞歷山卓也接著表示，他會從旁協助雨果，確保小組運作順暢。不僅如此，其他 GET 成員也紛紛調整了自己的工作安排。無論是內部事務或對外關係，他們都義無反顧地攬下責任。伊貝爾原本負責的所有事務瞬間就被一掃而空。這些回應讓伊貝爾有些不知所措，一向不輕易信任他人的他，從沒想過，有一天他能擁有一支願意彼此支援的團隊。

這一刻，伊貝爾感覺到前所未有的安心，被照顧、被理解的暖流湧上心頭。他似乎終於能夠放下長年累月的堅強與控制，允許自己停下來喘口氣。甚至，如果他撐不住了，暫時倒下也沒關係。因為卡洛和整個團隊為他編織了一張巨大的安全網，隨時準備將他接住。這種被堅定支持的感覺，是他過去只在馬可和女兒們身上體會到的。

不過，當伊貝爾仔細回想，他才發現伊芙似乎也總是默默地給他同樣的安全感。如今，伊貝爾身旁也有了這樣一群戰友，讓他能夠安心地從這場收購保衛戰中暫時抽身。這不僅為他自己爭取到一點喘息的空間，也讓他終於有餘裕去修復自己與大女兒瑪麗之間的關係。伊貝爾在做好充分的心理建設後，主動找女兒瑪麗對談，試圖打破僵局。但是瑪麗不僅無動於衷，甚至充滿敵意。伊貝爾的每一次嘗試，總是以瑪麗的情緒爆發並氣憤摔門作結。伊貝爾感到相當無所適從，他不知道該如何修復與女兒之間日益惡化的關係。伊貝爾既迷惘又自責，心中不斷湧現「這一切都是我的錯」的想法。

面對瑪麗既不願意與他坐下談談、甚至連房門都不願為他開一條

縫的情況，伊貝爾儘管挫敗，但也認清了自己無法改變現況的事實。於是，他請馬可坦承的告訴自己，這段時間自己到底都錯過了什麼。當然，他想知道的不光只是瑪麗的狀況，他也同樣想知道小女兒安娜莉絲以及丈夫馬可，這段時間有什麼樣的感受。

馬可理解伊貝爾的處境，於是耐心地與伊貝爾一同細數這段時間以來，整個家庭的情緒與節奏發生了哪些變化。伊貝爾靜靜地傾聽，對馬可心懷感激，同時也滿是歉疚。伊貝爾體認到，過去的自己即使坐在家中，思緒卻總是在工作上。伊貝爾先是對自己長期缺席了家庭活動致上歉意，並闡述了自己正在一點一滴放下對工作的執著，試著為家人留出更多空間、做到真正的「參與」。談著談著，他忽然發現，自己不只忽略了陪伴家人的時間，似乎也忘了為伴侶留一些只屬於彼此的時光。

馬可鼓勵伊貝爾不要放棄拉近與女兒的關係。馬可解釋，有時候，他不用試圖解釋什麼，也不用急著證明什麼。只要讓對方知道，無論發生什麼事，你都會堅定地選擇站在他那邊。於是，伊貝爾回到瑪麗緊閉的房門前，深吸一口氣，輕聲說道：「親愛的瑪麗，你願意讓我聽你說說話嗎？只要你願意，任何想法都可以跟我說。我不會打斷你、也不會批判。我只是想知道⋯⋯你現在感受如何？」片刻後，房門緩緩打開。儘管瑪麗選擇打開房門了，但他依舊語氣尖銳地問道：「是嗎？你什麼時候開始對我的想法有興趣了？」然而，當瑪麗抬頭看見母親臉上難掩的疲憊與痛苦時，語氣不自覺地軟化了。他撇撇嘴，低聲說道：「好吧，那我們聊聊吧。」

在馬可的建議下，伊貝爾竭盡所能信守他的承諾──不辯解、不插話、不指導，只是靜靜地聆聽，純粹地探索瑪麗現在的感受及情緒背後的原因。隨著對話的深入，伊貝爾逐漸理解瑪麗的心境變化，也

察覺到問題的癥結點在哪。雖然最初引發兩人之間的矛盾,是瑪麗對永續發展議題的理念,但真正困擾女兒的,其實遠不止於此。他與男朋友之間出了一些狀況,他卻找不到可以傾訴的對象。

曾經,當瑪麗還小的時候,伊貝爾不僅是他的母親,更是他最親密的朋友。他們無話不談,總是一起為了同樣的默契大笑,為了給彼此應援而擁抱。瑪麗懷念的,不只是作為母親的伊貝爾,更是想念那位曾經無條件傾聽與陪伴他的摯友。瑪麗當然也很喜歡跟妹妹安娜莉絲相處,不過妹妹有時候還是會耍耍網球小天后的脾氣。爸爸馬可雖然總是無微不至地照顧他們姐妹倆,但是對瑪麗而言,母親的角色與情感支持還是無人可以取代的。

另一邊,伊貝爾其實也同樣想念與瑪麗相處的溫馨時光。成為 ATG 執行長的這些年來,工作占據了他大部分的時間。即使人不在公司,ATG 的事務仍占據他的所有思緒。大多數夜晚,他不是輾轉難眠,就是睡得極淺;三餐既不規律、也不健康;就連原本熱愛的跑步也幾乎停止了。他忘了給自己留下放鬆的空間,導致身心失衡,時常感到疲憊不堪、敏感易怒。以上種種原因,也導致了伊貝爾與兩個女兒的關係變得疏離,甚至與丈夫之間的連結也在逐漸消失。現在的他,渴望重新點燃兩人之間的浪漫與親密,不僅僅是作為彼此的依靠與父母角色,更希望找回那份曾讓他們緊緊相依的悸動。

這個週日,瑪麗和伊貝爾整個下午都沉浸在彼此的對話當中。他們盡情地聊了許多對感情的看法。雖然伊貝爾在心裡不停地咒罵著「那個不知好歹的臭小子」,他仍耐心聽著瑪麗分享他與男友之間的大小事。另一個話題的中心,則是伊貝爾的工作,以及他因此所承受的種種挑戰與壓力。這是他們近幾個月來,第一次與對方分享自己在這個話題上的想法。在氛圍的催化下,兩人越聊越起勁,甚至開始深入探

討 ATG 的商業模式，討論旅遊如何拉近人與人之間的距離，以及旅行在幫助人們拓寬視野上的意義。瑪麗也從他鑽研許久的永續發展角度出發，提出了「綠旅行」的概念，讓顧客自行選擇是否要搭乘「碳抵銷航班」，抹去因為旅行而造成的碳足跡。伊貝爾覺得瑪麗的想法很特別，也許可以作為 ATG 的特色旅行服務項目之一。聽到自己的建議被採納時，瑪麗的眼神瞬間亮了起來。

這是伊貝爾近期度過的最美麗的午後。他終於和瑪麗一起找回了失落已久的連結。兩人緊緊相擁，對彼此說出口那句「我愛你」。多年來累積的思念與誤解，似乎都在那一刻悄然融化。他們約定好，未來要花更多時間陪伴彼此、也要更珍惜每一次的親子時光。當晚，兩人就愉快地一起為全家準備晚餐。他們也約好，每週日早上都要一起去慢跑，再透過共進早餐的時間，為彼此創造一個自在談心的專屬空間。

現在的伊貝爾終於有了徹底的覺悟：他不要再讓夜晚和週末被工作占據，他要把生活的重心還給自己與家人。因此，伊貝爾不僅與大女兒瑪麗有了每週晨跑的約定，也和丈夫馬可許下了週三的「約會之夜」。每週三晚上，兩人都要把時程排開，把時間留給摯愛的彼此。此外，每個週六他也會陪安娜莉絲打一場網球。

安娜莉絲興奮地向伊貝爾描繪自己的夢想：他已經瞄準某間位於美國加州的網球名校，他希望能以自己的網球技能，爭取到該大學所提供的獎學金。伊貝爾望著這個滿臉期待、眼神閃亮的十五歲女孩，心中既欣慰又感慨。他難以想像，自己最小的女兒有一天可能會飛到那麼遠的地方生活。但他彷彿也透過安娜莉絲的夢想，看見了背後有兩個熟悉的力量正在發芽：一個是馬可那份不受世俗拘束的想像力，另一個則是他自己那份不服輸、總想要自我突破的野心。他忽然明白，

孩子的夢想，不只反映出孩子對未來的嚮往，也映照出父母無聲傳遞的價值與信念。

　　至於他自己——伊貝爾也終於下定決心，他要重新找回健康的生活方式：好好睡覺、多做運動、維持規律而營養的飲食習慣，慢慢把健康找回來。在接下來的幾個月裡，伊貝爾每週運動三次，週間穿插適度的休息與娛樂時間，甚至與馬可在義大利的托斯卡尼共度了浪漫的莊園假期。經過這段時間的修復，他的身心狀態有了明顯改善。重返職場的他，不只重塑了工作與生活節奏，也重新理解了什麼才是自己人生中真正重要的事。這一次，伊貝爾不會再為了工作犧牲健康與休假。

　　為了落實瑪麗所提出的「綠旅行」的想法，伊貝爾找了幾位 GET 成員進行討論。並且在獲得他們的支持後，請康斯坦丁協助草擬一份策略提案。這份方案將以生態旅遊為核心構想，內容涵蓋永續旅遊、碳抵銷航班等具體措施。當整個 GET 團隊看到這份提案時，所有人都有志一同地表示讚賞，並隨即著手將「永續」融入公司未來的核心價值之中。從那之後，「綠旅行」不只是 ATG 的日常實踐，更成為這個品牌最鮮明、最具辨識度的核心價值。

　　另一方面，雨果如約完成了他所接手的反併購準備工作。然而，就在伊貝爾準備重新投入工作之際，敵意收購方卻突然撤回了收購案。原來，該公司的管理層與董事會在提出這份非自願收購要約前，並未與自家的股東充分協商。這些股東對管理層未經協商便提出高達 40% 溢價的收購要約感到震驚與憤怒。股東們的激烈反應，最終也迫使收購方的執行長引咎辭職，多位董事會成員也相繼被撤換。

　　儘管原先預期的收購保衛戰並未真實上演，但是雨果、卡洛、ATG 董事會、GET 成員以及員工們，都為了阻止這一波敵意收購而做

了萬全的準備，這依舊是意義相當重大的一件事。這段過程不僅加深了董事會與 GET 之間的信任與合作，也讓 ATG 各個層級的資訊傳達效能提升，更是凝聚了整個組織的向心力與團隊精神。董事長與 GET 同事們又創造了一個 ATG 獨有的團體歸屬感，這也是伊貝爾過去在家庭以外從未體驗過的感受。那種深刻的連結感，讓他明白自己從不是孤軍奮戰，每個宏遠目標的背後，都是眾人齊心協力的結果。

突如其來的風暴

回到工作崗位後，伊貝爾開始盤點 ATG 在北美與亞洲市場的拓展現況。自集團啟動國際擴張戰略以來，已過了 18 個月。在期中檢討時，GET 團隊也依據整體利益做出評估，決定繼續推進美國的擴張計畫；同時在亞洲進行一項試點計畫，重新確認當地市場的真實需求。然而，一年半過去，這項亞洲試點計畫如今看來似乎是一項錯誤的決定。

在最初的 12 個月裡，兩地的擴張計畫都顯示出不錯的成效。然而，就在計畫進入第二個年度，業務擴張的速度開始放緩，資金消耗卻遠超預期。當 ATG 公布第一季財報、正式向股東揭露其在亞洲市場面臨的阻礙時，市場反應激烈，股價隨即下挫。雖然 ATG 在亞洲的營運尚未對整體獲利造成衝擊，但由於市場原本普遍看好將亞洲作為未來旅遊業的主要戰場，投資人從原本的寄予厚望轉為極度失望。但是從 ATG 股價的變動來看，投資人對於亞洲市場的發展其實還是抱有高度期待。

多位市場分析師對 ATG 的亞洲擴張策略提出嚴厲批評。他們指出，ATG 高估了亞洲區經營團隊的能力，也低估了進軍中國市場所需面對的挑戰。分析師們認為，ATG 忽略了兩地消費者行為的差異，只是一味將歐洲的成功模式套用到亞洲，這恐怕就是最大的失策。ATG 沒有考慮到，亞洲旅客年齡層普遍較低，對體驗型旅遊的興趣不高。

他們更關注的是有沒有到熱門景點打卡，以及目前的選項是否具有最佳性價比。

　　雪上加霜的是，ATG 亞洲團隊的一名成員涉嫌買通官員，已被中國廣東當局立案調查。該員工被指控，為了快速取得在當地設立銷售據點的資格，曾試圖賄賂政府官員。面對這些問題，伊貝爾召集了 GET 團隊來探討計畫受挫的原因。然而，無論是負責財務的雨果、負責海外銷售的法蘭克，還是作為營運總代表的亞歷山卓，所有高層成員都無法具體說明亞洲市場究竟遇到了什麼樣的阻礙。相比之下，他們對美國市場的順利進展卻都能侃侃而談。伊貝爾很納悶，為何亞洲市場耗費了大量資源，卻連成效不彰的原因都難以界定？意識到事態的嚴重性，伊貝爾冷靜思考後，隨即向亞洲區負責人湯瑪士發送了一條緊急訊息，要求他盡快與他通話。他擔心，這起賄賂醜聞可能只是問題的冰山一角，事態可能遠比想像中的更嚴重。況且，若這則指控最後被查明為事實，該員工的行為將嚴重損害公司的聲譽、為 ATG 帶來難以挽回的負面形象。因此，他必須盡快處理此事。

　　儘管 ATG 尚未對外發表聲明，但是各大分析師已經開始下調 ATG 的股票評級，這導致市場情緒更加混亂。伊貝爾一方面頂著巨大壓力，一方面也繼續堅持著他剛定下的人生觀——不能讓 ATG 的問題拖垮自己的身心健康。尤其是在資訊不足、局勢未明之際，先穩住自己，才能帶來更好的決策表現。伊貝爾知道，現在當務之急是要徹底掌握亞洲團隊的真實狀況，才能做出合宜的反應。為此，伊貝爾立即指示 GET 團隊成員依據各自職權，主動啟動調查、盡快完成情報蒐集的任務。

　　正當伊貝爾仍未聯絡上亞洲區負責人湯瑪士時，他接到了來自主要股東「德州基金公司」的緊急來電。該公司以價值導向的經營理念聞名，對 ATG 在亞洲區域所牽涉的爭議格外敏感。對方派出的聯絡代

表詹姆斯，在投資界極具聲量，人稱「大帽子傑克」。他要求伊貝爾立即說明為何會引起貪汙醜聞，並要求 ATG 果斷對外發表聲明。「杜波瓦女士，我也不想加重你的壓力。」詹姆斯雖然以慢條斯理的語調說話，卻刻意稱呼伊貝爾的姓氏、誇張地加重每個字的力道，明顯是在向伊貝爾施壓。「我方限你們在 24 小時之內，查明現況並且立刻掃除障礙。否則我們不但會重新評估 ATG 的投資價值，甚至不排除全面撤資。」

面對詹姆斯來勢洶洶的問責，伊貝爾相當冷靜，他回答道：「詹姆斯，我們都認識這麼久了，你知道我會把這件事擺平的。不過目前的情況真的比較難纏，時差也影響了我們處理的速度。我這裡現在已經是下班時間了。24 小時內要完成所有事情，真的太強人所難了。」「但是對於在德州的投資者來說，現在是星期三早上。」詹姆斯也明白跨國工作上的難處，語氣逐漸柔和下來：「好吧，我可以給你一整個工作日，星期五早上之前一定要給我們答覆，但最多也只能這樣了。伊貝爾，我沒有在跟你開玩笑。這並不是我個人給你的寬限期，而是我們整個董事會的最後通牒。」就在伊貝爾為了解決賄賂醜聞而四處奔走時，ATG 董事會卻在此時出現了意見分歧。部分董事會成員極力支持中國市場的擴張，對於醜聞絲毫不在意，甚至鼓勵伊貝爾繼續推進後續的擴張計畫。另一方面，包括董事長卡洛在內的其他董事會成員，則認為應該立即停止相關業務，優先洗脫賄賂的嫌疑。

內部的混亂與矛盾不僅於此，GET 成員個個也都反應劇烈。康妮一向對任何形式的違規行為深惡痛絕，主張立即終止湯瑪士手上的所有業務。艾莉森雖仍在釐清湯瑪士團隊所涉及的爭議，但他也支持康妮的立場，認為即使不解約，也應讓湯瑪士在調查期間停職待命。這場風暴的責任，湯瑪士難辭其咎，但是他顯然已無法掌控局勢。若將

管理不當的湯瑪士解職，不僅可以對外表明集團在這件事情上的態度，也能給 ATG 董事會、市場、投資人以及「大帽子傑克」一個交代。此舉還能為財務團隊爭取時間，完成更嚴謹的資金流審查工作。董事會上也有人提議，財務長雨果應親赴中國，在調查期間接管整個亞洲業務。

此時的 ATG 風聲鶴唳，公司內外雜音四起，美國股東的最後通牒也迫在眉睫。正當情勢陷入膠著之際，伊貝爾收到了瑞士財經媒體「Money Switzerland」的採訪要求。他們希望伊貝爾出面說明情況，或至少對外發表聲明，向大眾解釋這些指控是否屬實。伊貝爾認為，這或許是安撫投資者並穩住輿論節奏的大好機會。他相信，只要他能傳達出解決問題的誠意，局勢便還有轉圜空間。

奈何伊貝爾手上掌握的資訊相當有限。該向大眾說什麼、該怎麼說，接下來又該採取什麼行動，他尚未理出一個頭緒。而康妮領軍的公關團隊也同樣陷入僵局，只能在原地乾著急。然而，倒數計時的鐘擺，一刻也沒有停下來過⋯⋯

問題反思

伊貝爾該如何在投資者、董事會、內部團隊都各持有不同意見的情況下，從中取得平衡？他又該如何滿足社會期待，守護 ATG 的聲譽？如果你是伊貝爾，你會：

- 採納 GET 成員的建議，立即與湯瑪士終止合作，藉此對外傳遞一個清楚的處理態度？
- 讓湯瑪士停職等待調查結果？
- 派遣雨果暫時接手亞洲業務？
- 等待所有調查水落石出後再做決定。即使可能因此得罪舉足輕重的美國股東？
- 又或者伊貝爾應該尋找其他更適合的選項？

請先寫下你的答案，再繼續跟著故事的發展一探究竟。

第 13 章
做好「犯錯」的準備

克勞迪奧・費瑟（Claudio Feser）、丹妮拉・勞雷羅・馬丁內斯（Daniella Laureiro-Martinez）和斯特法諾・布魯索尼（Stefano Brusoni）

「認識自己，是所有智慧的源頭。」

──古希臘哲學家，亞里斯多德（Aristotle）

正當伊貝爾在思索該如何應對眼前的困境時，他想起了伊芙曾說過的一句話：認知行為傾向是老天送給我們的禮物，它能讓我們在困境中多一項備援武器。他也想起了伊芙曾寄給他一份有關認知行為傾向的資料。雖然詳細的內容他已經回想不起來，但他隱約覺得其中或許能找到一些有用的資訊。於是他立刻憑藉記憶片段，從信箱中翻找到這份資料，並且重頭開始仔細閱讀。

收件者：伊貝爾

寄件者：伊芙

主旨：有關於「認識自己」的決策筆記

親愛的伊貝爾，

很開心上週我們能見到面！當時我們沒有足夠的時間深入討論「認知行為傾向」的細節，所以我特地補上這部分的個人筆記，希望對你

有幫助。

認知行為傾向對決策造成的影響，遠比我們想像中的大得多。因為它代表了「認知」與「行為」之間建立了某種連結，會讓我們在無意識下形成做選擇的「傾向」。有部分傾向是先天基因就決定了的，也有部分是兒童時期的經驗造成的。無論這些傾向是怎麼形成的，幾乎都是在潛意識層面運作，也就悄無聲息的塑造了我們的決策模式與風格（Kets de Vries，2006）。比方說，當我們需要在一個難以取捨的情境下做出選擇時，每個人內心的認知行為傾向就很有可能會引導我們採取不同的策略。某些類型的人做事認真負責、重視傳統、且性格較為保守，會將冒險所需付出的代價看得比較重，這些人就容易偏好報酬穩定且可預期的「利用型」策略；相對地，某些類型的人心態較為開放、好奇心強，且願意冒險，他們則更可能傾向能帶來創新與突破的「探索型」策略。

在我的研究中，我採用了三種不同的視角來分析人們的認知行為傾向，分別是：人格特質、價值觀以及慣性情緒反應。這三者在實際情境中往往不是獨立運作的。例如，價值觀常常承載了一個人能為此付出一切代價的信念。因此，若我們挑戰一個人的價值觀時，我們很可能會就誘發對方極端的情緒反應。儘管這三者時常互相影響，但它們依舊很適合作為研究的初步分析視角，讓我們可以用一個更有系統地方式，理解人（包括自己與他人）為何會這樣想、為何會那樣做。接下來，我將依序說明這三種視角的意涵與具體呈現形式。

人格特質

人格特質是認知行為傾向中最被大眾所熟知的領域之一。在這個研究領域中，通常會將人格特質定義為一個人長時間持續表現出來的特

定行為模式。透過人格特質的研究,我們不僅能理解一個人的行事風格,還能預測這個人在面對人際關係、處理壓力、應對危機或解決問題時,可能採取的思考模式與反應方式(Winne & Gittinger,1973)。

人格特質的研究最早可以追溯到古希臘醫學之父——西波克拉提(Hippocrates)所提出的「體液說」(譯註:體液說,在英文中有 Four Humours、Humorism、Humoralism 或 Humorae theory 等不同慣用語)。他認為人體是由血液、黏液、黃膽汁與黑膽汁這四種體液所組成,而這四種體液又分別會帶來不同的個人傾向。因此,他認為體液的多寡會影響性格的形成。隨著時代的進步,在過去一百年間,心理學家對人格特質展開了廣泛而深入的探討,也發展出許多用以描述與測量人格特質的架構與工具。近年最受歡迎的工具包括邁爾斯·布里格斯所提出的「MBTI」測試(Myers-Briggs Type Indicator)和「大五人格理論」(Big Five Personality Framework)。後者有時以縮寫 OCEAN 來代稱人格的五個基本維度,它們分別是:經驗開放性(Openness)、責任感(Conscientiousness)、外向性(Extroversion)、親和性(Agreeableness)和神經質(Neuroticism)(McCrae & John,1992)。

在我的研究中,我採用了一種較新的工具:「氣質與性格量表」(Temperament and Character Inventory,簡稱 TCI),作為評估人格特質的方法(Cloninger et al.,2016)。這份 TCI 工具是一套用來評量人格特質的心理測驗問卷(Cloninger et al.,2016),它涵蓋了七個人格維度。而這七個維度又可以分別被劃分在「氣質」或「性格」這兩種類別底下。

我們首先要談的是「氣質」。在心理學中,「氣質」指的是那些自動觸發、無意識的行為反應,且通常由遺傳因素所決定,難以透過後天環境改變。因此,往往在幼童時期就已經可以觀察得到一個人潛

在的氣質（Bajraktarov et al., 2017）。根據研究，氣質包含下列這四個面向：

- **追求新奇**（Novelty Seeking，簡稱 NS）：這是一種誘發行為的傾向，它與個體在面對新刺激時表現出的熱情、興奮、好奇與衝動有關。NS 的表現形式包含：失控、衝動行為、奢侈傾向以及追求新鮮感。
- **避免傷害**（Harm Avoidance，簡稱 HA）：這是一種行為抑制的傾向，特徵為謹慎、緊張、易怒與悲觀。HA 的表現形式包含：預期性焦慮、不確定性恐懼、社交退縮與易感疲勞。
- **報酬依賴**（Reward Dependence，簡稱 RD）：這是一種對情感回饋高度敏感的傾向，與溫暖、體貼、依戀與合群的需求有關。RD 的表現形式包含：情感細膩、待人友善、關係依附，或對特定人事物的依賴性。
- **堅持**（Persistence，簡稱 PS）是一種在面對疲勞與挫折時仍能保持積極作為的傾向。PS 的表現形式包含：努力投入、意志堅定、抱負強烈與追求完美。

相較於氣質，「性格」主要受到環境與社會因素的影響，而非由基因決定（Bajraktarov 等人，2017）。根據 TCI 工具的定義，性格包含下列這三個面向：

- **自我引導**（Self-Directedness，簡稱 SD）：這反映了一個人是否能夠主導自己的人生方向，不依賴外界的評價來定義自我價值或定義人生目標，還能根據這些自主建立的目標與本身的價值觀，採取有效的應對策略。SD 的表現形式包含：責任感、目標驅動傾向、資源運用能力和自我接納程度。
- **合作意願**（Cooperativeness，簡稱 CO）：這反映了個體在建構自己的定位與形象時，納入人際互動考量的程度。CO 的表現形式包含：

社會接納、同理心、慈悲心、樂於助人,以及純正的良知。

- **自我超越(Self-Transcendence,簡稱 ST)**:這反映了個體能否超越個人的層級,與更大的整體(像是人類、自然、宇宙)建立深層的連結。ST 的表現形式包含:忘我、超個人的宏觀認同感以及靈性接納程度。

價值觀

價值觀能為每個人提供一套內在指引,幫助人們判斷「什麼是對的」、「什麼是重要的」、「什麼值得我們追求」,以及「事物的理想狀態是怎麼樣的」。簡單來說,價值觀會引導我們看待世界的方式,並促使我們做出相應的決定與行動。

社會中存在的各種規範,看起來是一套經過群體認可的價值判斷方式,但是它與個人的價值觀有著本質上的差異,只是兩者會交互影響與作用。社會規範通常用於約束特定情境中的行為,注重的是做出行為的結果;而個人價值觀則是人們判斷善惡或重要程度的依據,注重的是做出行為的動機。因此,個人價值觀的概念比較抽象,但是具有普遍的適用性。比方說,「在他人說話時不插話」或「用完杯子後放入洗碗機」等具體行為,可能是一種被眾人遵循的社會規範,可以逐條列為執行守則;不過這些規範的背後其實反映了更深層的個人價值觀,例如彼此尊重、保持整潔或對他人的體貼等,而且這些信念在不同情境下都能適用。

一般來說,個人的價值觀會隨著人生成長逐漸形成,尤其是在以下這三個關鍵時期,更是價值觀的主要形塑時期:「**烙印期**」(從出生至七歲):在這個階段,孩子像海綿一樣吸收周遭的資訊,並將其內化為對「對錯」的基本認知。「**模仿期**」(八歲至十三歲):此時,

孩子會模仿父母、教師或其他偶像的行為，嘗試找出適合自己的價值觀。「**社會化期**」（十三歲至二十一歲）：在這個階段，青少年會開始接觸更廣泛的社會群體，例如同儕和媒體的影響，進一步發展出較為穩定的價值體系。此外，個人所處的文化環境也會持續影響價值觀的形成與演變（Massey，1973）。

有些價值觀與生理需求有關，例如避免身體受到傷害、追求快樂或維持生存等。因為這些是人類普遍存在的基本需求，通常就會被視為客觀的價值。然而，還有許多價值觀是主觀的，會因個人經驗、組織文化或社會的氛圍而有所不同。像是道德觀念、宗教信仰、政治立場和傳統觀念等，都會因人而異。不過無論主觀或客觀，只要我們相信這些價值，它們就會影響我們的行為傾向（Rokeach，1973）。舉例來說，假設一位重視多元文化的員工，發現自己的公司對待少數族群的方式並不公平，就會引發他自己與環境的價值觀衝突。這種不認同感可能導致他對工作喪失使命感、難以投入，甚至選擇離職。相反地，如果該公司積極推動多元文化政策，這位員工則可能會更有工作動力，相應的工作表現也會更好。

慣性情緒反應

在過去三十年間，腦神經科學的進展引發了人們對情緒相關研究的高度興趣，我們也從中發現了這些情感體驗的跨文化一致性。像是大多數人都曾體驗過的喜悅、恐懼、憤怒和悲傷等情緒，往往會在類似的情境中被誘發，就算是身處於完全不同文化下的人們也是如此。例如，當危險出現時，無論當下的環境是美國、日本、還是非洲，人們所感受到的恐懼體驗幾乎是相同的（Ekman，2007）。

這就很容易讓我們聯想到，情緒可能是人類演化過程中的產物。

著名的生物學家達爾文曾提到，有許多動物都與人類有相似的情緒反應，尤其是腦部結構具有「哺乳腦」特徵的哺乳類動物。我們知道，情緒具有非常多功能，它能幫助我們記憶、溝通並且與社會建立聯結。不過，情緒其實也具有演化上的優勢，能幫助我們生存與適應環境。例如，悲傷可以被視為一種求救信號，將個體的痛苦傳達給他人，促使周遭的人提供幫助；恐懼則可能使人僵在原地（這是一種原始的隱藏本能）或選擇逃跑，從而避開潛在的危險；就算是憤怒，也可以激發我們改變的動力，使人有能力對抗被視為威脅或攻擊的事物（Ekman，2007）。

透過研究，我們也能了解到，情緒在調節行為上扮演著相當重要的角色，甚至說它主導了我們日常生活中的大部分行為也不為過。但是，如此重要的部分，卻是在冰山底下最深處的潛意識層進行運作。我們之前探討決策所牽涉到的腦神經科學原理時，就提到過，情緒對行為的影響是看不見的、不經主動思考的過程。因此，當我們「認知狀態不佳」時，也就是疲勞、壓力或緊張的情況下，我們難以啟動其他備援調節機制，情緒對決策的主導作用就會更加明顯。此時，掌控情緒的杏仁核會更為活躍，而處理深層思考的的新皮質反而會被壓制，人們也更可能採取不理性的行為（Feser，2011）。

在我的研究中，我特別觀察到情緒對認知行為傾向所產生的影響，也就是人們在日常生活中習慣性展現的思考方式與行為模式。雖然類似的情緒事件會不斷在不同人身上重演，但是長期下來，每個人形成「脾氣」或「偏好」都不盡相同（Davidson，2012）。例如，有些人在面對壓力時會變得更加積極主動；而另一些人則可能傾向於退縮或變得被動。而這些差異，就是每個人獨特的慣性情緒反應。

「慣性情緒反應」的概念源自臨床心理學家卡倫・荷妮（Karen

Horney）的研究。他指出，如果個體在面對會激發強烈情緒的情境時，常常會採取特定的應對模式，久而久之，這些特定的模式就會逐漸固著。這些模式不僅平常會無意識的發生，特別是在我們承受壓力或緊張的情境下，更容易會採取這些習慣性的行動策略。領導者在做出決策與管理行為時，往往也會受此慣性影響。有了荷妮的理論之後，後來的學者安德森與亞當斯又進一步歸納出三種主要的慣性反應傾向，分別為：控制、保護與順從（Anderson & Adams，2015）。

接著，讓我一一解釋這三種反應傾向的特徵：

- **控制**：這個面向衡量的是人們在面對挫折或挑戰時，如何透過完成任務、取得成就感、掌握權力與維持秩序等行為來因應壓力。具有「控制」傾向的人，常展現以下行為特徵：任務導向，為完成目標投入大量精力，並且會直言不諱地表達意見；成就驅動，展現強烈的競爭心理，自我要求嚴格，追求完美；展現權威，運用權威主導局勢，對他人施加影響力，堅持以自己的方式行事；渴望控制，喜愛引導他人，並積極促使自己或群體取得成功。具有強烈「控制」傾向的人，常給人不安、煩躁，甚至憤怒的印象。

- **保護**：這個面向衡量的是個體在面對情緒壓力時，是否傾向以退縮、保持距離、隱藏自我、冷漠、憤世嫉俗、自我優越或過度理性等行為來因應壓力。具有「保護」傾向的人，常展現以下行為特徵：觀望情勢發展而不主動介入；在意哪些地方可能有誤、不合邏輯，或規劃不周；執著於找出他人思維、言語或行動中的漏洞與盲點；過度分析對錯與邏輯性，並對計畫的不足之處提出批評。具有強烈「保護」傾向的人，往往給他人留下沮喪、孤獨、失望、疏離或悲傷的印象。

- **順從**：這個面向是用來衡量一個人在面對情緒時，是否傾向以迎合

他人期待的方式來回應，而非依據自身的內在意圖。維持人際關係的和諧通常是此類人最主要的目標。具有「順從」傾向的人，常表現出以下行為模式：你可能會小心翼翼地管理自己的言行，以確保自己仍受到他人的喜愛；扮演「好好先生」的角色，即使內心想說「不」，也選擇說「沒問題」；在會議中先觀察周遭的情緒氛圍，判斷是否適合發言；行動前會習慣性地與掌權人士反覆確認；在表達意見時用詞十分謹慎，避免引發他人強烈的情緒反應。具有強烈「順從」傾向的人，常常給他人留下過度擔憂、焦慮或緊張的印象。

如何運用認知行為傾向

認知行為傾向是一種與生俱來的特質，主要由基因決定，並在童年時期逐漸發展及定型。雖然這些傾向仍有改變的可能，但由於它們深植於潛意識層面，即使投入大量時間進行自我覺察與改變訓練，所能達成的變化仍然有限。因此，大多數人還是會受到這些先天特質的主導，甚至可能因此而總是「過度利用」或「過度探索」。這是否意味著，這些人天生無法成為優秀的決策者？事實並不盡然是如此，我們無需過早下定論。

人類很難成為一座孤島。因為人類是具高度社會性的生物，天生具有利他與合作的傾向（Fehr & Gächter，2000）。這樣的社會互助機制之所以會建立，不只是因為個人的能力有限，需要仰賴彼此的長處相互補足，更重要的是，它有助於我們更深刻地認識自己。因為只有當我們清楚了解自身擁有的特質與優勢時，才能有效地將其貢獻給所屬的社群。因此，身處於群體社會中的每一個人，都需要發展自我覺察與自我定位的能力，才能與這個社會相互成就。

但我想特別強調認知行為傾向的另一個重要面向，那就是它們在

「難以定奪的決策」上的影響力。我們一直以來所使用的「決策導航器」，是一種以實驗為基礎、以學習為導向，並具備高度適應性與靈活性的決策工具。它不僅能提升決策的品質，也有助於降低錯誤決策所帶來的風險。這套方法能夠將「是否接受眼前的選項」的是非題，轉化為一個循序漸進的填空題。原本受限於眼前選項所承受的壓力與風險，就能透過釐清背景條件、驗證關鍵假設、不斷優化決策方向並發展更多選項的過程中得到緩解，做出真正讓自己滿意的決定。

然而，在某些情況下，就算使用了「決策導航器」，決策者還是可能會面臨無法拓展選項的困境。也有可能受限於驗證成本過高、時間有限等原因，而無法針對關鍵假設進行充分的測試與評估。這種「難以定奪的決策」通常伴隨高風險、高出錯率。不過，正是在這種艱難的情境中，更能看出認知行為傾向所發揮的關鍵作用——無法依靠其他客觀條件做出判斷的情況下，我們只能依賴自身的價值觀做出最終抉擇。只要我們是依據自己真正重視的信念做出決定，即使最後結果不盡理想，我們也能坦然面對，無愧於自己所做出的決定。

> 在面對難以定奪的決策時，我們只能依賴自身的價值觀做出最終判斷。只要我們是依據自己真正重視的信念做出決定，即使最後結果不盡理想，我們也能坦然面對，無愧於自己所做出的決定。

這些決策現象凸顯了一個核心要素：「認識自己（Know Thyself）」。這句格言源自古希臘，曾被刻於古希臘的宗教聖地——德爾斐（Delphi）阿波羅神殿的入口處。數千年來，無數思想家與文學研究者對其賦予了多種詮釋。如今，它成為呼籲世人深入認識自我本質的提醒，也就是要探索「我真正在意的是什麼」。認識自己、善用自

己的天賦與特質，我們就能在與他人合作時提高團隊的效能，還能在「決策導航器」無法解決的決策困境中，獲得一盞引路明燈。

談到這些令我興奮的話題，我就控制不住地越寫越多呢……我想你認識我這麼久了，應該也知道這是我的其中一個樣貌。這次的分享就先到這裡，讓我來作個總結：面對具有高度不確定性的決策時，我們所做的決定，往往受到自身的「認知行為傾向」所影響。所謂認知行為傾向，是指個體在「認知」與「行動」之間，所展現出的一種近乎自動化、反射性的連結模式。這種模式主要受到基因組成及童年經驗的形塑。由於這些傾向多半在潛意識層面運作，就連我們自己都未必能察覺，不過它卻會在關鍵時刻左右我們的決定。

為了更深入理解這些傾向是如何形成並影響我們的行為，我採用了三個不同的分析視角，分別是：人格特質、價值觀，以及慣性情緒反應。這三個面向雖然可以個別分析，卻並非彼此獨立；實際上，它們常常是交互連動的。舉例來說，價值觀本身就帶有很強的情緒色彩。

因為認知行為傾向源自於我們的先天條件，雖然有可能加以改變，但通常需要長時間的努力與極大的意志力，而且改變的幅度也相當有限。相較之下，找出能與他人愉快合作的模式，也許是一種更實際且更有效的做法。因為合作能讓彼此的特質互補。若我們對自己的優勢與特質有清楚的認知，就更有機會為團隊帶來獨特的貢獻。

認知行為傾向的影響力還會顯現在「難以定奪的決策」上。有時，我們可能無法透過「決策導航器」來改善我們的處境，因為我們既無法擴大選項的範圍，也無法驗證其中的關鍵假設。這時，認知行為傾向就會成為我們賴以決策的決定性因素了。在這樣的情境中，對自己是否有足夠的瞭解就顯得格外重要。「瞭解自己」不僅包括認識自己的天賦與特質，更關乎在與他人合作或做出關鍵決策時，我們會如何

善用這些特質，創造出符合自身價值的理想結果。

希望以上的內容，能讓你在探索自我與追求決策表現的旅程中，得到豐盛的收穫與成長。

在此致上誠摯的祝福。

伊芙 敬上

PS：我非常期待在我的婚禮上見到你們一家人！我相信那一定會是一場難忘又美好的相聚。（希望瑞士的天公能賞臉，給我們一個好天氣……）

伊貝爾的自我反思

伊芙所分享的這則筆記，確實為伊貝爾帶來了啟發，也促使他開始對自己的「認知行為傾向」進行反思。他開始問自己：「我是誰？我所相信的信念是什麼？」、「排除執行長的頭銜，真正的伊貝爾是個什麼樣的人？」

伊貝爾細數著自己的人格特質。毫無疑問，他是一個具有超凡毅力的人。他既勤奮又有野心，對自己要求極高，甚至有些完美主義。同時，他也非常自律，因為他相信自己能憑藉對目標的渴望與堅強的意志力克服所有難關。至於伊貝爾為何會有這種信念，其實稍加深入觀察，就可以發現這其實是他童年時期為了生存而磨練出來的能力。

在價值觀的層面，伊貝爾非常在乎他身邊的人，尤其是他的家人。他同時也非常重視成功、努力、誠實、真誠與公平的價值，這些都是他一直以來深信不疑的道理。在情緒反應上，他清楚地意識到自己確實有強烈的「控制」傾向。他習慣在危急時刻掌握主導權。對於一個總是抱有雄心壯志、敢於冒險的人來說，主導局勢不僅是為了鞭策自

己,也是希望帶領他人一同取得勝利。對他而言,壓力不見得是負擔;相反地,壓力常激發出他的行動力。不過,處在高壓狀態下的他,有時也會出現煩躁或憤怒的情緒。

一開始,伊貝爾並不喜歡從這段反思中所浮現的自己,這跟他想像中的自己有一大段落差。但閱讀著伊芙鼓勵他發揮自身天賦的話語,他的心弦為之觸動。他還不知道的是,這股悸動即將為他帶來一場華麗的蛻變。

本章重點

有時,你需要做出「難以定奪的決策」,就連「決策導航器」也幫不了忙。我們既無法擴大選項,也無法驗證重要的假設。

這時,釐清自己的的立場與價值觀,就變得格外重要。只要我們是依據自己真正重視的信念做出決定,我們就已經做好了犯錯的準備。因為我們不會愧對自己。即使結果出了差錯,我們的決定仍然是「我們所能做出的最佳選擇」。

第五部分

總結

第 14 章
故事的尾聲

克勞迪奧・費瑟（Claudio Feser）、大衛・雷達斯基（David Redaschi）
和凱洛琳・弗朗根柏格（Karolin Frankenberger）

面對亞洲團隊所引發的醜聞，伊貝爾目前的處境相當為難。儘管伊貝爾並不是會刻意討好他人的人，但他心裡仍然渴望把每一件事都做到最好。他想盡可能回應所有利害關係人的期待。但現實是，這些人的立場各不相同、標準又高，想同時讓每個人都滿意，幾乎是不可能的任務。這時，伊貝爾回想起他在哈佛高級管理課程中曾學過的「認知複雜性」概念。當時的講師是羅伯特・凱根（Robert Kegan），他是一名作者兼發展心理學家。他在課堂上說明道，決策者若是試圖想滿足所有人的需求，往往就會陷入決策的泥淖。特別是當彼此矛盾的期待同時存在時，想討好所有人的決策者很容易讓自己疲於奔命、進退兩難，最終把自己困在原地。

不過，凱根也據此提出了解決之道：「領導者雖然可以盡力回應各方需求，但是最終仍必須回歸自己的價值準則。因為領導者的責任並不是讓每個人都開心，而是要忠於自身對於是非對錯的判斷基準，並以決策來實現自己心中的大義。」當伊貝爾的思緒走到這裡，他猛然領悟──伊芙之前寄來的那則筆記，其實正是在提醒他同一件事。「沒錯！我的人格特質、價值觀，以及情緒反應，這些都是老天送給我的禮物！」他心中暗自下定決心，他要善用這些與生俱來的天賦，

讓團隊的每一個行動都能回應最初的價值主張。

伊貝爾冷靜下來、回歸自己的內心後，他發現他無法在毫無證據的情況下對湯瑪士進行懲處。如果單單因為投資者的焦躁情緒和公司高層的壓力，就將湯瑪士扣上原本不屬於他的罪名，對於受僱者來說很不公平，對於公司的管理來說也欠缺正當性與合理性。在內外壓力夾擊的情況下，要做出一個不符眾人期待的選擇，真的需要極大的勇氣。但是伊貝爾認為，這是他身為領導者，真正該做的事情。因此，現在檯面上所擺出來的選項，伊貝爾不僅選擇了「哪個都不選」，還對目前的狀況按下了暫停鍵。他不想讓決策隨波逐流，他想讓團隊看見他以事實為依據的決心。於是，他立刻在 ATG 內部展開了徹底的檢討，積極查證事實，不對空穴來風的假設妄加評論。即使他暫且沒有一一回應外界的期待，他也沒有忘記他作為領導者的責任——他最終還是得與董事會共同做出決定，並向外界說明現況，展現集團的誠信與透明的處事原則。

伊貝爾先是打電話給德州基金公司的聯絡窗口詹姆斯，向他說明公司目前的情況。伊貝爾表示，ATG 深刻認知到賄賂爭議的嚴重性，也已經立即啟動調查程序了。他向詹姆斯承諾，他會及時向詹姆斯回報進度。不過，他同時也向詹姆斯明確地表達了自己的立場：「忠實呈現事實」是自己不容妥協的價值觀之一。他希望彼此能依據事實來進行討論，而非輕率地被輿論風向帶偏跑道。為了實現這個目標，ATG 會在事實調查完成後再做出決斷。而且後續的處理方式也會根據公司的價值觀和治理原則來決定。

聽完伊貝爾的說明之後，詹姆斯雖然明顯不悅，卻沒有因此發難。他反而摘下他那頂浮誇的大帽子，放下先前的強硬態度，也給了伊貝爾一些喘息的空間。「我想我聽懂你的意思了，伊貝爾，」詹姆斯說道，

「我想你也知道，我不是很滿意你的回答。但是我相信你會把這件事處理好。我還是要提醒你，盡快解決這件事。我們公司投入了不少資金，那群董事會的人可不是吃素的。」

在向大股東表明自己的立場後，伊貝爾也以同樣的方式，沉著應對外界的關注。他婉拒了媒體接連不斷的採訪邀請，並堅定表示，會在適當時機，依據公司的原則與價值觀，如實向公眾說明真相。在處理外部壓力的同時，伊貝爾也將注意力轉向內部的支持。伊貝爾請求董事會給他們更多時間查明事實。有了更合理的處理時限，財務長雨果與法令遵循主管盧卡斯才能徹底釐清這場危機的真相。經過盧卡斯的深入調查，他們證實了湯瑪士團隊並沒有做出任何違背道德常規的事情。儘管他們的行事合乎規範，但是湯瑪士不夠重視充分溝通所帶來的影響力，才會引發一連串的誤解與謠言。

此外，這個調查也有了一項意外的收穫。調查小組發現，雖然中國市場消耗了超出預期的資源，但是獲利空間也相當可觀。隨著亞洲團隊的營運模式逐漸成熟，就如雨果和湯瑪士當初所預測的一樣，中國市場已成為 ATG 最重要且最成功的營收來源之一。經過這次的事件，眾人對伊貝爾的表現有目共睹。大家都慶幸當初沒有衝動做出選擇，而是跟隨伊貝爾的引導做出最正確的舉措。而他在面對困境時所展現出來的堅定與勇敢，也激勵了 ATG 的股東、董事會、GET 團隊、公司員工，甚至連他的家人都深受感動。

對他自己而言，伊貝爾也透過這次的事件對自己有了一層新的認識：原來這就是「為自己感到驕傲」的感覺。撇除那些被外界定義的成就與標準，這是他第一次感受到自己真心對自身行為產生認可。他很欣慰，自己能頂住壓力，勇敢地堅守自己所認可的價值與信念。這一刻，他彷彿終於拆開了老天送他的禮物，也找到了自己的天賦所在。

現在他終於清楚知道真正的自己是什麼樣子、他真正在乎的到底是什麼。

這種深刻的成就感,並非來自他作為執行長的光環,而是來自更深層的歸屬感。是他終於放下個人成就的執著,與 ATG 宏大的願景合而為一;是他終於能重新擁抱他的家人;是他能與情同姊妹的伊芙相伴左右;最重要的,是他能重新與自己相遇,找回內在的連結。

與內心的平靜同在

時值初夏,天氣晴朗宜人,阿爾卑斯山麓的一間度假飯店正舉行著一場典雅的婚禮。飯店的戶外觀景台視野極佳,可以遠眺整個壯麗的琉森湖。伊芙身穿一襲優雅的白色蕾絲婚紗,身後的風景很美麗,但是眼前的新娘風采更為動人。儘管氣溫偏高,還好場地十分寬敞,能讓現場的六十位賓客舒適地走動,搭配不時吹來的輕柔晚風,一切都恰到好處的完美。除了新人的家人與朋友之外,伊貝爾一家四口也應邀出席。最特別的是,伊貝爾不只是作為一位婚禮賓客來到這裡,更是作為伊芙的伴娘,見證他的幸福時刻。能夠在伊芙的生命中扮演如此重要的角色,對伊貝爾來說無比珍貴。

儀式結束後,伊芙和丈夫羅爾忙著跟賓客合影留念,伊貝爾的家人也與其他賓客們打成一片。此時的伊貝爾卻獨自站在圍欄邊,一邊啜飲著香檳,一邊靜靜地欣賞著眼前的景色。遠處的阿爾卑斯山頂仍覆蓋著皚皚白雪,山色層層疊疊、有深有淺,映照在深藍色的琉森湖上,彷彿一幅色彩斑斕的山水畫在他腳下攤開。這幅畫面淨化了他的心靈,也為他創造了與自己對話的空間。回想起一路走來的歷程,伊貝爾心中湧上一股深刻的滿足、喜悅與平靜。這是他人生中第一次感受到如此平靜與和諧的內在狀態。他不再需要對抗外界的期許與內心的掙扎,

也不再感到孤單與矛盾。因為他已經全然接受自己的一切，包括他的過去、個性、價值觀與情緒，並且也感受到了自己與外界的連結與理解。現在，他的人際支持網裡有家人馬可、瑪麗、安娜莉絲，還有伊芙、卡洛，以及在 ATG 的其他同事們。最重要的是，他擁有一個全然接納內在天賦的自己。

正當伊貝爾沈浸在這些情緒當中時，伊芙走到他身旁，輕聲問道：「嘿，妳在這想什麼呢？」當伊貝爾轉過身來時，伊芙才發現他正在流淚。伊芙從他的淚水中感受到無聲的愛與圓滿，於是給了他一個擁抱，以無需言語的方式傳遞了安慰與理解。

第 15 章
全書回顧

克勞迪奧・費瑟（Claudio Feser）、丹妮拉・勞雷羅・馬丁內斯（Daniella Laureiro-Martinez）、凱洛琳・弗朗根柏格（Karolin Frankenberger）和斯特法諾・布魯索尼（Stefano Brusoni）

本書巧妙融合了管理學、心理學與腦神經科學的最新研究成果，讓這些跨領域的知識化為實際的決策技巧，幫助決策者從容應對變化莫測的市場動向。書中所提出的「決策導航器」，是一套實用且具系統性的輔助工具，專為在關鍵時刻面臨抉擇的決策者而設計。它不僅能啟發更多創新的選項，更能協助使用者理性評估各方案的風險，並以清晰的思考脈絡做出最終決策。

「決策導航器」的操作方法包含以下六個步驟：**第一，辨識決策困境**，尤其是當眼前選項陷入「非此即彼」的僵局；**第二，拓展思維侷限**，探索更多可能性；**第三，釐清每個選項背後潛藏的關鍵假設；第四，以事實為佐證，驗證這些假設的真實性；第五，優化選項並重新定義決策框架；第六，從中選出最合宜的解決方案**。此外，「決策導航器」還運用了七項「認知捷思法」對決策進行多層次的剖析，讓我們更容易挖掘出隱藏在潛意識之下的種種假設，進一步提升決策的科學性與實效性。

提升決策的科學性與實效性好處多多，其中最重要的莫過於避免錯誤決策所帶來的損失了。要挽回一個錯誤決策所需付出的時間與精力，往往比預防錯誤還要來得更高昂，有時甚至無法完全補救。因此，

雖然重新學習一套決策方法需要投入時間與精力，但這個投資絕對值得。若我們能放下日常的匆促，靜下心來學習、思考與實踐，我們就有機會發揮「決策導航器」的深層價值。

本書同時深入探討，在高度不確定的環境中，組織要如何管理組織內部的緊張與對立關係。書中所提出的方法，超越傳統的策略實施與組織改革模式，而是聚焦於核心領導團隊的資源整合能力、將相互衝突的活動加以分離、並積極促進基層的參與度與共識的形塑，讓員工在行為與心態上產生根本性的轉變。

此外，本書也強調了，一個多元且運作順暢的團隊，不僅是良好決策的基礎，更是消解組織在不確定性中產生內部矛盾的關鍵調和劑。本書的最後，也帶領讀者深入瞭解了影響個人決策表現的三大關鍵組成：認知狀態、認知轉換能力與認知行為傾向。這三種面向當中，都包含了許多更細部的認知功能。有些能透過積極採取行動迅速獲得改善、有些需要透過有意識的長期練習來培養、有些則幾乎不可能改變。然而，我們身上所展現的每一項特質都十分重要。為此，我們提出了一系列實用的方法，協助你有系統地強化這些能力。那麼，這些研究結果，對你個人或你的所屬組織，又會帶來哪些影響呢？

個人層面的應用與反思

根據本書的內容，我們歸納出五項值得每個人認真看待的建議：

1. **把自己放在最優先順位。** 把自己照顧好，有餘力再去關心他人。我們可以先從健康飲食、規律運動、睡眠充足、靜心冥想、建立良好的人際關係、以及在工作之間適時安排休息時間等方式做起。這些習慣看似簡單，卻能有效在短時間內提升決策表現。
2. **透過自我反思與內省，或是在伴侶、朋友或導師的協助下，更深入**

理解自己，進而找出自己能為社群提供貢獻的方式。這種自我覺察的過程，能讓自己更真誠待人、更富有合作精神，還能提升自己的決策品質與領導能力。
3. **不用獨自扛下所有重要決策的責任**。團隊的集思廣益與建設性討論，通常能帶來更睿智的結果。
4. **保持學習的心態，把握每一個能學習新事物的機會**。這些機會包括學習新技能、嘗試新體驗、認識新朋友。最重要的是，保持開放的心態，仔細聆聽他人的經驗。這些日常累積，都是強化認知能力的養分。
5. **持續練習如何使用「決策導航器」**。雖然這是一種基於實證的決策方法，但是要有效地運用它，仍然需要透過不斷練習與應用，才能真正掌握它的邏輯與力量。這能幫助你迅速地辨識決策困境、列出選項與假設，進而強化你的批判性思維能力。

> 照顧好自己、了解自己、不獨自扛起責任、持續學習、並多練習做決策，都是強化個人決策表現的好方法。

組織層面的應用與反思

同樣地，這裡也有五項值得組織採納的建議：

首先，組織必須致力於營造一個讓員工能安心投入工作的職場環境。一個正向的工作環境，能讓員工感到安心、保持專注、積極參與，並樂於與他人建立連結。一個員工若能在工作場域中維持良好的認知狀態，他就能充分發揮自身的價值。相反地，當員工未能獲得期待中的回應或支持時，便容易產生疏離感、挫折感、甚至開始憤世嫉俗。我們不能小看這些負面情緒的傳染力，輕則削弱個人的工作動力，重

則傳染給周遭其他人，最終拉低整個團隊的士氣。

不幸的是，目前大多數人其實並未在工作中找到歸屬感。根據蓋洛普（Gallup）對美國約 67,000 人進行的調查，他們透過一系列問題來評估員工對職場的投入程度，例如：他們是否清楚清楚了解公司對他們的期望？他們的意見是否受到公司的重視？他們是否有機會在工作中發揮所長？他們是否在職場上與他人建立了深厚的情誼？調查結果顯示，僅有 32% 的人在工作中找到高度的歸屬感（Hsu，2023）。

這份調查也提到，在美國，Z 世代與千禧世代（1980 年後出生）在工作上的投入程度普遍較低。35 歲以下的年輕員工們表示，他們感覺自己在職場上感受不到被關心、被傾聽的感覺，幾乎沒有人會鼓勵他們積極發展長才，要得到學習與成長的機會更是難得。更嚴重的是，這樣的疏離感並不僅限於年輕世代。美國的許多員工無論資歷長短，都感覺自己與組織的使命缺乏連結。甚至只有大約四分之一的受訪者覺得，自己的公司真心在乎員工的身心健康（Hsu，2023）。

另一邊，歐洲的情況也沒好到哪去。根據近年的調查顯示，歐洲的職場參與度甚至低於美國（Bakos & Jolton，2022）。面對員工普遍對工作缺乏歸屬感的窘境，組織必須更積極採取應對措施，才有機會提高員工的參與意願。例如，定期蒐集員工的歸屬感與心理健康狀態資料，並將這些指標納入管理階層的績效評估之中。同時，組織應提供實質可行的心理健康資源與職場輔導機制，打造一個員工感到被重視、能成長、有支持的工作環境，才能真正扭轉參與低迷的現況。

針對組織的第二項建議，則是要積極導入認知技能的訓練機會。 組織不僅應該更重視認知能力相關的教育訓練，更應該視這類訓練為一種實驗性的策略。透過多方嘗試，找到適合在組織內部廣泛推廣的實施模式。特別是長期執行重要決策的高階主管職，更是應該列為優

先實施的對象。

儘管「21 世紀關鍵技能」（譯註：21 世紀關鍵技能，是指目前普遍公認的職場核心能力，包括深入學習、批判性思考、問題解決與團隊合作等，強調員工在複雜環境中進行高階思維與協作的能力）的重要性早已廣受關注，但大多數企業至今仍未系統性地提供相關培訓，也因此錯失了幫助員工強化核心認知能力的最佳起跑點。根據一項近期的職業發展調查，僅有 20% 的受訪者表示其雇主有提供必要技能的訓練；即使公司有提供培訓，其內容也多侷限於溝通技巧與團隊合作的技能（Slocum & Hora，2020）。另一項涵蓋 28,000 位美國企業領導者的調查則指出，企業所提供的領導力培訓課程不外乎是溝通技巧、引導式管理能力及激勵團隊的能力，也就是集中在基礎人際互動的技巧上而已（Westfall，2019）。

看到這樣的狀況，實在相當令人惋惜。因為組織本身正是一個極具潛力的體驗學習場域，很適合用來培養注意力控制、認知彈性與同理心等高階認知技能。然而，這些關鍵能力卻幾乎未被納入高階主管的培訓歷程當中，讓人不禁思考，企業現況或許仍有許多改進空間。

目前，針對職場中實施認知技能訓練的實證研究仍相當稀少。然而，相關領域已有大量由實務工作者撰寫的「灰色文獻（gray literature）」，亦即未經公開管道發表的實務報告與文章（Slocum & Hora，2020）。若能透過實證研究，來驗證這些灰色文獻中所提出的觀察與結論，並結合職場培訓團體所累積的豐富實務經驗，將有助於我們更深入理解認知技能訓練的有效性，進一步釐清其對決策品質與企業績效所帶來的影響。此外，透過實驗性研究，我們可以進一步了解這類技能培訓在職場中長期推動後可能帶來的效果。這些研究成果不僅有助於促進學界與實務界的交流，也能提升企業對這類訓練的重視程度，進而鼓勵更多組織投入資源，推動相關培育計畫的發展。

針對組織的第三項建議，是要確保高階管理團隊具備認知與行為的多元性。多元化的價值早已毋庸置疑。研究指出，來自多元背景的團隊，以及重視多元觀點的個人，都能在面對複雜問題時，看見更多可能性，並提出更具創新性與前瞻性的解決方案（Laureiro-Martinez & Brusoni，2018）。但是，多數團隊組成時只考慮到要廣納不同經歷與背景的人才，這只是「表面」的多元化，卻未必涵蓋到心理層面的「深層」多元化（Schoss et al.，2022）。因此，當董事會或公司高層想組建一支新的管理團隊時，最好也要將候選人的認知行為傾向納入評估，確保團隊成員在人格特質、價值觀與反應風格等方面都具有足夠的多樣性。這種深層多元化，不只能提升平時決策的品質，在面對從沒遇過的挑戰時更是具有絕對的優勢。

　　針對組織的第四項建議，是希望組織能將認知轉換能力與認知行為傾向納入招聘與晉升的評估標準之中。雖然認知狀態、認知轉換能力與認知行為傾向這三者都會影響個體在「利用」與「探索」之間的選擇傾向。但是後面兩者並不像認知狀態一樣，可以在短期內進行快速調整。因此，越是重視個人長期培養成果的企業，越能從中挖掘出寶藏。此外，不同的領導職位對認知特質的需求也有所差異。例如，負責提升現行營運績效的職位，常需要帶領團隊達成短期績效目標，就適合具備高度責任感與執行力的領導者；而偏重創新的市場開發單位，則需要具備強烈好奇心與良好的注意力控制能力，才能在擴大資訊來源的同時，還能從中篩選出重要資訊、即時回應市場需求。因此，組織可以在招聘流程或晉升規定中，納入認知轉換能力與認知行為傾向的評估標準，從而為團隊找到最契合企業目標的領導人才。

　　最後一項針對組織的建議，是訓練高階主管熟稔「決策導航器」的應用，並將其正式納入績效評估的指標之一。根據由全球多位企業學習

長（Chief Learning Officer）所組成的商業情報委員會調查指出，近 95% 的組織表示將維持甚至擴大對領導力培訓的投資力度。這代表著，這項培訓將會是一個規模高達 3,660 億美元（約合新臺幣 11 兆元）的全球產業（Westfall，2019）。令人意外的是，儘管組織們紛紛投入了可觀的資源，多數的領導力培訓計畫卻仍未能達到預期成效（Gurdjian et al.，2014；Feser et al.，2018）。其中一項主要原因在於，這些計畫未能真正融入組織日常運作的結構中，尤其是在績效評比與企業文化層面缺乏實質連結與整合。

進一步來看，能夠成功導入結構化決策工具的高績效組織，往往具備以下幾個特徵：設定具有挑戰性的探索型目標、建立明確的責任歸屬制度、確保績效評比的透明度，以及打造由領導者、導師或教練共同組成的學習支持系統（Kegan et al.，2014）。而上述的這些條件，正是導入「決策導航器」的理想環境。如前所述，職場本身就是養成個人認知狀態、認知轉換能力與認知行為傾向的理想場所。而組織最重要的任務之一，就是培養管理者在面對不確定性的壓力下，能持續運用結構化的決策工具來回應挑戰，從而有效提升整體的領導效能與應變能力。至於組織該如何有意識地構建一個支持個人成長與發展的環境，可以參考凱根與拉赫（Kegan & Lahey，2016）對「銳意發展型組織」（Deliberately Developmental Organization）所做的相關研究。

> 組織若要強化決策效能，可以從以下這幾個面向著手：幫助員工調整認知狀態、培養認知轉換能力，還要建立「深層多元化」的團隊，而非只是做到「性別多元」就覺得足夠了。此外，組織在進行招聘、評比與晉升等人事決策時，不能只看最終成效（決策有沒有帶來成功），也要觀察那些影響決策過程的「內在驅動因素」（做出決策的判斷過程、邏輯架構），才能持續提升組織的決策品質。

人工智慧所帶來的開放式難題

你有沒有注意過哪些科技與知識的發展，可能會為人類的決策模式帶來革命性的演進？讓我們來談談當前最備受矚目的發展領域——人工智慧（AI）。在我們撰寫本書的同時，如何使用 ChatGPT 的話題正在大眾生活與學術圈中引發熱烈討論，一場樂觀派與悲觀派之間的激辯，也正如火如荼地展開。

有些人擔心，人工智慧可能會削弱我們的判斷能力。歷史學家哈拉瑞（Yuval Noah Harari）就曾指出，人工智慧在使用文字、聲音與影像來生成虛擬內容的能力，可能會導致人們依據錯誤的資訊進行判斷，進而對民主制度構成威脅（經濟學人，2023）。深度偽造技術（deepfake）就是一個血淋淋的例子。2022 年 6 月，多位歐洲國家的首都市長都曾被一個由 AI 生成的基輔市長所欺騙。這個偽造的影像運用了深度偽造的技術，以基輔市長維塔利・克里契科（Vitali Klitschko）的形象發表演說，試圖向這些西歐的重要政治人物傳遞一個訊息：若是他們繼續支持烏克蘭，將導致俄烏戰爭延長，也就會為他們帶來更多移民潮與犯罪問題，對西歐社會來說只是徒增負面衝擊。

不過，也有一些人認為，人工智慧未來將能完全取代人類，獨立完成判斷與決策。現在，我們也已經能看到人工智慧在現實生活中的應用。例如利用 AI 辨識，找出需要優先進行衛生稽查的餐廳，或犯罪風險最高的青少年族群等（Satopää et al., 2021）。這場關於人工智慧的爭論，也讓人聯想到「盧德主義者（Luddites）」。它起源於十九世紀的勞工運動。當時的英國工人們擔心機械化改革將取代他們的工作，導致他們耗費多年心血磨練出來的紡織技藝變得毫無價值，前途渺茫。於是有些激進的工人闖入工廠，砸毀那些讓他們多年專業不再稀有的

新式紡織機器（Andrews, 2019）。

而這個詞發展到如今，就被用來形容對新科技感到恐懼與不信任的人們。儘管當時的盧德主義者對新科技心懷恐懼，但回顧過去兩個世紀以來的人類生活，科技進步所帶來的影響的確利大於弊。它不僅延長了人類的壽命、減少工作時間、乃至消除童工現象，並促進了整體經濟的繁榮。此外，科技發展也消除了許多重複性高、耗損性大或具危險性的工作任務，使得人們所從事的工作內容變得更加多樣、複雜，也更具挑戰性與趣味性。

然而，這些科技進步的好處並非一蹴可幾，實現的過程漫長且伴隨著轉型的痛苦。這些過去曾經歷過的掙扎，未來恐怕仍將持續存在。正因如此，本書所提出的若干觀點，以及「決策導航器」這項決策工具，就是希望能協助高階領導者在面對科技驅動的組織轉型過程中，能更有效的辨識出決策中潛藏的利弊得失，並從中進行取捨。儘管我們對科技在社會中所扮演的角色仍然抱持樂觀，不過，我們也清楚知道，科技帶來的益處很難平均地惠及所有人。我們需要持續透過刻意地選擇與努力，才能維持人類對科技的樂觀態度。

在 1967 年時，商用電腦仍然是一種新興技術。連企業都不確定是否有採購的必要，更遑論個人的使用需求（畢竟個人電腦直到 1974 年才問世）。就在這樣的背景下，管理學者彼得·杜拉克（Peter Drucker）寫下了以下這段省思：

> 我們開始意識到，電腦並不會幫我們做任何決定，它只是一板一眼地執行我們所下的命令。它本質上是個「笨蛋」，但這也正是它的強大之處。工具越笨，使用者就必須越聰明。它迫使我們去思考，去設定觸發反應的標準。而這台機器，無疑是我們有史以來最「笨」的

工具，它只會處理 0 和 1。但是，它卻能以驚人的速度完成運算，既不會感到疲倦，也不收加班費。正因為它能接手那些長久以來被視為「無需技術」的例行任務，也就讓我們得以騰出時間思考其他問題。不過，這也迫使我們重新審視自己所做的事情，釐清自己為什麼要這麼做、這麼做是否合理。最終，以更有意識的方式做出選擇。

但是，要將人工智慧視為「笨蛋」來操縱，恐怕還言之過早。近年來，各大領域都在以驚人的速度發展人工智慧的研究與應用。在可預見的未來裡，人工智慧不僅會翻轉職場生態，甚至會徹底改變人類的生活方式。然而，人工智慧可能引發的爭議與限制仍充滿許多未知數，在徹底引入人工智慧之前，還有許多問題尚待釐清。

儘管如此，我們仍有充分理由相信，人工智慧具備極大潛力，能提升我們在判斷與決策上，因人腦運算限制而受限的表現能力。然而，我們同時也認為，AI 無法完全取代人類，特別是在面對相互矛盾、價值衝突，或落在模糊地帶的難題時，它無法自發性的使用人類獨有的道德感與情感經驗來做出判斷。換言之，人工智慧並不具備真正的「判斷力」或「抉擇能力」。在應對未來充滿不確定性的情境時，我們仍須依賴人類所擁有的價值判斷力。因為選擇未來的從來不是工具，而是選擇使用工具的人。

在第 3 章中，我們曾探討過基廷斯指數的應用。這是目前唯一可以在變動情境下作為決策依據的量化評斷方法，也就能成為人工智慧的發揮舞台。但是要使用基廷斯指數，必須先滿足這三項背景條件：一、決策者只會在有限的選項中做出選擇；二、每個選項所帶來的報酬雖然是未知的，但是在過程中不會再變動；以及最後一項，報酬的價值會隨時間遞減，在經濟學上也被稱之為折現。

人工智慧或許能協助決策者進行更高效的時間折現運算，或是在報酬變化模式單一時提供技術性輔助。但它卻很難在報酬與機率皆未知、潛在選項數量無限的情境中，做出最有效的策略——而這正是人類能發揮創造性思維的時刻。

　　假設人工智慧真的可以幫助我們擴大探索範圍，也就是拓展可行選項的空間，還能替我們發現潛藏的背景假設或系統性偏見，再以事實進行驗證。那麼，人工智慧或許能協助我們成為更優秀的決策者。但它依然還是不能代替我們做出選擇，因為它沒有主觀意識，無法感受「為什麼要做選擇」，也不知道「為什麼要創造價值」。不過，誠實地說，現階段我們尚未有明確的方式能驗證上述這些假設。人工智慧究竟能否以有針對性的方式，支援、改善，甚至取代人類的決策角色，仍有待未來的技術發展以及時間的檢驗，才能釐清它的角色與邊界。

　　可以確定的是，我們對世界的感知，早已深受傳統媒體與社交媒體所引入的演算法所影響。無論是主流媒體還是社群平台，這些資訊提供者不斷向我們推送迎合我們既有偏見的內容，進一步加劇了「回聲室效應（echo chamber）」（譯註：回聲室效應，指的是當我們接收的資訊愈來愈集中在與自身立場相符的內容時，認知將逐漸趨於單一。原有觀點會被固化，就變得更難以接受多元的觀點）。公共對話的深度被削弱，我們對事實的理解，逐漸建立在偏誤甚至遭到操控的資訊之上，最終使得所有人——無論個人或組織——都更容易陷入錯誤的決策之中。

　　事實上，已有許多案例顯示，AI 曾被用來誤導領導者或選民，造成錯誤判斷與錯誤決策。這是真真切切存在的危機，而我們相信，本書所提出的「決策導航器」能在某種程度上緩解這些風險，並為決策過程提供更可靠的支持。因為這套決策工具結合了「經驗偏誤的自我覺察」與「科學實驗」的方法，鼓勵批判性思考，幫助我們在這個深

受 AI 影響的世界中，維持更清晰且忠於自身價值的判斷能力。

因此，我們相信，「決策導航器」不僅能對組織領導者、任何需要在職場上做出決策的人帶來幫助，它也能成為所有人在這複雜世界中，保持思辨能力的重要指引。

構築更美好的未來

為了減輕認知負荷，我們的大腦常會依賴偏見來快速做出判斷。然而，在面對新奇、複雜與充滿不確定性的情境，這些偏見可能導致我們做出錯誤的決策。而這些錯誤的決策，無論是在職場還是個人生活中，都可能讓我們為此付出高昂的代價，甚至造成無法挽回的後果。但是，事情的發展可以有所不同。當我們願意與他人協作，投入時間與心力來深入思考問題，並以科學與事實做為依據，我們就有能力讓決策帶來更理想的結果。透過團隊合作與「決策導航器」的輔助，我們每個人都有能力做出能發揮正面影響力的「超級決策」。

除了妥善運用工具之外，我們也可以透過自我鍛鍊，維持良好的心理狀態、認知轉換能力和思維傾向，將自己培養成一位卓越的決策者。從選擇跟誰結婚、如何撫養孩子，到如何貢獻社會、如何行使投票權並參與民主等，這些都是我們在面對不確定性且充滿變動的環境下，需要做出的重要決定。而你，可以是這個過程中的「超級決策者」。當看清自己手中所掌握的力量，你就可以親手打造所嚮往的未來。

附錄

附錄 1 – Alpina Travel Group（ATG）公司描述

附錄 2 – 伊貝爾・杜波瓦履歷表

附錄 3 – 情境 1：經濟狀況

附錄 4 – 情境 1：旅遊市場

附錄 5 – 情境 1：財務狀況

附錄 6 – 情境 2：旅遊業數位趨勢

附錄 7 – 情境 2：競爭分析

附錄 8 – 情境 2：趨勢與 SWOT 分析

附錄 9 – 情境 3：國際擴張財務預測報告

附錄 10 – 情境 4：ATG 員工調查

附錄 1
Alpina Travel Group（ATG）公司描述

伊貝爾被任命為執行長時

公司描述	ATG 是一家中型、獨立的旅遊業者。ATG 自成立以來持續成長，在規劃、設計和安排旅遊方面享有卓越聲譽，是該領域的專家。
公司總部	蘇黎世
執行長	伊貝爾
董事會主席	卡洛
決策小組（GET）	雨果（財務長）
	法蘭克（海外銷售主管）
	康妮（國內銷售主管）
	亞歷山卓（資訊營運長）
	艾莉森（人資長）
客戶數量	約 250 萬人
營收	13 億瑞士法郎
員工數量	全球約 1,800 人
基礎設施	280 間門市及 3 家飯店
銷售	自有門市以及約 7,000 家合作夥伴門市，分布於瑞士、德國、奧地利、荷蘭、比利時、法國和美國。

度假 / 目的地區域	巴利阿里群島、加那利群島、安達盧西亞、土耳其、以色列、埃及、突尼西亞、葡萄牙、保加利亞、希臘、克羅埃西亞、蒙特內哥羅、義大利、馬爾他、賽普勒斯和維德角，以及加勒比海、墨西哥、泰國、斯里蘭卡、峇里島、馬爾地夫、模里西斯、阿拉伯聯合大公國等長程目的地，以及北美（美國洛磯山脈、佛羅里達、阿拉斯加、加拿大）。德國、奧地利、荷蘭、比利時、波蘭和瑞士。
飯店和郵輪合作夥伴	在 60 多個歐洲度假目的地和長程目的地擁有 5,000 多家飯店。包括幾乎所有知名的國際連鎖飯店。ATG 也提供 AIDA、Costa Cruises 和 TUI Cruises 的郵輪組合行程。
航空合作夥伴	ATG 在夏季旺季每週提供約 6,500 個航班，幾乎遍及所有商業機場，並與所有知名航空公司合作。

附錄 2
伊貝爾・杜波瓦履歷表

職業經歷	
現任	ATG 瑞士蘇黎世總部，集團執行長
8 年	The Travel Group 丹麥哥本哈根總部，行銷與銷售副總裁
2 年	The Travel Group 丹麥哥本哈根總部，行銷主管
3 年	ATG 瑞士蘇黎世總部，客戶服務主管
3 年	ATG 瑞士蘇黎世總部，風險管理主管
2 年	ATG 瑞士蘇黎世總部，財務控制團隊主管
1 年	ATG 瑞士蘇黎世總部，財務分析師
學歷	
6 週	美國波士頓哈佛大學高階管理課程
2 年	瑞士蘇黎世聯邦理工學院和聖加侖大學 EMBA
5 年	瑞士蘇黎世大學，財務會計碩士
個人資訊	
家庭	與布克獎提名作家馬可結婚。兩位女兒的母親。
興趣	旅遊、語言、地理、歷史、攝影、跑步

附錄 3
情境 1：經濟狀況

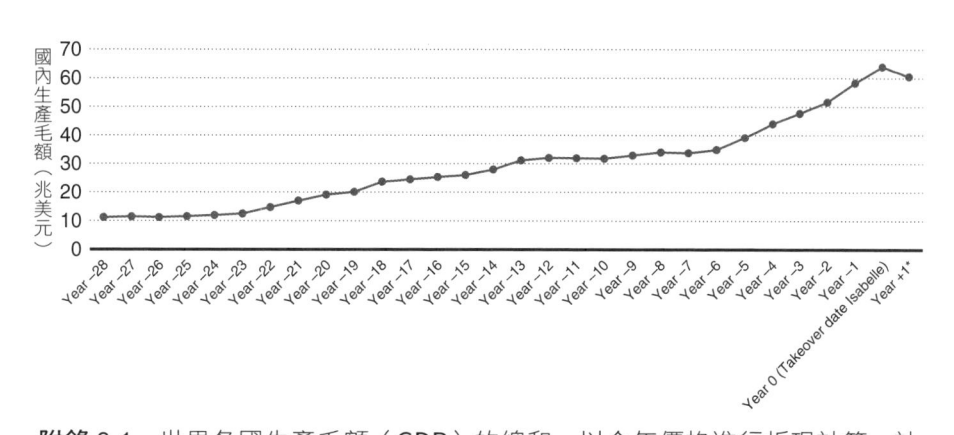

附錄 3.1 世界各國生產毛額（GDP）的總和。以今年價格進行折現計算，計算單位為兆美元。時長涵蓋伊貝爾接任執行長以前的 28 年數據，至伊貝爾接任隔年的預測值。

註：隔年度（year + 1）的數據為預測值。

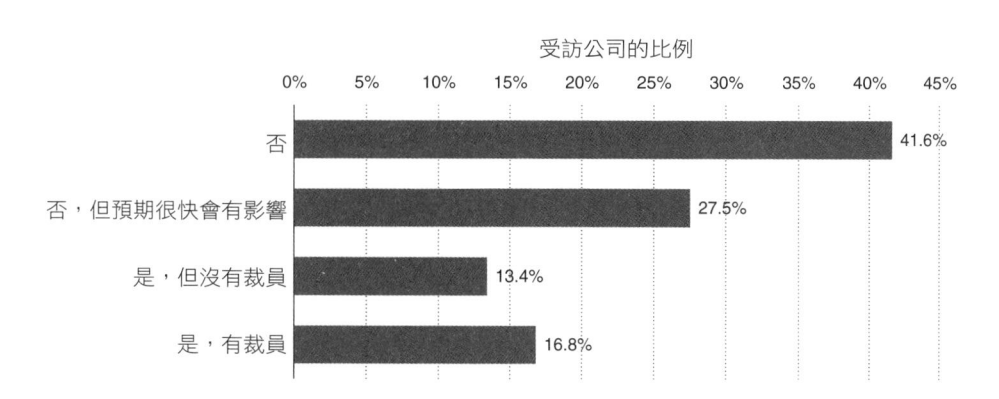

附錄 3.2 經濟衰退是否已對你的員工產生影響？

註：調查地區為歐洲境內，共 4,219 家企業；樣本為員工人數少於 500 人的中小企業（Small and Medium Enterprises，簡稱 SMEs）

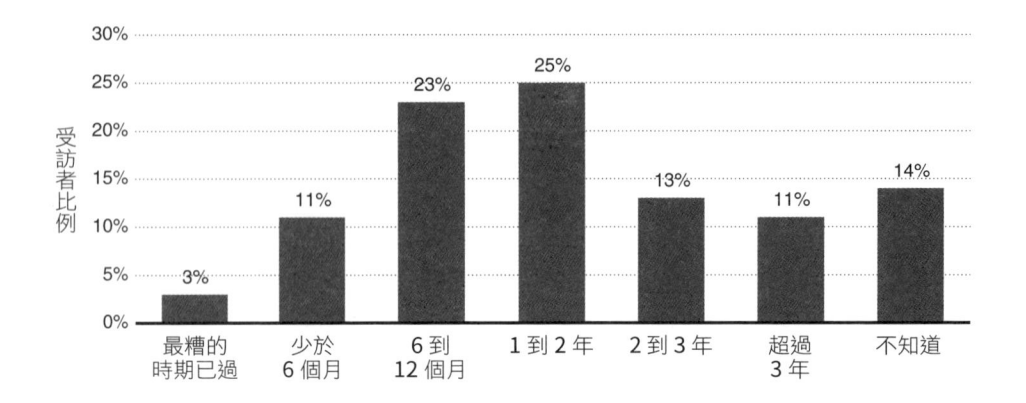

附錄 3.3 你認為經濟衰退會持續多久？

註：調查地區為歐洲；受訪對象年齡介於 15 至 65 歲之間，共 1,102 位受訪者。

附錄 4
情境 1：旅遊市場

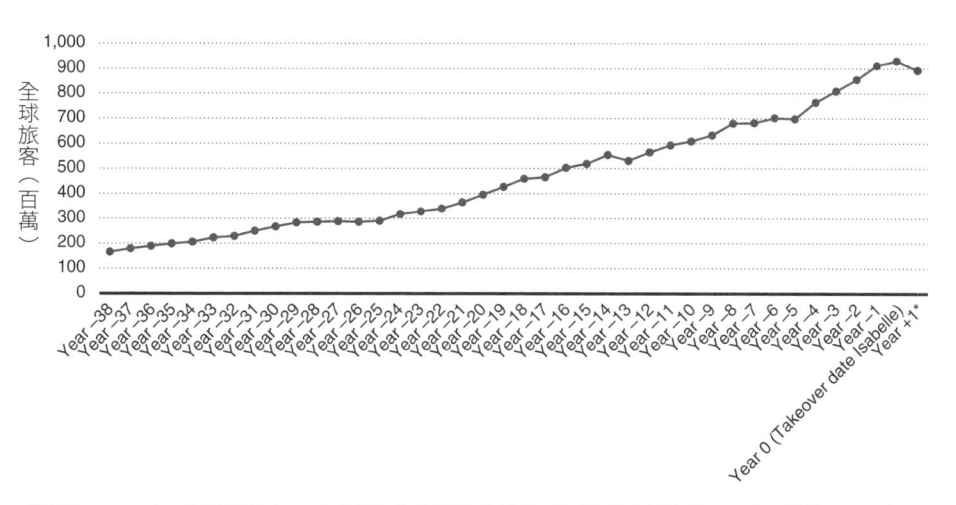

附錄 4.1 全球旅遊量。時長涵蓋伊貝爾接任執行長以前的 38 年數據，至伊貝爾接任隔年的預測值。

註：隔年度（year + 1）的數據為預測值

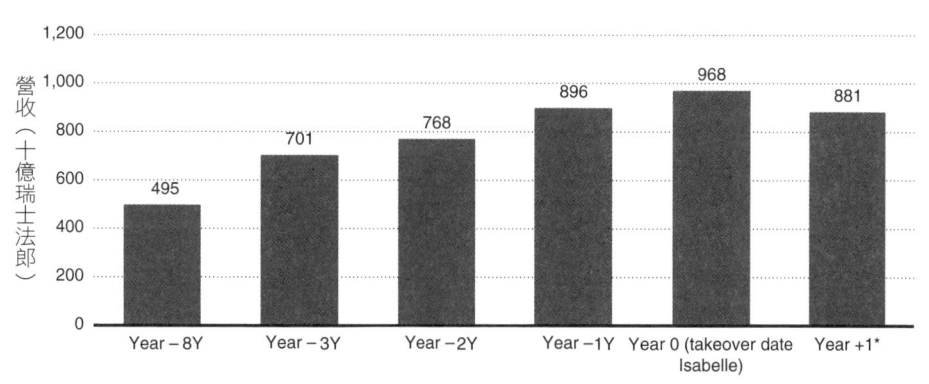

附錄 4.2 全球旅遊收入。時長涵蓋伊貝爾接任執行長以前的 8 年數據，至伊貝爾接任隔年的預測值。

註：隔年度（year + 1）的數據為預測值

超級決策者

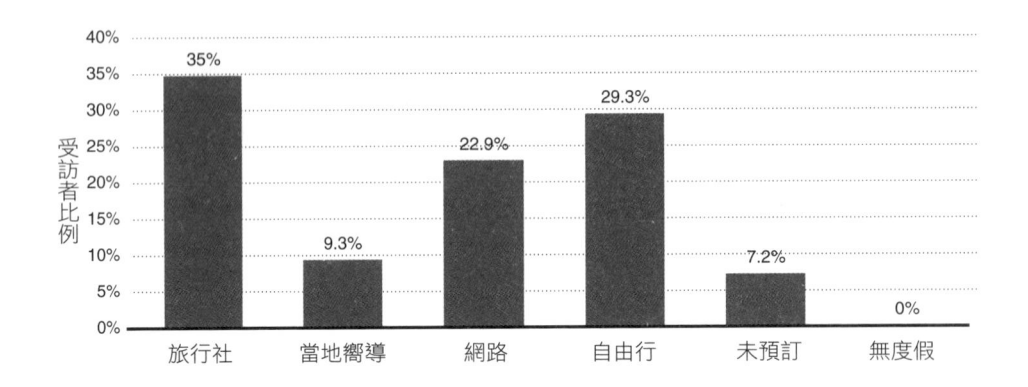

[圖表：旅遊訂票管道調查]
- 旅行社：35%
- 當地嚮導：9.3%
- 網路：22.9%
- 自由行：29.3%
- 未預訂：7.2%
- 無度假：0%

附錄 4.3 旅遊訂票管道調查

註：調查地區為歐盟境內

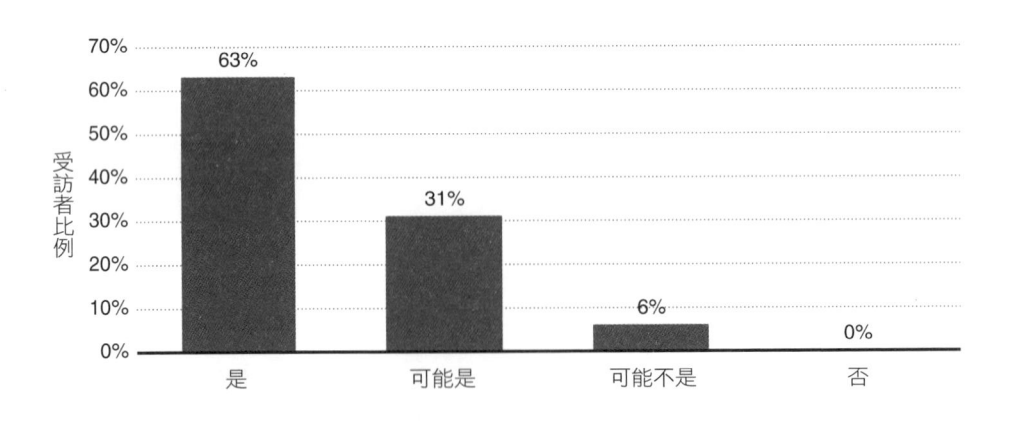

[圖表]
- 是：63%
- 可能是：31%
- 可能不是：6%
- 否：0%

附錄 4.4 是否預期明年的旅遊費用會因為價格上漲率、住宿稅、航空稅和其他費用變得更昂貴？

註：調查地區為歐盟；受訪對象為旅遊業中的決策者（包含總經理、銷售及行銷經理等）；252 位受訪者；受訪年度：2010 年。

附錄

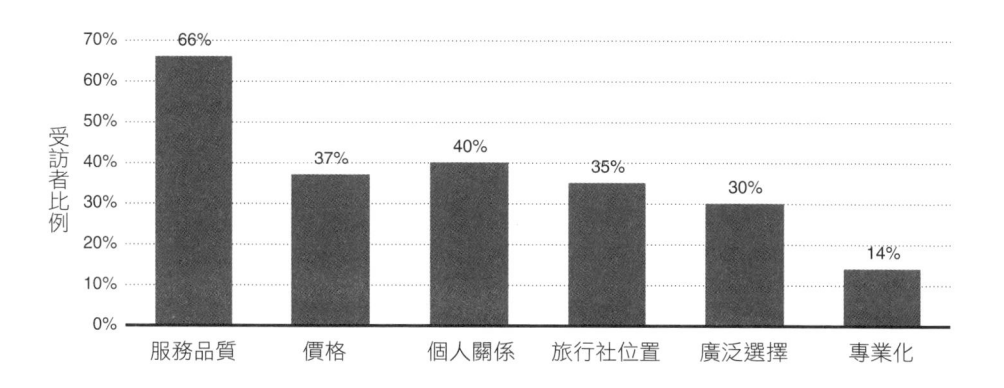

選項	比例
服務品質	66%
價格	37%
個人關係	40%
旅行社位置	35%
廣泛選擇	30%
專業化	14%

附錄 4.5 選擇旅行社時什麼因素最容易影響你的選擇？

此資料為當伊貝爾接任時，瑞士人選擇旅行社的標準。

註：受訪對象包含 1,024 名受訪者

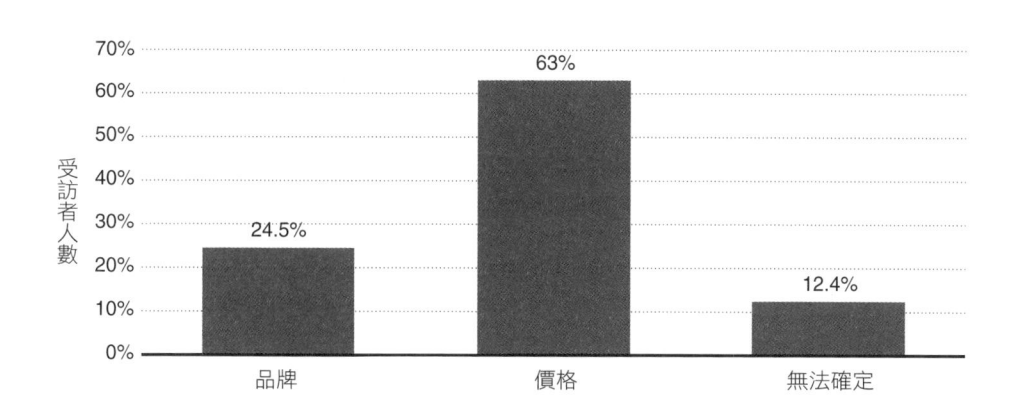

選項	比例
品牌	24.5%
價格	63%
無法確定	12.4%

附錄 4.6 預訂旅行時的品牌與價格意識。

預訂旅行時，消費者在意業者的評價，還是更注重價格？

註：調查地區為歐盟境內

309

附錄 5
情境 1：財務狀況

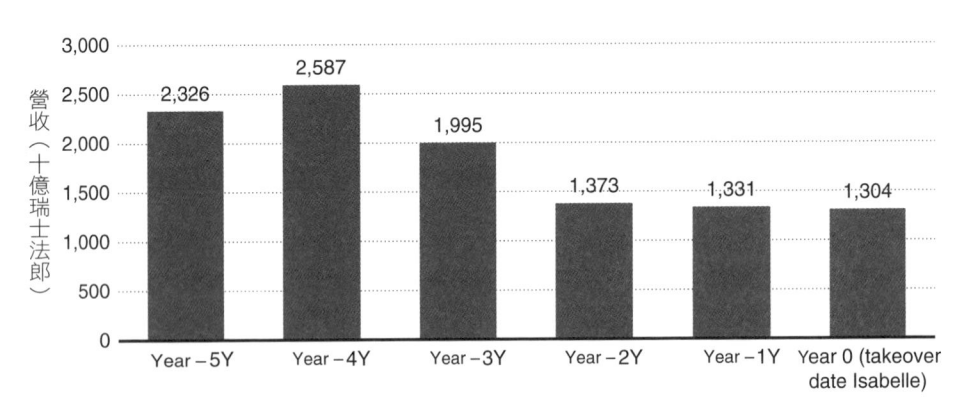

附錄 5.1　ATG 營收

從伊貝爾接任前五年到伊貝爾接任當年度的 ATG 營收總額

（單位：百萬瑞士法郎）

營收（十億瑞士法郎）：
- Year −5Y：2,326
- Year −4Y：2,587
- Year −3Y：1,995
- Year −2Y：1,373
- Year −1Y：1,331
- Year 0 (takeover date Isabelle)：1,304

A 附錄 5.2　ATG 損益表（單位：百萬瑞士法郎）

	兩年前 （梅爾執行長）	一年前 （梅爾執行長）	伊貝爾就任 執行長當年度	未來一年 （財務長預測）	未來兩年 （財務長預測）
營收	1,373	1,331	1,304	1,199	1,152
營業毛利	259	260	254	222	225
配銷成本	141	141	139	143	141
邊際貢獻 1	**118**	**119**	**115**	**79**	**84**
行銷／客服／營運費用	35	35	36	37	35
邊際貢獻 2	**83**	**84**	**79**	**42**	**49**
中央服務 （人資、IT、財務費用）	28	28	29	29	29

（接續下表）

（接續上表）

	兩年前 （梅爾執行長）	一年前 （梅爾執行長）	伊貝爾就任 執行長當年度	未來一年 （財務長預測）	未來兩年 （財務長預測）
邊際貢獻 3	**55**	**56**	**50**	**13**	**20**
折舊	23	23	23	24	24
特殊項目	0	0	0	0	0
息稅前盈餘	**32**	**33**	**27**	**-11**	**-4**
利息	1	1	11	1	1
稅金	9	8	7	-2	-1
淨利	**22**	**24**	**19**	**-10**	**-4**

附錄 5.3 ATG 資產負債表和現金流量表（單位：百萬瑞士法郎）

資產負債表	兩年前 （梅爾執行長）	一年前 （梅爾執行長）	伊貝爾就任 執行長當年度	未來一年 （財務長預測）	未來兩年 （財務長預測）
流動資產	218	211	207	190	182
不動產及設備	349	347	345	343	345
資產總計	**567**	**558**	**551**	**533**	**525**
流動負債	361	351	343	315	303
長期負債	33	32	26	45	53
股東權益	173	175	181	173	189
負債總計	**567**	**558**	**552**	**534**	**525**
現金流量表					

（接續下表）

（接續上表）

資產負債表	兩年前（梅爾執行長）	一年前（梅爾執行長）	伊貝爾就任執行長當年度	未來一年（財務長預測）	未來兩年（財務長預測）
淨利	22	24	19	-10	-4
＋折舊	23	23	23	24	24
－流動資產增加	0	7	4	17	8
＋流動負債增加	0	-10	-8	-28	-12
＝營業活動之現金流	**45**	**44**	**38**	**3**	**16**
投資	-24	-21	-20	-22	-22
長期負債	0	-1	-6	+19	=8
股利分配前現金流	**21**	**22**	**12**	**0**	**2**
股利	20	-16	-11	0	0

附錄 5.4　ATG 門市，按邊際貢獻，由高到低分為十個群組

十分位	邊際貢獻 1（%）	位於瑞士的門市比例（%）	平均設立時長	設立不滿 3 年的門市數量
1	23	53	33	0
2	20	44	26	0
3	18	70	25	5
4	17	26	31	0
5	17	70	15	9
6	12	53	31	10
7	9	35	12	42
8	2	18	4	85
9	-10	18	18	11
10	-18	9	12	7

附錄 6

情境 2：旅遊業數位趨勢

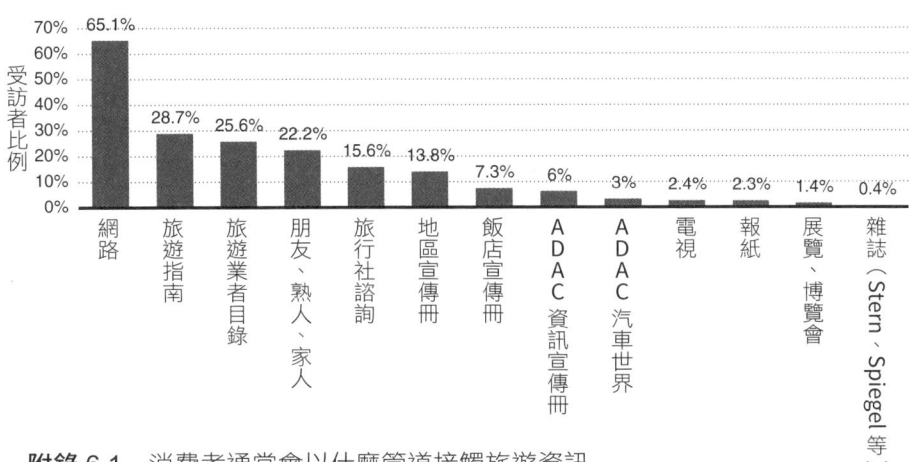

管道	比例
網路	65.1%
旅遊指南	28.7%
旅遊業者目錄	25.6%
朋友、熟人、家人	22.2%
旅行社諮詢	15.6%
地區宣傳冊	13.8%
飯店宣傳冊	7.3%
ADAC 資訊宣傳冊	6%
ADAC 汽車世界	3%
電視	2.4%
報紙	2.3%
展覽、博覽會	1.4%
雜誌（Stern、Spiegel 等）	0.4%

附錄 6.1 消費者通常會以什麼管道接觸旅遊資訊

註：受訪者為歐盟內約 4,000 個家庭

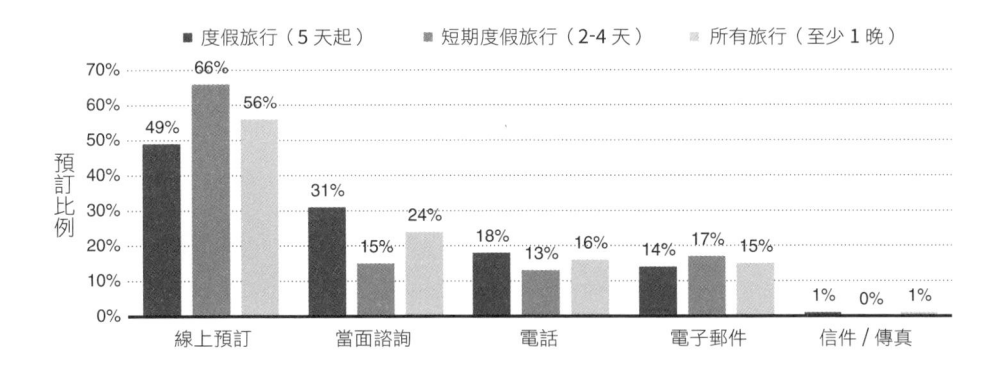

預訂方式	度假旅行（5 天起）	短期度假旅行（2-4 天）	所有旅行（至少 1 晚）
線上預訂	49%	66%	56%
當面諮詢	31%	15%	24%
電話	18%	13%	16%
電子郵件	14%	17%	15%
信件 / 傳真	1%	0%	1%

附錄 6.2 歐洲消費者預訂度假旅行的方式，按期間和預訂方式分布

註：受訪者為歐洲境內 14 歲或 14 歲以上的消費者，共 6,207 名

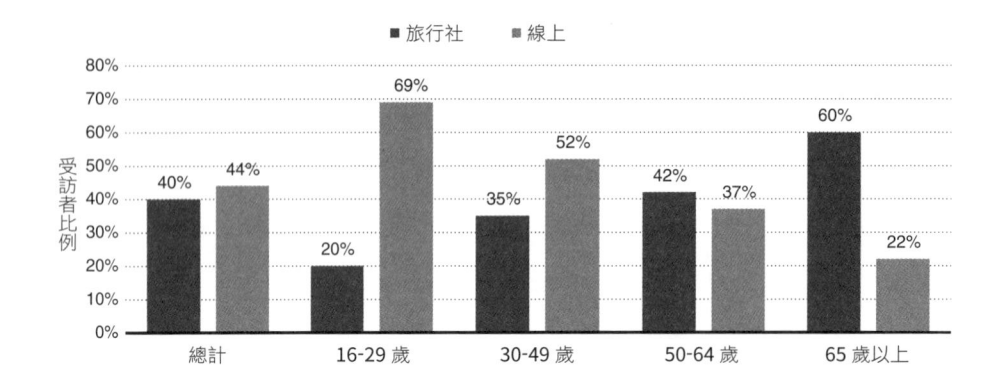

超級決策者

```
■ 旅行社   ■ 線上
```

年齡層	旅行社	線上
總計	40%	44%
16-29 歲	20%	69%
30-49 歲	35%	52%
50-64 歲	42%	37%
65 歲以上	60%	22%

附錄 6.3 不同年齡層消費者預訂私人度假行程的管道

註：受訪者為 16 歲及 16 歲以上的消費者，共 1,007 名

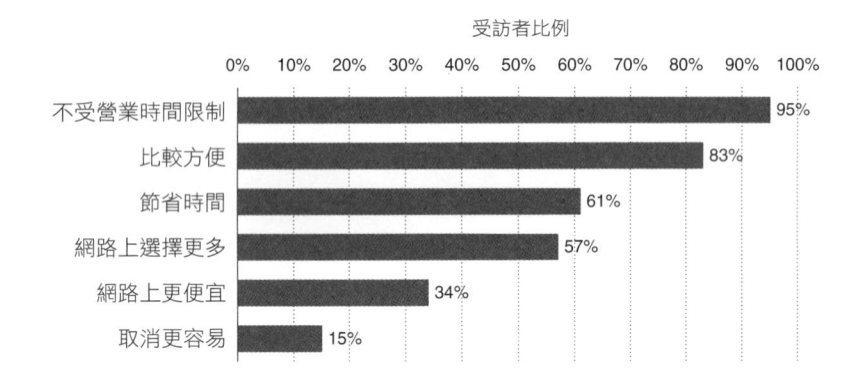

受訪者比例

原因	比例
不受營業時間限制	95%
比較方便	83%
節省時間	61%
網路上選擇更多	57%
網路上更便宜	34%
取消更容易	15%

附錄 6.4 消費者傾向以線上預訂私人度假行程，而非透過旅行社的原因

註：受訪者為歐洲境內 16 歲及 16 歲以上的消費者，共 399 名

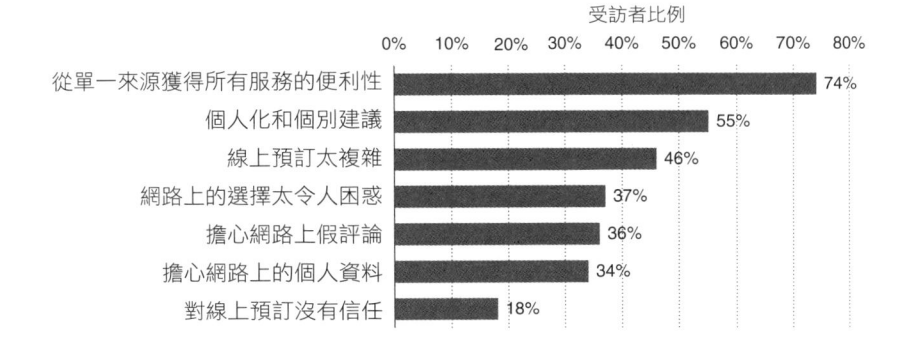

受訪者比例

原因	比例
從單一來源獲得所有服務的便利性	74%
個人化和個別建議	55%
線上預訂太複雜	46%
網路上的選擇太令人困惑	37%
擔心網路上假評論	36%
擔心網路上的個人資料	34%
對線上預訂沒有信任	18%

附錄 6.5 消費者傾向不使用網路預訂私人度假行程的原因

註：受訪者為歐洲境內 16 歲及 16 歲以上的消費者，共 1,007 名

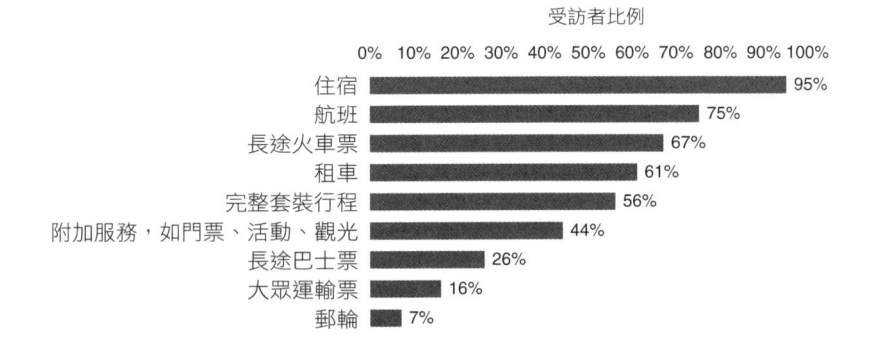

受訪者比例

服務	比例
住宿	95%
航班	75%
長途火車票	67%
租車	61%
完整套裝行程	56%
附加服務，如門票、活動、觀光	44%
長途巴士票	26%
大眾運輸票	16%
郵輪	7%

附錄 6.6 你曾在網路上購買或預訂過哪些旅遊和度假服務？

註：受訪者為歐洲境內 16 歲及 16 歲以上的消費者，共 399 名

附錄 7

情境 2：競爭分析

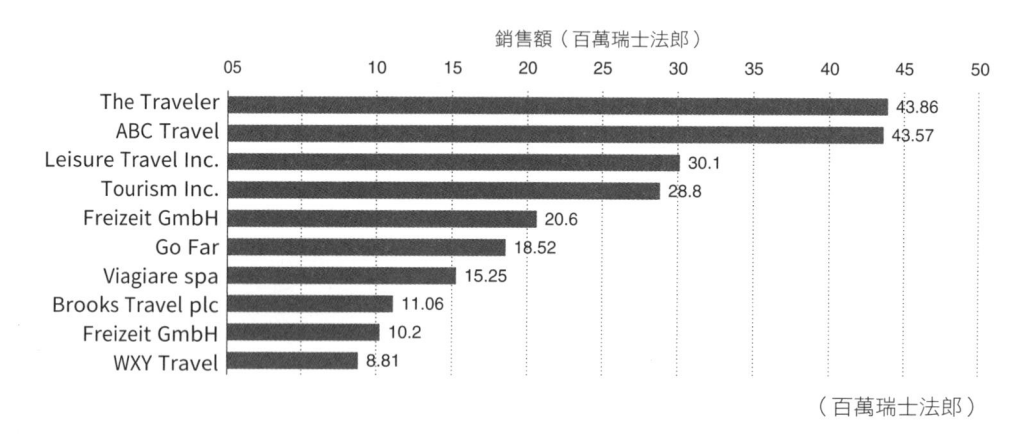

銷售額（百萬瑞士法郎）

旅遊業者	銷售額
The Traveler	43.86
ABC Travel	43.57
Leisure Travel Inc.	30.1
Tourism Inc.	28.8
Freizeit GmbH	20.6
Go Far	18.52
Viagiare spa	15.25
Brooks Travel plc	11.06
Freizeit GmbH	10.2
WXY Travel	8.81

（百萬瑞士法郎）

附錄 7.1　伊貝爾接任當年度，歐洲最大旅遊業者，按營收排名

註：歐盟

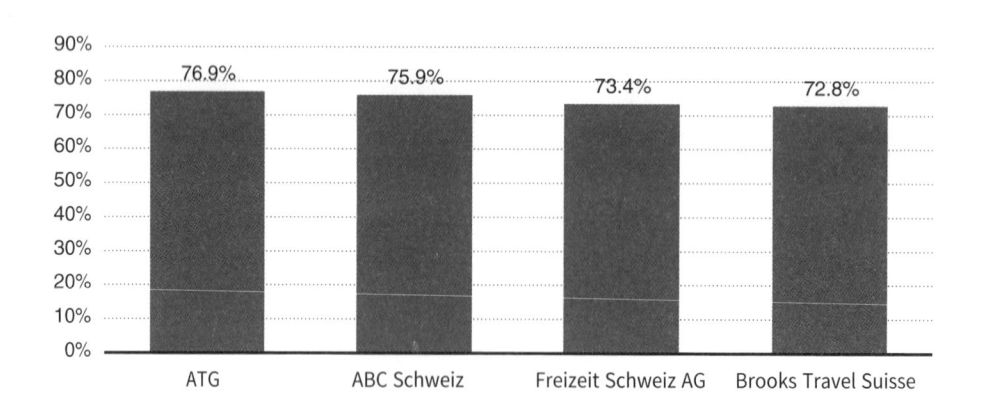

業者	比例
ATG	76.9%
ABC Schweiz	75.9%
Freizeit Schweiz AG	73.4%
Brooks Travel Suisse	72.8%

附錄 7.2　伊貝爾接任當年度，瑞士服務最佳旅遊業者排名

註：受訪者為瑞士境內 14 歲及 14 歲以上的消費者，共 300 名（涵蓋各產業從業人員）

附錄 8

情境 2：趨勢與 SWOT 分析

線上市場　運用網路規劃和預訂旅遊服務早已不是什麼新鮮事了。像 Booking.com 這樣的線上旅遊平台正在快速取代擁有實體營運通路的旅行社和旅遊業者。

旅遊數位化　旅遊正變得越來越數位化。從機場全面採用 QR 碼和人臉辨識系統辦理登機、飯店提供的 wifi 和服務機器人，到觀光城市所提供的各項定點服務，數位化技術被運用在各個地方，使旅遊更輕鬆、更愉快、更高效。

VR 體驗　人們希望在旅行時擁有獨特和令人興奮的體驗。但也有許多人想要在不實際前往的情況下體驗它們。這就是虛擬實境的力量所在。虛擬實境讓人們能夠體驗各種模擬和遊戲，也很適合想預先感受目的地氛圍再做出旅行決定的旅客。

手機至上！　旅遊體驗正變得越來越數位化和行動化，手機已成為旅客不可或缺的工具之一。旅客既用它來互相聯絡，也用來瀏覽各種社交網路和拍攝美麗難忘的照片。根據調查顯示，約 68% 的遊客使用行動裝置蒐尋資訊而不是使用電腦或平板；另一方面，有 42% 的受訪者會即時使用手機在社交媒體上分享體驗；最後，有 38% 的人會使用手機在特定應用程式和網站上留下評論和評分。

遊戲化　室內虛擬實境似乎已成為遊覽現代城市的熱門活動之一，例如密室逃脫或雷射對戰等。這股「遊戲化旅遊」的潮流發展迅速，幾乎成為各個觀光勝地的發展重點之一。

附錄 8.1　旅遊業的當前趨勢 1

體驗旅遊　現代的消費者已經不再追求制式化的旅遊行程。相反地，他們寧願為終生難忘的體驗買單。這些不必是什麼了不起的嘗試，只要它是令人難忘或獨一無二的經歷就夠了。像是 Airbnb 就十分鼓吹消費者選購這些「在地體驗方案」，幾乎和推廣他們的住宿一樣積極。通過 Airbnb 的網站，你可以找到在世界各地舉辦的特色活動。

生態旅遊　越來越多旅客開始重視旅遊對環境的影響，因此他們傾向選擇更符合環境倫理與永續精神的旅遊方式，例如租用電動車等減少碳排放的方式。而這股綠色旅遊意識也逐步影響著旅遊產業鏈的各個角落。

在地文化體驗　在社群媒體盛行的時代，「真實感」變得比以往任何時候都重要。這正是為什麼現在有許多旅客偏好參加在地文化體驗。他們想要親身以視覺、味覺、嗅覺來感受在地文化與人文風情，而不是被安置在與當地生活脫節的遊客專區。這也導致一般制式化的觀光行程越來越不受青睞。

個人化　現在，一切都變得越來越強調個人化，因為消費者開始會根據個人偏好與價值觀來進行選擇。而這股趨勢同樣也吹到觀光旅遊業身上。消費者期待旅遊公司能為他們提供客製化的旅遊服務，量身打造行程吻合他們自身喜好或特殊需求的旅遊體驗。

休閒旅遊＝商務休閒旅遊　精品旅遊市場越來越重視商務客戶的需求。許多頂尖企業都會定期安排團體旅遊，藉此促進員工交流與團隊精神，也因此催生出結合商務和休閒旅遊的「商務休閒」旅遊需求。這通常是世界級的大公司會採納的高級旅遊形式，因此，它們不僅要依據企業的需求量身定制，還需要同時兼顧商務上的實用性與休閒上的娛樂性。

附錄 8.2　旅遊業的當前趨勢 2

	市場規模	成長性	美國市場敏感度	歐盟市場敏感度	亞洲市場敏感度	ATG 能力
線上市場	++++	++++	+++++	+++++	+++++	+
旅遊數位化	++	++++	+++	+++	+++++	+
VR 體驗	+	+++++	+++	+++	+++++	+
手機至上	++++	+++++	++++	+++	+++++	+
遊戲化	+	+++++	+++	++	+++++	+
體驗旅遊	+++	+++++	++++	++++	++	+++
生態旅遊	++	+++++	+++	+++++	+	+
在地文化體驗	+	+++	++++	+++++	+	++
個人化	++	+++	+++++	+++++	+	+++++
商務休閒旅遊	++++	++++	+++++	+++	++	++

附錄 8.3 旅遊業當前趨勢 3：不同旅遊服務的市場規模和成長性

優勢	機會
• 在國內擁有優良聲譽的傳統公司 • 在規劃、設計和旅行諮詢方面具有競爭優勢 • 產品線十分豐富 • 在歐洲有密集的銷售渠道，穩居市場強勢地位	• 長期來看，旅遊業在成熟市場與新興市場都是一個具有成長潛力領域 • 亞洲、拉丁美洲和非洲的富裕階層日漸增多，且人們對體驗型旅遊的需求上升 • 有同業整併的趨勢 • 市場出現多項符合公司能力的趨勢 • 數位科技應用帶來創新機會
劣勢	威脅
• 分析師形容公司僵化，多年來缺乏創新能量 • 依賴歐洲和德語系地區的消費族群 • B2B 業務沒有市場吸引力 • 營收成長動能不足，低於市場平均水準 • 公司規模只能算是歐洲旅遊業者中的中型企業（前 12 名） • 盈利能力偏低	• 數位競爭者的崛起 • 全球經濟衰退 • 旅遊市場萎縮 • 客戶需求快速變化 • 市場競爭激烈、對手眾多

附錄 8.4　伊貝爾接任 ATG 時的 SWOT 分析

附錄 9

情境 3：國際擴張財務預測報告

附錄 9.1　ATG 將版圖擴張到北美或亞洲的財務預測數據

（單位：千瑞士法郎）

年度	北美投資自由現金流	亞洲投資自由現金流	折現率 (%)
1（當年度）	-1,504	-2,967	
2	341	711	
3	580	987	12
4	735	1,546	
5	903	2,307	

譯註：自由現金流（Free Cash Flow）是指企業在扣除必要的營運成本與資本支出後，所剩下「可自由運用的現金」。在投資評估中，初期投入資金會以負值記錄；若該項投資在後期產生收益，則會以正值呈現，表示現金回流。

附錄 10
情境 4：ATG 員工調查

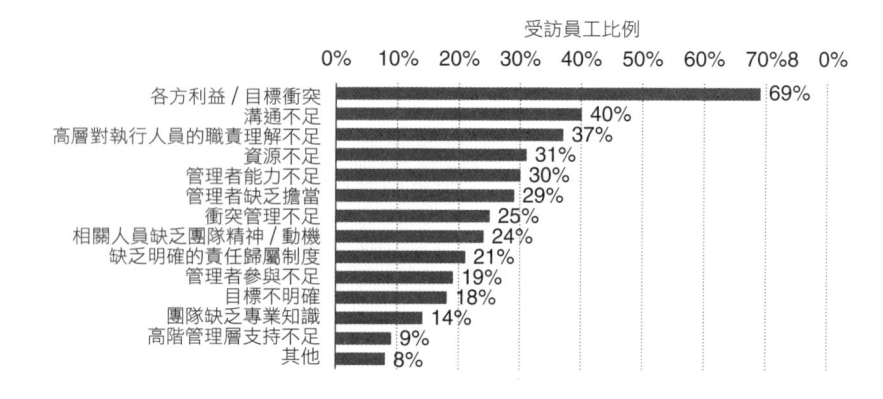

受訪員工比例

難題	比例
各方利益 / 目標衝突	69%
溝通不足	40%
高層對執行人員的職責理解不足	37%
資源不足	31%
管理者能力不足	30%
管理者缺乏擔當	29%
衝突管理不足	25%
相關人員缺乏團隊精神 / 動機	24%
缺乏明確的責任歸屬制度	21%
管理者參與不足	19%
目標不明確	18%
團隊缺乏專業知識	14%
高階管理層支持不足	9%
其他	8%

附錄 10.1 在 ATG 轉型過程中，你認為最關鍵的難題是什麼？

註：ATG 301 位受訪員工

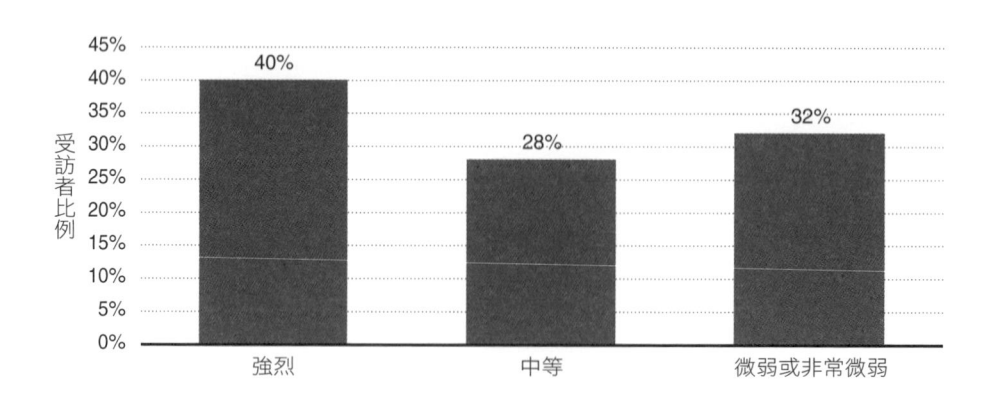

受訪者比例

歸屬感	比例
強烈	40%
中等	28%
微弱或非常微弱	32%

附錄 10.2 你對工作的歸屬感有多強？

註：ATG 261 位受訪員工

參考文獻

Addicott, M.A., Pearson, J.M., Froeliger, B., Platt, M.L., and McClernon, F.J. (2014). Smoking automaticity and tolerance moderate brain activation during explore–exploit behavior. Psychiatry Research: Neuroimaging, 224(3), 254–261. https://doi.org/10.1016/j.pscychresns.2014.10.014

Almaatouq, A., Alsobay, M., Yin, M., and Watts, D. J. (2021). Task complexity moderates group synergy. PNAS, 118(36). https://doi.org/10.1073/pnas.2101062118

Anderson, R.J. and Adams, W.A. (2015). Mastering Leadership: An Integrated Framework for Breakthrough Performance and Extraordindary Business Results. Hoboken, NJ: Wiley.

Andrews, E. (2019). Who were the Luddites? https://www.history.com/news/who-were-the-luddites

Ashkenas, R. (2013). Change management needs to change. Hardvard Business Review, April 16.

Bajraktarov, S., Novotni, A., Arsova, S., Gudeva-Nikovska, D., and Vujovik, V. (2017). Character and temperament dimensions in subjects with depressive disorder: Impact of the affective state on their expression. Open Access Macedonian Journal of Medical Science, 5(1), 64–67. https://doi.org/10.3889/oamjms.2017.022

Bakos, R., and Jolton, J. (2022). Stability is an illusion – take a closer look. Global trends in employee engagement 2022. Kincentric. www.kincentric.com/-/media/kincentric/2022/GTEE/ Global_Trends_in_Employee_Engagement_2022.pdf

Balcetis, E. and Dunning, D. (2010). Wishful seeing: More desired objects are seen as closer. Psychological Science, ;21(1), 147–152. https://doi.org/10.1177/0956797609356283

Barba, V. (2019). Kite gets freedom to fly after separation from Gilead, Bio Pharma Reporter, May 8. https://www.biopharmareporter.com/article/2019/05/08/gilead-separates-kitepharma (accessed June 6, 2023).

Basford, T., and Schaninger, B. (2016). The four building blocks of change. Four key actions influence employee mind-sets and behavior. McKinsey Quarterly, April.

Basso, J.C., McHale, A., Ende, V., Oberlin, D.J., Suzuki, W.A. (2019). Brief, daily meditation enhances attention, memory, mood, and emotional regulation in non-experienced meditators. Behavioral Brain Research, 356, 208–220. https://

doi:10.1016/j.bbr.2018. 08.023

Bechara, A. (2005). Decision making, impulse control and loss of willpower to resist drugs: A neurocognitive perspective. Nature Neuroscience, 8(11), 1458–1463. https://doi.org/10.1038/nn1584 Beer, M., and Nohria, N. (2000). Cracking the code of change. Harvard Business Review. 78(3), 133–141, 216.

Beinhocker, E.D. (2006). The Origino Of Wealth: Evolution, Complexity, and the Radical Remaking of Economics. Boston: Harvard Business School Press.

Birkinshaw, J., Zimmermann, A., and Raisch, S. (2016). How do firms adapt to discontinuous change? Bridging the dynamic capabilities and ambidexterity perspectives. California Management Review, 58(4), 36–58. https://doi.org/10.1525/cmr.2016.58.4.36

Bloomfield, B.P., and Dale, K. (2020). Limitless? Imaginaries of cognitive enhancement and the labouring body. History of the Human Sciences, 33(5), 37–63. https://doi.org/10.1177/0952695119888995

Bolte-Taylor, J. (2008). My Stroke of Insight. London: Hodder and Stoughton.

Brauer, M., and Laamanen, T. (2014). Workforce downsizing and firm performance: An organizational routine perspective. Journal of Management Studies, 51. https://doi.org/10.1111/joms.12074

Brown, K.M., Hoye, R., and Nicholson, M. (2012). Self-esteem, self-efficacy, and social connectedness as mediators of the relationship between volunteering and well-being, Journal of Social Service Research, 38(4), 468–483, https://doi.org/10.1080/01488376.2012.687706

Brusoni, S., and Laureiro-Martinez, D. (2018). Cognitive flexibility and adaptive decision-making: Evidence from a laboratory study of expert decision makers. Strategic Management Journal, January 18. https://doi.org/10.1002/smj.2774

Brusoni, S., Laureiro-Martínez, D., Canessa, N., and Zollo, M. (2020). Exploring exploration: The role of affective states as forces that hinder change. Industrial and Corporate Change, 29(1), 207–223. https://doi.org/10.1093/icc/dtz070

Brusoni, S., Feser, C., and Laureiro-Martinez, D. (2023). The neuroscience of decision making under uncertainty. Chapter submitted.

Calabretta, G., Gemser, G., and Wijnberg, N.M. (2017). The interplay between intuition and rationality in strategic decision making: A paradox perspective. Organization Studies, 38(3–4), 365–401. https://doi.org/10.1177/0170840616655483

Camuffo, A., Cordova, A., Gambardella, A., and Spina, C. (2020). A scientific approach to entrepreneurial decision making: Evidence from a randomized control trial. Management Science, 66(2), 564–586. https://doi.org/10.1287/mnsc.2018.3249

Carmeli, A. (2008). Top management team behavioral integration and the performance of service organizations. Group and Organization Management, 33(6), 712–735. https://doi .org/10.1177/1059601108325696

Carmeli, A., and Halevi, M.Y. (2009). How top management team behavioral integration and behavioral complexity enable organizational ambidexterity: The moderating role of contextual ambidexterity. The Leadership Quarterly, 20(2), 207–218. https:// doi.org/10.1016/j.leaqua.2009.01.011

Cattell, R.B. (1987). Intelligence: Its Structure, Growth, and Action. Amsterdam: North-Holland.

Chee, M.W.L., and Chuah, L.Y.M. (2008). Functional neuroimaging insights into how sleep and sleep deprivation affect memory and cognition. Current Opinion in Neurology, 21(4), 417–423. https://doi.org/10.1097/WCO.0bref3e3283052cf7

Cloninger, C.R. (1994). The Temperament and Character Inventory (TCI): A Guide to Its Development and Use. St. Louis, MO: Center for Psychobiology of Personality, Washington University.

Cloninger, C.R., Svrakic, D.M., and Przybeck, T.R. (1993). A psychobiological model of temperament and character. Archives of General Psychiatry, 50(12), 975–990. https://doi.org/10.1001/ archpsyc.1993.01820240059008

Cockburn, J., Man, V., Cunningham, W., and O'Doherty, J.P. (2021). Novelty and uncertainty interact to regulate the balance between exploration and exploitation in the human brain. Neuroscience. https://doi.org/10.1101/2021.10.13.464279

Cohen, J.D., McClure, S.M., and Yu, A.J. (2007). Should I stay or should I go? How the human brain manages the trade-off between exploitation and exploration. Philosophical Transactions of the Royal Society B: Biological Sciences, 362(1481), 933–942. https://doi.org/10.1098/rstb.2007.2098

Cole, S., Balcetis, E., and Zhang, S. (2013). Visual perception and regulatory conflict: Motivation and physiology influence distance perception. Journal of Experimental Psychology: General, 142(1), 18–22. https://doi.org/10.1037/a0027882

Comaford, C. (2015). Achieve your goals faster: The latest neuroscience of goal attainment. Forbes, November 22.

Congleton, C., Hölzel, B.K., and Lazar, S.W. (2015). Mindfulness can literally change your brain. Harvard Business Review, January 8.

Dane, E., and Pratt, M.G. (2007). Exploring intuition and its role in managerial decision making. Academy of Management Review, 32(1). https://doi.org/10.5465/amr.2007.23463682

Davidson, R.J. (2012). The Emotional Life of Your Brain: How Its Unique Patterns Affect the Way You Think, Feel, and Live, and How You Can Change Them. New York: Hudson Street Press.

Deák, G.O. (2003). The development of cognitive flexibility and language abilities. In

R.V. Kail (Ed.), Advances in Child Development and Behavior, vol. 31. New York: Academic Press, pp. 271–327.

Descartes, R. (2018). Discourse on the Method. SMK Books.

De Smet, A., Jost, G., and Weiss, L. (2019). Three keys to faster, better decisions. McKinsey Quarterly, May.

Diamond, A. (2013). Executive functions. Annual Review of Psychology, 64: 135–168. https://doi.org/10.1146/annurev-psych-113011-143750

Dodich, A., Zollo, M., Crespi, C., Cappa, S.F., Laureiro Martinez, D., Falini, A., and Canessa, N. (2019). Short-term Sahaja Yoga meditation training modulates brain structure and spontaneous activity in the executive control network. Brain and Behavior, 9(1), e01159. https://doi.org/10.1002/brb3.1159

Drucker, P.F. (1967). The manager and the moron. McKinsey Quarterly, December 1.

Dubois, M., Habicht, J., Michely, J., Moran, R., Dolan, R.J., and Hauser, T.U. (2021). Human complex exploration strategies are enriched by noradrenaline-modulated heuristics. ELife, 10, e59907.

Duhigg, C. (2016). What Google learned from its quest to build the perfect team. The New York Times. February 25. https://www.nytimes.com/2016/02/28/magazine/what-google-learnedfrom-its-quest-to-build-the-perfect-team.html

Durmer, J.S., and Dinges, D.F. (2005). Neurocognitive consequences of sleep deprivation. Seminars in Neurology, 25(01), 117– 129. https://doi.org/10.1055/s-2005-867080

Dweck, C.S. (2006). Mindset: The New Psychology of Success. New York: Ballantine Books.

Edmondson, A. (1999). Psychological safety and learning behavior in work teams. Administrative Science Quarterly, 44(2), 350–383. https://doi.org/10.2307/2666999

Ekman, P. (2007). Emotions Revealed: Recognizing Faces and Feelings to Improve Communication and Emotional Life. New York: St. John's Press.

Ewenstein, B., Smith, W., and Sologar, A. (2015). Changing change management. McKinsey Digital, July.

Fehr, E., and Falk, A. (2002). Psychological foundations of incentives. European Economic Review, 46, 687–724.

Fehr, E., and Gächter, S. (2000). Cooperation and punishment in public good experiments. American Economic Review, 90(4), 980– 994. https://doi.org/10.1257/aer.90.4.980

Feser, C. (2011). Serial Innovators: Firms That Change the World. Hoboken, NJ: John Wiley and Sons, Inc.

Feser, C. (2016). When Execution Isn't Enough: Decoding Inspirational Leadership. Hoboken, NJ: John Wiley and Sons, Inc.

Feser, C., Rennie, M., and Nielsen, N.C. (2018). Leadership at Scale. Better Leaders, Better Results. London: Nicholas Brealey Publishing. Fisher, M., and Keil, F.C. (2018). The binary bias: A systematic distortion in the integration of information. Psychological Science, 29(11), 1846–1858. https://doi.org/10.1177/0956797618792256

Fleming, S.M. (2014). The power of reflection. Scientific American Mind, 25(5), 30–37. https://doi.org/10.1038/scientificameri canmind0914-30

Gershman, S.J., and Tzovaras, B.G. (2018). Dopaminergic genes are associated with both directed and random exploration. Neuropsychologia, 120, 97–104. https://doi.org/10.1016/j.neuropsychologia.2018.10.009

Geurts, H.M., Corbett, B., and Solomon, M. (2009). The paradox of cognitive flexibility in autism. Trends in Cognitive Sciences. 13(2), 74–82. https://doi.org/10.1016/j.tics.2008.11.006.

Gibson, C.B., and Birkinshaw, J. (2004). The antecedents, consequences, and mediating role of organizational ambidexterity. Academy of Management Journal, 47(2), 209–226. https://doi.org/10.2307/ 20159573

Gilovich, T., Griffin, D., and Kahneman, D. (2002) Heuristics and Biases: The Psychology of Intuitive Judgment. New York: Cambridge University Press.

Gist, M.E. (1987). Self-efficacy: Implications for organizational behavior and human resource management. The Academy of Management Review, 12(3), 472. https://doi.org/10.2307/258514

Gittins, J.C. (1979). Bandit processes and dynamic allocation indices. Journal of the Royal Statistical Society, Series B, 41, 148–177.

Gittins, J.C. and Jones, D.M. (1974). A dynamic allocation index for the sequential design of experiments. In J. Gans (Ed.), Progress in Statistics. Amsterdam, The Netherlands: North-Holland, pp. 241–266.

Glöckner, A., and Witteman, C. (2010). Beyond dual-process models: A categorisation of processes underlying intuitive judgement and decision making. Thinking and Reasoning, 16(1), 1–25. https://doi.org/10.1080/13546780903395748

Gneezy, U., Meier, S., and Rey-Biel, P. (2011). When and why incentives (don't) work to modify behavior. Journal of Economic Perspectives, 25(4), 191–210.

Grant, A. (2021). Think Again: The Power of Knowing What You Don't Know. London: W.H. Allen.

Greene, J. (2014). Moral Tribes: Emotion, Reason, and the Gap Between Us and Them. New York: Penguin Books.

Gurdjian, P., Halbeisen, T., and Lane, K. (2014). Why leadershipdevelopment programs fail. McKinsey Quarterly, January 1.

Hambrick, D.C. (1994). Top management groups: A conceptual integration and reconsideration of the "team" label. Research in Organizational Behavior, 16, 171.

Hambrick, D.C. (1998). Corporate coherence and the top management team. In D.C. Hambrick, D.A. Nadler, and M.L. Tushman (Eds.), Navigating Change: How Ceos, Top Teams, and Boards Steer Transformation. Boston, MA: Harvard Business School Press, pp. 123–140.

Haney, A.B., Pope, J., and Arden, Z. (2020). Making it personal: Developing sustainability leaders in business. Organization and Environment, 33(2), 155–174. https://doi.org/10.1177/10860266 18806201

Harrison, E.F. (1996). A process perspective on strategic decision making. Management Decision, 34(1), 46–53. https://doi.org/ 10.1108/00251749610106972

Hayward, J.W., and Varela, F.J. (1992). Gentle Bridges: Conversations with the Dalai Lama on the Science of the Mind. Boston: Shambhala. He, Z.-L., and Wong, P.-K. (2004). Exploration vs. exploitation: An empirical test of the ambidexterity hypothesis. Organization Science, 15(4), 481–494. https://doi.org/10.1287/orsc.1040.0078

Heath, C., and Heath, D. (2013). Decisive: How to Make Better Choices in Life and Work. New York: Currency.

Hill, S.A., and Birkinshaw, J. (2014). Ambidexterity and survival in corporate venture units. Journal of Management, 40(7), 1899–1931. https://doi.org/10.1177/0149206312445925

Hoffman, B.J., Woehr, D.J., Maldagen-Youngjohn, R., and Lyons, B.D. (2011). Great man or great myth? A quantitative review of the relationship between individual differences and leader effectiveness. Journal of Occupational and Organizational Psychology, 84(2), 347–381. https://doi.org/10.1348/096317909X 485207

Honn, K.A., Hinson, J.M., Whitney, P., and Van Dongen, H.P. (2019). Cognitive flexibility: A distinct element of performance impairment due to sleep deprivation. Accident Analysis Prevention,126: 191–197. https://doi.org/10.1016/j.aap.2018.02.013

Hsu, A. (2023). America, we have a problem. People aren't feeling engaged with their work, NPR, January 25. https://www .npr.org/2023/01/25/1150816271/employee-engagement-gallup-survey-workers-hybrid-remote

Janssen, C., Segers, E., McQueen, J. M., and Verhoeven, L. (2015). Lexical specificity training effects in second language learners: Lexical specificity training in L2 learners. Language Learning, 65(2), 358–389. https://doi.org/10.1111/lang.12102

Junni, P., Sarala, R.M., Taras, V., and Tarba, S.Y. (2013). Organizational ambidexterity and performance: A meta-analysis. Academy of Management Perspectives, 27(4), 299–312. https://doi .org/10.5465/amp.2012.0015

Kahneman, D. (2002). Maps of bounded rationality: A perspective on intuitive judgment and choice. Nobel Prize Lecture, December 8, p. 455.

Kahneman, D. (2012). Thinking, Fast and Slow. New York: Penguin. Kahneman, D., and Tversky, A. (Eds.). (2000). Choices, Values, and Frames. Cambridge: Cambridge University Press.

Kauppila, O.-P., and Tempelaar, M.P. (2016). The social-cognitive underpinnings of employees' ambidextrous behaviour and the supportive role of group managers' leadership: The underpinnings of employees' ambidextrous behaviour. Journal of Management Studies, 53(6), 1019–1044. https://doi.org/10.1111/ joms.12192

Kayser, A.S., Mitchell, J.M., Weinstein, D., and Frank, MJ. (2015). Dopamine, locus of control, and the exploration-exploitation tradeoff. Neuropsychopharmacology, 40(2), 454–462. https://doi .org/10.1038/npp.2014.193

Kegan, R., and Lahey, L.L. (2016). An Everyone Culture: Becoming a Deliberately Developmental Organization. Boston, MA: Harvard Business Review Press.

Kegan, R., Lahey, L., Fleming, A., and Miller, M. (2014). Making business personal. Harvard Business Review, April.

Keller, T., and Weibler, J. (2015). What it takes and costs to be an ambidextrous manager: Linking leadership and cognitive strain to balancing exploration and exploitation. Journal of Leadership and Organizational Studies, 22(1), 54–71. https://doi .org/10.1177/1548051814524598

Kets de Vries, M.F.R. (2006). The Leader on the Couch: A Clinical Approach to Changing People and Organizations. San Francisco: Jossey-Bass.

Khodarahimi, S. (2018). Self-reported nutritional status, executive functions, and cognitive flexibility in adults. Journal of Mind and Medical Sciences, 5(2), Article 11. https://doi.org/10.22543/7674 .52.P210217

Killgore, W.D.S. (2015). Sleep deprivation and behavioral risktaking. In: R.R. Watson (Ed.), Modulation of Sleep by Obesity, Diabetes, Age, and Diet. New York: Academic Press, pp. 279–287. https://doi.org/10.1016/B978-0-12-420168-2.00030-2.

Kleinsinger, F. (2018). The unmet challenge of medication nonadherence. The Permanente Journal, 22: 18-033. https://doi .org/10.7812/TPP/18-033

Kolbe, L.M., Bossink, B., and de Man, A.-P. (2020). Contingent use of rational, intuitive and political decision-making in R&D. Management Decision, 58(6), 997–1020. https://doi.org/10.1108/ MD-02-2019-0261

Kopalle, P.K., Kuusela, H., and Lehmann, D.R. (2023). The role of intuition in CEO acquisition decisions, Journal of Business Research, 167. https://doi.org/10.1016/ j.jbusres.2023.114139.

Kounios, J., Fleck, J.I., Green, D.L., Payne, L., Stevenson, J.L., Bowden, E.M., and Jung-Beeman, M. (2008). The origins of insight in resting-state brain activity.

Neuropsychologia, 46(1), 281– 291. https://doi.org/10.1016/j.neuropsychologia.2007.07.013.

Kruger, J., and Dunning, D. (1999). Unskilled and unaware of it: How difficulties in recognizing one's own incompetence lead to inflated self-assessments. Journal of Personality and Social Psychology, 77(6), 1121–1134. https://doi.org/10.1037/0022-3514.77.6.1121

Landsberg, M. (2023). The Power of the Dao. Seven Essential Habits for Living in Flow, Fulfillment and Resilience. New York: LID Publishing.

Latham, G.P., and Locke, E.A. (2006). Enhancing the benefits and overcoming the pitfalls of goal setting. Organizational Dynamics, 35(4), 332–340. https://doi.org/10.1016/j.orgdyn.2006.08.008

Laureiro-Martinez, D. (2014). Cognitive control capabilities, routinization propensity, and decision-making performance. Organization Science, 25(4), 1111–1133.

Laureiro-Martinez, D. (2022). Self-Assessment Report. Technology and Innovation Management. Zürich: ETH Zürich.

Laureiro-Martínez, D., and Brusoni, S. (2018). Cognitive flexibility and adaptive decision-making: Evidence from a laboratory study of expert decision makers. Strategic Management Journal, 39(4), 1031–1058. https://doi.org/10.1002/smj.2774

Laureiro-Martínez, D., Brusoni, S., Canessa, N., and Zollo, M. (2015). Understanding the exploration-exploitation dilemma: An fMRI study of attention control and decision-making performance: Understanding the exploration-exploitation dilemma. Strategic Management Journal, 36(3), 319–338. https:// doi.org/10.1002/smj.2221

Laureiro-Martínez, D., Brusoni, S., and Zollo, M. (2010). The neuroscientific foundations of the exploration–exploitation dilemma. Journal of Neuroscience, Psychology, and Economics, 3(2), 95–115. https://doi.org/10.1037/a0018495

Laureiro-Martínez, D., Canessa, N., Brusoni, S., Zollo, M., Hare, T., Alemanno, F., and Cappa, S.F. (2014). Frontopolar cortex and decision-making efficiency: Comparing brain activity of experts with different professional background during an explorationexploitation task. Frontiers in Human Neuroscience, 7, 927.

Lawson, E., and Price, C. (2003). The psychology of change management, McKinsey Quarterly, August.

Lick, D.J., Alter, A.L., and Freeman, J.B. (2018). Superior pattern detectors efficiently learn, activate, apply, and update social stereotypes. Journal of Experimental Psychology: General, 147(2), 209– 227. https://doi.org/10.1037/xge0000349

Linden, D.J. (2008). The Accidental Mind: How Brain Evolution Has Given Us Love, Memory, Dreams, and God (1st ed.). Cambridge, MA: Belknap Press.

Liu, L., Oroz Artigas, S., Ulrich, A., Tardu, T., Mohr, P.N.C, Wilms, B., Koletzko,

Lubatkin, M.H., Simsek, Z., Ling, Y., and Veiga, J.F. (2006). Ambidexterity and performance in small-to medium-sized firms: The pivotal role of top management team behavioral integration. Journal of Management, 32(5), 646–672. https://doi.org/10.1177/0149 206306290712

Macnamara, B.N., and Burgoyne, A.P. (2023). Do growth mindset interventions impact students' academic achievement? A systematic review and meta-analysis with recommendations for best practices. Psychological Bulletin, 149(3–4), 133–173. https:// doi.org/10.1037/bul0000352

Mandolesi, L., Polverino, A., Montuori, S., Foti, F., Ferraioli, G., Sorrentino, P., and Sorrentino, G. (2018). Effects of physical exercise on cognitive functioning and wellbeing: Biological and psychological benefits. Frontiers in Psychology, 9, 509. https://doi. org/10.3389/fpsyg.2018.00509

Manly, J. et al. (2023). Reaching new heights in uncertain times: Most innovative companies in 2023. Report. BCG, May 23, 2023.

March, J.G. (1991). Exploration and exploitation in organizational learning. Organization Science, 2(1), 71–87. https://doi .org/10.1287/orsc.2.1.71

Masley, S., Roetzheim, R., and Gualtieri, T. (2009). Aerobic exercise enhances cognitive flexibility. Journal of Clinical Psychology in Medical Settings, 16(2), 186–193. http://doi.org/10.1007/ s10880-009-9159-6

Massey, M. (1973). The People Puzzle. Understanding Yyourself and Others. New York: Brady.

Matthews, G. (2007). The impact of commitment, accountability, and written goals on goal achievement. Psychology, Faculty Presentations. 3. https://scholar.dominican.edu/psychologyfaculty-conference-presentations/3 (accessed August, 28, 2023).

McCrae, R.R., and John, O.P. (1992). An introduction to the five factor model and its applications. Journal of Personality, 60, 175– 215. http://dx.doi.org/10.1111/j.1467-6494.1992.tb00970.x

Mellers, B., Stone, E., Atanasov, P., Rohrbaugh, N., Metz, S.E., Ungar, L., Bishop, M.M., Horowitz, M., Merkle, E., and Tetlock, P. (2015a). The psychology of intelligence analysis: Drivers of prediction accuracy in world politics. Journal of Experimental Psychology: Applied, 21(1), 1–14. https://doi.org/10.1037/xap0000040

Mellers, B., Stone, E., Murray, T., Minster, A., Rohrbaugh, N., Bishop, M., Chen, E., Baker, J., Hou, Y., Horowitz, M., Ungar, L., and Tetlock, P. (2015b). Identifying and cultivating superforecasters as a method of improving probabilistic predictions. Perspectives on Psychological Science, 10(3), 267–281. http ://doi .org/10.1177/1745691615577794

Moore, A., and Malinowski, P. (2009). Meditation, mindfulness and cognitive flexibility. Consciousness and Cognition, 18(1), 176–186. http://doi.org/10.1016/ j.concog.2008.12.008

Newell, A., and Simon, H. A. (1972). Human Problem Solving. Englewood Cliffs, NJ: Prentice-Hall.

O Reilly, C.A., and Tushman, M.L. (2004). The ambidextrous organization. Harvard Business Review, 82(4), 74–83.

O'Reilly, C.A., and Tushman, M.L. (2008). Ambidexterity as a dynamic capability: Resolving the innovator's dilemma. Research in Organizational Behavior, 28, 185–206. https://doi.org/10.1016/ j.riob.2008.06.002

Parker-Pope, T. (2014). Better ways to learn. New York Times, October 6.

Peterson, S.J., and Luthans, F. (2006). The impact of financial and nonfinancial incentives on business-unit outcomes over time. Journal of Applied Psychology, 91(1), 156–165.

Pilkington, P.D., Windsor, T.D., and Crisp, D.A. (2012). Volunteering and subjective well-being in midlife and older adults: the role of supportive social networks. Journal of Gerontology, Series B, Psychological Sciences and Social Sciences, 67(2), 249–260. https:// doi.org/10.1093/geronb/gbr154

Posner, M.I., Rothbart, M.K., Sheese, B.E., and Voelker, P. (2014). Developing attention: behavioral and brain. Advances in Neuroscience. https://doi. org/10.1155/2014/405094

Posner, M.I., Rothbart, M.K., and Tang, Y.-Y. (2015). Enhancing attention through training. Current Opinion in Behavioral Sciences, 4, 1–5. https://doi.org/10.1016/ j.cobeha.2014.12.008

Post, S.G. (2014). It's good to be good: 2014 biennial scientific report on health, happiness, longevity, and helping others. International Journal of Person Centered Medicine, 2, 1–53.

Raichle, M.E., and Gusnard, D.A. (2002). Appraising the brain's energy budget. PNAS, 99(16), 10237–10239. https://doi.org/ 10.1073/pnas.172399499

Raisch, S., and Birkinshaw, J. (2008). Organizational ambidexterity: Antecedents, outcomes, and moderators. Journal of Management, 34(3), 375–409. https://doi. org/10.1177/0149206308316058

Randhawa, K., Nikolova, N., Ahuja, S., and Schweitzer, J. (2021). Design thinking implementation for innovation: An organization's journey to ambidexterity. Journal of Product Innovation Management, 38(6), 668–700. https://doi.org/10.1111/ jpim.12599

Rock, D., and Schwartz, J. (2006). The neuroscience of leadership. Strategy Business, 43, 72–82.

Rokeach, M. (1973). The Nature of Human Values. New York: The Free Press.

Sana, F., Weston, T., and Cepeda, N.J. (2013). Laptop multitasking hinders classroom learning for both users and nearby peers. Computers and Education, 62, 24–31. https://doi.org/10.1016/ j.compedu.2012.10.003

Satopää, V.A., Salikhov, M., Tetlock, P.E., and Mellers, B. (2021). Bias, information, noise: The BIN model of forecasting. Paper submitted to Management Science.

Savage, L.J. (1954). Foundations of Statistics. New York: Wiley.

Schacter, D., Gilbert, D., Wegner, D., and Hood, B. (2011). Psychology. European Edition. Basingstoke: Palgrave Macmillan.

Schirrmeister, E., Göhring, A., and Warnke, P. (2020). Psychological biases and heuristics in the context of foresight and scenario processes. Futures and Foresight Science. https://doi .org/10.1002/ffo2.31

Schoemaker, P.J.H., and Tetlock, P.E. (2016). Superforecasting: How to upgrade your company's judgment: How to dramatically improve your company's prediction capability. Harvard Business Review, May.

Schoss, S., Urbig, D., Brettel, M., et al. (2022). Deep-level diversity in entrepreneurial teams and the mediating role of conflicts on team efficacy and satisfaction. International Entrepreneurship and Management Journal, 18, 1173–1203. https://doi.org/10.1007/ s11365-020-00654-1

Schulze, P., Heinemann, F., and Abedin, A. (2008). Balancing exploitation and exploration. Academy of Management Proceedings, 2008(1), 1–6. https://doi.org/10.5465/ambpp.2008.33622934

Schunk, D.H., and Pajares, F. (2002). The development of academic self-efficacy. In: Development of Achievement Motivation. Oxford: Elsevier, pp. 15–31. https://doi.org/10.1016/B978-012750053-9/ 50003-6

Sharot, T. (2017). The Influential Mind: What the Brain Reveals About Our Power to Change Others. New York: Henry Holt and Company. Sharp, R. (2018). The rise of performance-enhancing drugs. HR Magazine, November 7.

Simon, H.A. (1979). Rational decision making in business organizations. The American Economic Review, 69(4), 493-513.

Slocum, S., and Hora, M.T. (2020). Workplace training and cognitive, intra- and interpersonal skills: A literature review. Center for Research on College-Workforce Transitions (CCWT), University of Wisconsin Madison.

Stajkovic, A.D., and Luthans, F. (1997). A meta-analysis of the effects of organizational behavior modification on task performance, 1975–1995. Academy of Management Journal, 40(5), 1122–1149.

Tang, Y.Y., Tang, Y., Tang, R., and Lewis-Peacock, J.A. (2017). Brief mental training reorganizes large-scale brain networks. Frontiers in Systems Neuroscience, 11. https://doi.org/10.3389/fnsys 2017.00006

Tarba, S.Y., Jansen, J.J.P., Mom, T.J.M., Raisch, S., and Lawton, T.C. (2020). A microfoundational perspective of organizational ambidexterity: Critical review and research directions. Long Range Planning, 53(6), 102048. https://doi.org/10.1016/j.lrp.2020.102048

Teding van Berkhout, E., and Malouff, J.M. (2016). The efficacy of empathy training: A meta-analysis of randomized controlled trials. Journal of Counseling Psychology, 63(1), 32–41. https://doi .org/10.1037/cou0000093

Tetlock, P.E., and Gardner, D. (2016). Superforecasting: The Art and Science of Prediction. New York: Crown Publishing. Thaler, R.H., and Sunstein, C.R. (2008). Nudge: Improving Decisions about Health, Wealth and Happiness. New Haven, CT: Yale University Press.

The Economist (2023). Yuval Noah Harari argues that AI has hacked the operating system of human civilisation. April 28.

Tomov, M.S., Truong, V.Q., Hundia, R.A., and Gershman, S.J. (2020). Dissociable neural correlates of uncertainty underlie different exploration strategies. Nature Communications, 11(1), 2371. https://doi.org/10.1038/s41467-020-15766-z

Tomporowski, P.D., Davis, C.L., Miller, P.H., and Naglieri, J.A. (2008). Exercise and children's intelligence, cognition, and academic achievement. Educational Psychology Review, 20(2), 111– 131. https://doi.org/10.1007/s10648-007-9057-0

Toulmin, S.E. (2003). The Uses of Argument. Cambridge: Cambridge University Press. Tucker, A.M., Whitney, P., Belenky, G., Hinson, J.M., and Van Dongen, H.P. (2010). Effects of sleep deprivation on dissociated components of executive functioning. Sleep, 33(1), 47–57. https://doi.org/10.1093/sleep/33.1.47

Turner, M. (1996). The Literary Mind: The Origins of Thought and Language. Oxford: Oxford University Press.

Tushman, M.L., and O'Reilly III, C.A. (1996). Ambidextrous organizations: Managing evolutionary and revolutionary change. California Management Review, 38(4), 8–29.

Tversky, A., and Kahneman, D. (1974). Heuristics and biases. Science, New Series, 185(4157), 1124–1131.

Tzu, L. (2016). Tao Te Ching. CreateSpace Independent Publishing Platform.

Unsworth, N., Fukuda, K., Awh, E., and Vogel, E.K. (2014). Working memory and fluid intelligence: Capacity, attention control, and secondary memory retrieval. Cognitive Psychology, 71, 1–26. https://doi.org/10.1016/j.cogpsych.2014.01.003

Volz, K.G., and Gigerenzer, G. (2012). Cognitive processes in decisions under risk are not the same as in decisions under uncertainty. Frontiers in Neuroscience, 6. https://

doi.org/10.3389/ fnins.2012.00105

Weiss, H.M., and Cropanzano, R. (1996). Affective events theory: A theoretical discussion of the structure, causes and consequences of affective experiences at work. In: B.M. Staw and L.L. Cummings (Eds.), Research in Organizational Behavior: An Annual Series of Analytical Essays and Critical Reviews, Vol. 18, Oxford: Elsevier Science/JAI Press, pp. 1–74.

Westfall, C. (2019). Leadership development is a $366 billion industry: Here's why most programs don't work. Fortune, June 20. www.forbes.com/sites/chriswestfall/2019/06/20/ leadership-development-why-most-programs-dont-work/?sh= 1570df6761de

Wiehler, A., Branzoli, F., Adanyeguh, I., Mochel, F., and Pessiglione, M. (2022). A neuro-metabolic account of why daylong cognitive work alters the control of economic decisions. Current Biology, 32(16), 3564–3575. https://doi.org/10.1016/j.cub.2022.07.01

Winne, J.F., and Gittinger, J.W. (1973). An introduction to the Personality Assessment System. Journal of Community Psychology, 1(2), 99–163. https://doi.org/10.1002/1520-6629(197304) 1:2<99::AID-JCOP2290010202>3.0.CO;2-U

Woolley, A.W., Chabris, C.F., Pentland, A., Hashmi, N., and Malone, T.W. (2010). Evidence for a collective intelligence factor in the performance of human groups. Science, 330(6004), 686–688. https://doi.org/10.1126/science.1193147

Yukl, G., Seifert, C.F., and Chavez, C. (2008). Validation of the Extended Influence Behavior Questionnaire. The Leadership Quarterly, 19(5), 609–621.

Zaccaro, S.J., Gilbert, J.A., Thor, K.K., and Mumford, M.D. (1991). Leadership and social intelligence: Linking social perspectiveness and behavioral flexibility to leader effectiveness. The Leadership Quarterly, 2(4), 317–342. https://doi.org/10.1016/1048- 9843(91)90018-W

國家圖書館出版品預行編目 (CIP) 資料

超級決策者：AI 時代的決策科學與實踐 / 克勞迪奧．費瑟（Claudio Feser）, 斯特法諾．布魯索尼（Stefano Brusoni）, 丹妮拉．勞雷羅．馬丁內斯（Daniella Laureiro-Martinez）, 凱洛琳．弗朗根柏格（Karolin Frankenberger）作；顏敏竹，張家寧譯. -- 初版. -- 新北市：財團法人中國生產力中心, 2025.07
　面；　公分. --（價值創新系列；31）
譯自：Super deciders : the science and practice of making decisions in dynamic and uncertain times
ISBN 978-626-98547-5-2（平裝）

1. 決策管理 2. 管理者 3. 組織管理

494.1　　　　　　　　　　　　　　114006450

價值創新系列 031
超級決策者：AI 時代的決策科學與實踐
Super Deciders: The Science and Practice of Making Decisions in Dynamic and Uncertain Times

作　　者	克勞迪奧．費瑟（Claudio Feser）、丹妮拉．勞雷羅．馬丁內斯（Daniella Laureiro-Martinez）、凱洛琳．弗朗根柏格（Karolin Frankenberger）、斯特法諾．布魯索尼（Stefano Brusoni）
譯　　者	顏敏竹、張家寧
發 行 人	張寶誠
出版顧問	王景弘、王思懿、王健任、田曉華、何潤堂、呂銘進、林宏謀、林家妤、吳健彰、邱宏祥、邱婕欣、翁睿廷、高明輝、許富華、郭美慧、陳詩龍、陳錫鈞、陳鵬旭、陳泓賓、曾于軒、曾皇儒、曾英富、黃怡嘉、黃建邦、游松冶、楊超惟（依姓氏筆劃排序）
校　　對	黃麗秋、潘俐婷、郭燕鳳
企劃編輯	許光璇
封面設計	陳文德
內頁排版	趙小芳
出 版 者	財團法人中國生產力中心
電　　話	(02)26985897
傳　　真	(02)26989330
地　　址	221432 新北市汐止區新台五路一段 79 號 2F
網　　址	http://www.cpc.tw
郵政劃撥	0012734-1
總 經 銷	聯合發行股份有限公司 (02) 2917-8022
初版日期	2025 年 7 月
登 記 證	局版台業字 3615 號
定　　價	650 元
客戶建議專線	0800-022-088
客戶建議信箱	customer@cpc.tw

SUPER DECIDERS: THE SCIENCE AND PRACTICE OF MAKING DECISIONS IN DYNAMIC AND UNCERTAIN TIMES by Claudio Feser, Daniella Laureiro-Martinez, Karolin Frankenberger, and Stefano Brusoni
Copyright © 2024 by Claudio Feser, Daniella Laureiro-Martinez, Karolin Frankenberger, and Stefano Brusoni
All Rights Reserved.
This translation published under license with the original publisher John Wiley & Sons, Inc.
through BIG APPLE AGENCY, INC. LABUAN, MALAYSIA.
Traditional Chinese edition copyright:
2025 CHINA PRODUCTIVITY CENTER

如有缺頁、破損、倒裝，請寄回更換
版權所有，請勿侵犯